高等学校"十二五"规划教材

化学教学艺术论

刘一兵 著

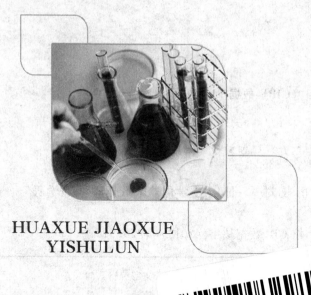

HUAXUE JIAOXUE
YISHULUN

U0196330

化学工业出版社

·北京·

本书借鉴和移植了我国教学艺术研究的最新成果,结合基础教育课程改革的中学化学教学艺术实践,系统建构了化学教学布白艺术、化学教学模糊艺术、化学教学"糊涂"艺术、化学教学比喻艺术,化学教学幽默艺术、化学教学"诗教"艺术和化学教学游戏艺术等理论体系;同时,结合丰富的教学示例阐述了化学教学组织进程艺术、化学教学表达艺术、化学教学沟通艺术、化学教学调控艺术和化学实验教学艺术,为化学教师掌握教学艺术提供可行的理论指导和实践范例。

本书可供高等师范院校化学教育专业的师范生用作教材,也可作为中学化学教师及化学教育研究者的继续教育和教学参考书。

图书在版编目(CIP)数据

化学教学艺术论/刘一兵著. —北京:化学工业出版社,2015.1
高等学校"十二五"规划教材
ISBN 978-7-122-22352-4

Ⅰ.①化… Ⅱ.①刘… Ⅲ.①中学化学课-化学教学-教学研究 Ⅳ.①O633.8

中国版本图书馆CIP数据核字(2014)第269913号

责任编辑:杜进祥		文字编辑:向　东	
责任校对:边　涛		装帧设计:韩　飞	

出版发行:化学工业出版社(北京市东城区青年湖南街13号　邮政编码100011)
印　　装:三河市延风印装厂
787mm×1092mm　1/16　印张10　字数255千字　2015年3月北京第1版第1次印刷

购书咨询:010-64518888(传真:010-64519686)　售后服务:010-64518899
网　　址:http://www.cip.com.cn
凡购买本书,如有缺损质量问题,本社销售中心负责调换。

定　　价:28.00元

前　言

一般认为，我国的化学教育始于 1865 年，至今已有 149 年的历史。纵观这 149 年的历史，基础化学教育的学科教学理论的形态，主要经历了"中学化学教材教法"、"中学化学教学法"和"化学教学论"等及其相关学科，这是化学教学理论科学化探索的历程。但是在化学教学实践过程中，广大化学教师及化学教学理论研究者普遍认为，化学教学不仅是科学，也是一门艺术。然而，化学教学艺术理论研究成果，与我国化学教学科学理论研究的成果和化学教学艺术实践相比较，无论是数量和质量，都是不相匹配的。究其原因，一方面，化学教学艺术实践是独特的个性化表现，难以把握其精髓。另一方面，或许是研究者和化学教师难以从艺术视角深入总结化学教学艺术经验，并升华为化学教学艺术理论。

我对教学艺术的关注和兴趣，是从 20 世纪 90 年代末期开始的。当时，我在曲阜师范大学攻读化学教学课程与教学论硕士学位期间，有幸聆听了李如密教授（现为南京师范大学博士生导师）讲授的"教学论"和"教学艺术论"课程，时至今日，当时学习的情景，历历在目。李先生的课程如潺潺溪流，清澈见底，娓娓道来，滋润着我贫瘠的课程与教学理论的荒漠之地。曾经一个上午，我连续听了李先生的 4 节课，却没有丝毫的疲倦，直到下课，思绪仍然沉浸在课堂的学习内容之中。我想这或许就是教学的艺术性缘故吧，因为李先生的课程与教学触及了我过去的中学教学内在的生命经历和体验，令人产生心灵的情感共鸣和身心的愉悦。这是一种令人学起来非常愉快的艺术。可见，教学艺术不在传授的本领，而在激励和唤醒。教学艺术能够唤醒一个沉睡者的心灵。依稀记得一个曲阜冬天的早晨，下着大雪，空气格外清新，我上课迟到了几分钟，李先生只是微笑着轻轻地说："我一般提前 5 分钟到教室"，然后又继续上课了。这句话，一直伴随着我走上大学讲坛，且李先生成为了我的榜样。我想，李先生应该是使用了暗示教学艺术吧。

从 2002 年至今，我为师范生开设了一门化学教学艺术论课程，努力践行教学科研合一。10 多年来，我借鉴和移植李如密教授和其他学者的一般教学艺术理论，结合一些优秀化学教师教学艺术经验，同时，在教学中，教学相长，获得了很多有益启示，陆续在《化学教育》、《化学教学》和《中学化学》等刊物，发表了有关化学教学艺术研究的 10 多篇论文。有的论文被中国人民大学报刊复印资料全文转载。这些最新研究成果不断地成为化学教学艺术论的课程资源。以此为基础，我深入并系统阐述化学教学艺术技巧，从理论和实践操作层面上，建构了化学教学艺术理论新体系——《化学教学艺术论》。它有助于提高化学教师教学艺术水平，促进教学质量的提高，还有益于推动化学教学艺术研究的深入发展。

《化学教学艺术论》有以下一些特色。

第一，从化学教学艺术实践出发，第一章，结合已有多种教学艺术含义的表征，首次从把握世界的基本方式之一——艺术视角，提出了化学教学艺术内涵及基本特征；同时，深入细致地梳理了近 30 年我国化学教学艺术研究的理论成果，指出研究中的问题及其发展路径。

第二，从化学教学艺术技巧视角，第二章和第三章结合化学教学艺术实践，对化学教学布白艺术、化学教学模糊艺术、化学教学"糊涂"艺术、化学教学比喻艺术、化学教学幽默艺术、化学教学"诗教"艺术和化学教学游戏艺术的内涵、功能、实施的基本要求，作了深入细致的论述。系统建构了化学教学艺术技巧体系，该体系的建立拓展了化学教学艺术研究的疆域。

第三，在实践操作层面上，第四章、第五章、第六章、第七章和第八章，分别阐述了化学教学组织进程艺术、化学教学表达艺术、化学教学沟通艺术、化学教学调控艺术和化学实验教学艺术。对这些教学艺术命题进行了细致的、条分缕析的剖析，具有清晰的、可借鉴的实用价值。

第四，注重化学教学艺术理论和化学教学艺术实践的联系。化学教学艺术理论的构建是基于大量的化学教学艺术实践的土壤。在理论论证的过程中，引用了最新的学术界丰富的化学教学艺术示例，贴近中学化学教学实际，不仅使理论分析有充分的实践支持，而且有助于读者掌握化学教学艺术理论之后，将之运用于教学实践之中，充分体现了理论对实践的指导性。

本书汇集了作者近年来化学教学艺术研究的论文，同时引用了许多同仁的研究成果，所用示例大多取自《化学教学》、《化学教育》和《中学化学教学参考》等刊物，在此表示诚挚的感谢。

我一直有个心愿，想出版一部《化学教学艺术论》专著并作为教材使用。岭南师范学院化学化工学院的石晓波教授获悉之后，非常热心地鼓励和支持我完成本书的撰写。同时，本书的出版获得了教育部第六批高等学校国家级特色专业建设的大力支持。在此，表示衷心的感谢。

由于本人学识与水平有限，毋庸讳言，书中难免存在疏漏、偏颇之处，恳请读者批评和指正。

刘一兵

2014 年 9 月于岭南师范学院

目 录

第一章　化学教学艺术概述

教学艺术这个词组，是我们熟悉的，又是多义的。我们常说，某人的教学简直就是艺术；某人的教学很有艺术性；听某人的课是一种艺术享受；谈谈某人的教学艺术。这是不同语境中表达的教学艺术，也是常识性认识的教学艺术。可是，追究起来，什么是教学艺术？教学艺术的特征是什么？目前，没有一致的认识。从化学教学艺术实践出发，厘清教学艺术的内涵及特征，同时，梳理化学教学艺术研究发展历程，发现其研究的问题，这有助于规范教学艺术思想和行为，理解化学教学艺术思想的形成。

第一节　化学教学艺术实践探微

人们对教学艺术的命题研究，有的只是纯粹从概念层面，作一种概念的形式推演，容易形成一种概念游戏；有的是抛开教学艺术概念，只对教学艺术经验进行总结，没有升华为概念体系。如果我们将思考的对象指向教学艺术思想，而这种教学艺术思想又蕴涵了真实的教学艺术实践和经验，则能够深刻地理解和更好地把握教学艺术概念。为此，我们把目光聚焦于化学教学艺术实践的真实世界，体验和辨析教学艺术的基本含义。

示例1：借助诗词——点缀动态艺术❶

在学习pH和酸碱指示剂的知识时，教师向学生介绍：正因为有一些物质在不同酸碱度条件下能显示不同颜色，大自然才会这样瑰丽多彩。朱熹写道"等闲识得东风面，万紫千红总是春"。杜牧的《山行》中有"停车坐爱枫林晚，霜叶红于二月花"。鲜花色彩斑斓，是因为花瓣的细胞液中酸碱度不同，且含有有机色素。如花青素在酸性溶液中显示红色，火红的枫叶就是花青素遇到酸变红产生的。不同品种、不同生长环境的花，细胞液中酸碱度不同，与不同品种、不同浓度、不同比例的各种色素互相配合，颜色就千变万化。有机色素的这些性质，产生了大自然中使人陶醉的多姿多彩景色，从而折射出一种动态美。

教师讲解酸碱指示剂时，穿插了包含植物花朵色彩的古代诗词，结合大自然中花的迷人色彩，在学生的心中荡起美的涟漪，给学生带来生动、形象的化学美的感受，使学生进入美的意境。古代诗词本身就是艺术，教师运用诗词这样的艺术手段产生了审美化效应，体现了"诗教"的化学教学实践。

示例2：二氧化碳和水发生反应——"花"的教学美设计❷

对于二氧化碳和水是否发生了反应的问题，教师设计将干燥的喷有紫色石蕊试液的纸花，进行如下实验：醋酸喷花、清水浇花、气吞小花、水气润花、热风吹花。学生对这组花的实验产生了浓厚的兴趣。学生记录现象，经过逻辑推理，确定二氧化碳和水发生了化学反应，且生成的酸受热不稳定，易分解。

---

❶ 丁文楚. 借助古诗词点缀化学课堂教学艺术 [J]. 中学化学教学参考，2009，(9)：18-19.

❷ 缪徐. 在教学和研究中成长 [J]. 化学教学，2010，(2)：4-7.

　　教师对教材中的"小花"实验进行了重新设计（每一个实验都冠以朗朗上口的四字标题，同时用电吹风替代酒精灯等），使之更富生活性、趣味性，为教学平添了几份情趣。教师创造性地处理实验内容，让学生学起来轻松愉快。人，按照美的规律塑造一切，当然遵循美的规律进行教学。人在本质上也是美的追求者、美的创造者。这一创造性的设计引发了美感，触及心灵，引导学生在真、善、美上产生共鸣，从而萌生一种愉悦之情，进而追求科学的真谛。

　　示例3：探究二氧化碳的溶解性教学片断❶

　　师：演示"塑料软瓶变瘪"的实验。引导学生分析软瓶变瘪的原因，要求学生根据演示实验的原理，利用桌上提供的用品，设计其他实验证明二氧化碳溶于水。

　　生1：向盛有二氧化碳的集气瓶中倒入一定量的水，盖上玻璃片充分振荡，用手试试玻璃片是否容易拿开。

　　生2：向盛有二氧化碳的集气瓶中倒入一定量的水，盖上玻璃片充分振荡，将集气瓶倒置，看玻璃片是否掉下来。

　　生3：向盛有二氧化碳的集气瓶中倒入一定量的水，用一张纸片盖住瓶口振荡，将集气瓶倒置，看纸片是否掉下来。

　　生4：将充满二氧化碳的集气瓶倒扣于水中，观察集气瓶内液面的变化。

　　……

　　教师先用塑料软瓶实验，让学生感受了化学的趣味！从实验的原理、操作等方面激活学生的思维；然后要求学生自主设计实验，这一过程中，充分体现了教学的开放性和生成性。学生实验设计是一种创造性的学习活动，具有一种预设中生成的美丽。

　　示例4：化学键的起承转合导入教学片断❷

　　【起】大家知道化学反应的过程包含分子的分解和原子的重新组合，但是这些原子为什么会自发地重新组合到一起来呢？

　　【承】苹果会自发地砸在牛顿的头上，是因为——（学生齐答：万有引力的作用）；铁钉会自发地跑到磁铁上去，是因为——（学生答：磁场力的作用）；一个两岁的小孩，看到妈妈会自发地扑过去，是因为——（学生大笑，老师答：亲情力的作用）。

　　【转】那大家想想，两个原子会自发地组合到一起来，说明两者之间有——（学生回答：力的作用）。

　　【合】很好，力的作用，这种力的作用就是我们今天要探究的化学键。

　　文似看山不喜平。本案例中，教师的导入结构采用起承转合的技巧，利用生活中因重力、磁场力产生的宏观现象作类比，暗示着化学键概念的本质，并用一些幽默的语言调节课堂气氛，在有趣的师生对话中传授化学键知识。此处的化学教学导入是教师精心选择优化的教学技能技巧，遵循教学规律，运用起承转合过程，创设了教学情境。

　　示例5：NaCl晶体在水中电离的形象化解说❸

　　对于NaCl晶体在水中的电离，教材以如图1-1所示的方式进行微观表征。有的教师为这个图片配上形象化的解说，取得很好的效果："在NaCl晶体中，Na^+和Cl^-通过离子键交替排列着。这时，水分子过来了，水分子的形状像大脸猫，'脸'就是氧原子，有负电性，'耳朵'就是氢原子，有正电性，所以水是极性分子。于是，带正电性的氢原子一端去拉带

❶　缪徐. 试论初中化学教材中实验内容的处理艺术［J］. 化学教育，2009，（8）：63-65.
❷　束长剑. 浅谈中学化学课堂导入中的起承转合［J］. 化学教学，2013，（11）：38-40.
❸　范汝广. 课堂教学中的特色化学语言［J］. 化学教学，2012，（4）：9-11.

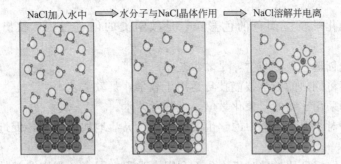

图 1-1　NaCl 晶体在水中的溶解和电离

负电性的 Cl^-，但一个水分子没拉动它，这时，更多的水分子过来了，大家团结起来就把 Cl^- 拉走了。同理，Na^+ 也被多个水分子拉走了。它们按照异性相吸的原则分别形成了不同的水合离子，从而，NaCl 晶体在水中电离了。"

这一示例中，教师运用了比喻的修辞手法，水分子的形状像大脸猫，"脸"就是氧原子，"耳朵"就是氢原子，形象生动，展现了化学比喻教学，突出了教学形象性和生动性。

示例 6：实验出了差错[1]

在学生实验"电解饱和食盐水"时，有一组学生错把铁钉接为阳极，在其附近出现红褐色浑浊。教师没有急于批评学生粗心，而是惊讶地提出：为什么会产生这个现象？在学生作出合理解释之后，教师又接着提出两个问题：如果把阳极换成铜，把阴极换成铁，把电解液换成硫酸铜，结果会怎样？如果以粗铜为阳极，以纯铜为阴极，以硫酸铜为电解液，结果又会怎样？巧妙地建构了电解原理及其应用这条知识主线。

教师面对突然发生的没有预料到的情况，即实验和预期的结果不一致，故意装糊涂，顺势而为，让学生分析其原理，使问题得以解决，是教学应变的表现。化学教师并不能预见课堂的所有细节，这时要根据实际发生的情况，巧妙地利用学生的失误，在学生不知不觉中作出应变。

示例 7：把握最佳教学时机[2]

随着一阵清脆的上课铃声，缪老师精神抖擞地走进教室。今年，他又接了一个新班，面对这 40 多张陌生的面孔，看到这些熟悉的神色——孩子们总是以期待而又疑虑、好奇而又狡黠的神情来观察新老师的，缪老师开始了他的开场白："同学们，我姓缪"他正准备板书"缪"时，突然不知从哪个座位上发出了一声模仿猫咪的叫声："喵——"于是理所当然地引出了哄然大笑。面对调皮学生的这个不大不小的玩笑，缪老师微笑着说："同学们先别夸我'妙'，从今天起，我们一起来学习，到时候再请你们给我作评价，到底妙不妙。"学生们安静了，担心"暴风雨就要来临"的惊恐也消失了，自然这场开场白是成功的，第一堂课在亲切平和的气氛中顺利进行。

这一案例中，教师为应对偶发事件，相机而动，随机应变，利用了"喵"和"妙"的同音与意义迥异，体现了课堂教学管理的教育机智。

以上所述的化学教学设计或教学片断，是否就是教学艺术活动范畴，这并没有一个明确的标准。但是，笔者之所以将其称为化学教学艺术实践，是基于以下认识：

示例 1，以古代诗词作为教学内容载体，其本身就是艺术。艺术方式表征教学，是教学

[1] 张礼聪. 化学课堂教学中动态生成性资源的评价与利用 [J]. 化学教学，2012，(5)：10-13.

[2] 胡志刚. 教育时机论 [M]. 哈尔滨：黑龙江人民出版社，2003：4-5.

艺术。

　　示例2，利用化学反应颜色的色彩美，是教学美的创造过程，教出了美感，是教学艺术。

　　示例3，师生创造性地教与学，是教学艺术。

　　示例4，教师将娴熟的教学技能技巧运用于教学，是教学艺术。

　　示例5，教师采用比喻的形象化教学，是教学艺术。

　　示例6，教师对于课堂教学中的学生实验失误，灵活地加以处理，促进学生反思并启发思维，是教学艺术。

　　示例7，教师把握最佳教学时机，化不利因素为积极因素，利用课堂教学管理的偶发事件，成功化解了课堂管理的矛盾，是教学艺术。

第二节　化学教学艺术的内涵及特征

一、化学教学艺术的内涵

　　关于什么是教学艺术，我国教学艺术的理论研究者作了多重表征。

　　关苏霞（1987）认为，教学艺术就是培养人才的能取得最佳效果的一整套娴熟的教学技能技巧[1]。这种观点在一定程度上揭示了教学方法、教学技能技巧与教学艺术的密切关系，娴熟的教学技能技巧运用于教学是教学艺术，它教学艺术的外显形式或手段，是教学艺术的必要条件之一，但是没有完全反映出教学艺术的本质含义。

　　阎增武（1987）认为，教学艺术是通过诱发和增强学生的审美感以提高教学效果的手段，这种手段的运用能使学生在有益身心健康的积极愉快的求知气氛中，获得知识的营养和美的享受[2]。这一观点强调了教学的审美化及愉快的学习情境，从而实现教学目标，是教学艺术的一个侧面反映，但不能囊括教学艺术的各个方面。

　　王北生（1989）认为，教学艺术就是教师（在课堂上）遵照教学法则和美学尺度的要求，灵活运用语言、表情、图像组织、调控等手段，充分发挥教学情感的功能，为取得最佳教学效果而实施的一套独具风格的创造性教学[3]。张武升（1993）认为，教学艺术是使用富有审美价值的特殊的认识技艺进行的创造性教学活动[4]。"美的创造活动"是教学艺术的本质特征之一，但并非是教学艺术所独有的本质特征。艺术具有创造性，科学、哲学也具有创造性。教学艺术和教学科学难以区分。

　　李如密（1995）认为，教学艺术乃是教师娴熟地运用综合的教学技能技巧，按照美的规律而进行的独创性教学实践活动[5]。这种观点，综合了教学技能技巧、教学审美化及创造性教学的三个方面。这种表述具有综合性的特点，但是否就概括了教学艺术的本质呢？似乎并没有获得共识。此后，就教学艺术实践的可操作性，李如密进一步阐释教学艺术要追求教得巧妙、教得有效、教出美感和教出特点，这是对教学艺术含义的具体化表征。

[1]　关苏霞.教学论教程［M］.西安：陕西师范大学出版社，1987：234.
[2]　阎增武.浅析教学过程的审美感［J］.教育研究，1987，（2）：73-76.
[3]　王北生.教学艺术论［M］.开封：河南大学出版社，1989：11.
[4]　张武升.教学艺术论［M］.上海：上海教育出版社，1993：14.
[5]　李如密.教学艺术论［M］.济南：山东教育出版社，1995：85.

上述定义，从不同角度、不同侧面及综合视角认识教学艺术的基本含义。它没能形成一种统一性的阐述。按照马克思的观点，人类把握世界的基本方式主要有宗教的、艺术的、伦理的、科学的和哲学的❶。人类把握世界的各种方式，构成我们每个人的世界图景，因此，每个人的脑海中都具有多重世界的图景。其中，艺术是人类把握世界的一种基本方式，它构成人的艺术的意义世界，它使我们的感受更加强烈、生命更富色彩。

按照把握世界的基本方式，综合上述定义的内涵和外延，笔者认为，用艺术的方式把握教学现象及其规律，就是教学艺术。所以，我们可以说，化学教学艺术是师生通过艺术方式把握化学教学现象及其规律的有效教学活动。这一定义具有高度的统一性和概括性，是一种合目的性与合规律性的统一活动。

关于艺术，有种种不同的观点。"模仿说"认为艺术是对自然的模仿；"想象说"认为艺术是人的想象力的产物；"显现说"认为艺术是对理念世界的感性显现；"表现说"认为艺术是情感的对象化存在；"象征说"认为艺术是苦闷的宣泄；"存在说"认为艺术是人诗意地生活的方式……❷。如此种种，反映出艺术总是为人类展现出一个审美世界，一个表现人的感觉深度的世界，一个深化了人的感觉与体验的世界。在艺术世界中，情感体验获得了充足的意义。

那么，如何理解用艺术的方式把握教学现象及其规律呢？用艺术的方式把握教学现象及其规律，是一个不断运动着的过程，是一个动态系统。这一内涵，可从两个层面来认识。

其一，艺术层面。一般认为，艺术包括三种含义：一是指"技艺"、"技能"；二是指富有创造性的工作方式和方法；三是指用语言、动作、线条、色彩、音响等不同手段构成形象以反映社会生活，并表达作家、艺术家的思想感情的一种社会形态。以上三种含义揭示了艺术的一些特征：技巧性；创造性；形象性的表征手段。

其二，对教学现象和教学规律的把握是合目的性和合规律性的统一。合目的性是指教学有一定的目标，要求有效完成教学任务。合规律性是指教学要符合教学科学和美的规律。二者统一于一定的艺术方式之中。

示例：用艺术方式把握实验教学——合成物质实验与"故事"进行类比

一般来说，合成制备实验的目的包括验证所设计的化学反应实现的可能性、可以达到的反应程度，研究反应速率、反应机理和产率，以及探讨反应物的组成与反应工艺条件对上述指标的影响规律等。北京师范大学的贺昌城教授受美国阿肯色大学化学与生物化学系教授彭笑刚先生的"每一个化学实验都是在讲一个故事"的观点影响，提出了如果我们将完成这样一个化学反应比拟成发生了一个'故事'，那么，按照一定的方法和步骤所进行的这样的一个合成制备实验，就相当于我们让作为反应物的分子经历了一个关于它们自己的"故事"❸。其寓意如图1-2所示。

将"化学实验"与"故事"进行类比中，实验者做一个化学实验就好比是他导演了一个"故事"，而做此实验的整个过程也如同是他在聆听这一个"故事"。这里，"故事"导演者和"故事"聆听者是二位一体的，皆是实验操作者本人。这一类比对于化学实验教学中的合成物质实验的设计及操作，无疑具有十分耐人回味的意蕴。它启迪实验教学以"故事"的方式促进思与行有效地进行。

---

❶ 孙正聿. 哲学通论［M］. 上海：复旦大学出版社，2005：36-38.

❷ 孙正聿. 哲学通论［M］. 上海：复旦大学出版社，2005：37.

❸ 贺昌城. 导演"故事"须严谨聆听"故事"须用心［J］. 化学教育，2009，(5)：49-50.

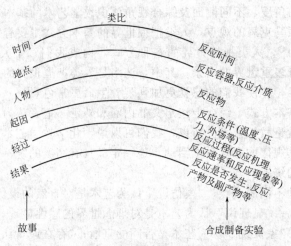

图 1-2　合成制备实验与"故事"类比

什么样的化学课堂教学具有艺术性？陈钟梁总结出了课堂教学各个环节艺术的如下诗话❶，能够说明教学艺术的特点和要求，很有启发意义。

导入：未成曲调先有情；提问：惊风乱飐芙蓉水；讲述：语不惊人死不休；

插语：一声惊堂满座醒；环节：一枝一叶总关情；过渡：嫁与春风不用媒；

小结：似曾相识燕归来；情感：无情未必真豪杰；氛围：山雨欲来风满楼；

体态：此时无声胜有声；板书：冗繁削尽留清瘦；教具：大珠小珠落玉盘。

二、化学教学艺术的基本特征

1. 技巧性

"技艺"、"技能"是艺术层面之一，因此，教学艺术的技巧性必然是其特征之一。化学教学艺术的技巧性是指教师娴熟地运用教学技能和方法，巧妙地促进学生学习，即教得巧妙。它是教学艺术体现出的灵动和智慧，是"以巧破千斤"，而不是用蛮力强制学生接收信息。

例如，理解化学平衡常数和浓度商的关系，教师可将浓度商类比为溶解度的表示式 $m_{质}/m_{剂}=S/100$，明白了这一点就知道饱和的时候 $m_{溶质}/m_{溶剂}=S/100$，当 $m_{溶质}/m_{溶剂}<S/100$ 的时候就是不饱和溶液，可以通过改变溶质或溶剂的绝对量调控比值让它等于 $S/100$，实现饱和与不饱和的转化。当体会到这个的时候，再看平衡体系，看浓度商与 K 值的关系的时候，是不是觉得就能融会贯通了？将浓度商类比为溶解度的表示式，巧妙地利用了学生已有的知识，促进了学生对化学平衡常数和浓度商关系知识的理解。

2. 高效性

高效性是指教学艺术的高效果和高效率，化学教学艺术应该是教学高效果和高效率的辩证统一。教学艺术效果是指教学艺术的质量，是教学艺术的生命线；教学艺术效率是指教学艺术在单位时间内完成教学任务的比率，高效率是圆满完成教学目的、教学任务的前提。化学教学艺术的高效性就是花费最少的教学时间和精力、使用最少的教学资源最快最好最大限度地促进人才的成长。化学教学艺术缺乏高效性，其所谓的艺术就流于形式，成为花架子的摆设。现代化学教学艺术的高效性是更快、更好、更多地培养高素质人才的需要，因此，高效性既是时代对化学教学的根本要求，也应是现代化学教师对教学艺术追求的目标。教学艺

---

❶　滕英超. 中学语文教坛风格流派录 [M]. 沈阳：辽宁教育出版社，1994：184.

术和其他艺术相比最突出的功能是省时高效。

3. 审美性

美，可以打开心灵的窗户；美，可以铸造人的灵魂；美，可以点燃心中之火，温暖人们的心。

教学艺术是能引发审美快感的。这种快感，是心灵的愉悦、精神的振奋，是一种美的灵性刺激。美，存在于万事万物之中。我们不是缺乏美的事物，而是缺乏善于发现美、审视美的眼睛。

什么是美？美是心借物的形象来表现情趣，是合规律性与合目的性的统一（朱光潜语）。美又是自由的形式：完好、和谐、鲜明、真与善、规律性与目的性的统一，是美的本质和根源（李泽厚语）。化学教学不可能没有美，渗透了美的化学教学，才称得上达到了艺术境界。

化学教学内容具有很多美的因素。例如，金刚石的晶莹华贵，红蓝绿宝石的夺目光彩，无色水晶的无暇透明……这是化学物质的色彩美；苯、乙烯的平面结构，甲烷分子的正四面体结构，手性分子与对映异构，s 电子云、p 电子云、d 电子云、f 电子云等，都体现了对称性美，也是化学结构美的表现；沉淀溶解平衡、电离平衡、钟乳石的形成原理中流动与静止的平衡、电化学中电子流动和离子移动的电性平衡，是平衡的美；质量守恒定律、物质结构理论、元素周期律理论、化学平衡理论、电解质溶液理论等，形式简洁、包容博大，从多样中寻求统一，从统一中演绎出多样，这是化学理论美。

化学教学过程的审美设计。它是教学活动中一种特殊的审美活动，它具有丰富的内涵和形式，是目的与手段的高度融合，是内容与形式的完美结合，是艺术美与现代技术的深层整合。教学过程的审美设计，是教学主体的巧思妙设，是一种能动的创新活动，是追求教学过程审美价值的一种探索。在教学过程中，进行一定的审美设计，把知识的传授过程设计成精神陶冶的过程，把技能的训练过程设计成心灵丰富的过程，把能力培养的过程设计成智慧提升的过程，从而在教学的全过程中，真正达到自由创造的境界。

化学教学手段的审美化。它是指使语言、教态、实验、模型、板书、多媒体技术等手段显示美的韵味。教师可以大胆借鉴音乐、表演、诗歌、绘画等艺术的手段进行教学。正如苏霍姆林斯基在《给教师的建议》中说："教师讲的话带有审美色彩，这是一把精神的钥匙。它不仅开发情绪记忆，而且深入到大脑最隐蔽的角落"[1]。

清华附中的闫梦醒老师认为，如果从美的基本形态来分，中学化学美可分为自然美、社会美和艺术美。但为了更突出化学教学美的特色，遂将中学化学美分为 8 类：化学物质美、化学结构美、化学变化美、化学实验美、化学理论美、化学用语美、化学史美、化学教学艺术美。他亲身体验了一次，为学生构建神奇的化学史与化学美的教学艺术实践。在"苯"的教学中，上了一节既含假说又含化学美的研究课[2]。苯的结构美是化学美的经典体现。这节课采用启发探究法，把演示实验、学生实验、苯分子结构假说的提出和证实及发展串联起来，按照科学发现基本过程的顺序，进行了一次真、善、美的教育。教学过程有史、有论、有事、有情、有感，还有美，激发学生心灵迸发出探索和发现的火花。

4. 创造性

没有美，就没有艺术，没有创造也就没有艺术。教学是一种艺术，当然也是一种创造。一首诗、一幅画、一个定理或公式，都应该是一种创造发明。毕加索说，我不懂什么是

---

[1] 苏霍姆林斯基. 给教师的建议 [M]. 杜殿坤译. 北京：教育科学出版社，1998：432.

[2] 闫梦醒. 为学生构建神奇的化学史与化学美的世界 [J]. 化学教育，2008，(1)：76-78.

抽象派，什么是立体派，我只知道创造！创造！再创造！教学是一种艺术。艺术，需要创造，用自己的灵魂和自己的双手。

创造性是化学课堂教学艺术的生命力。化学教师只有寻找最优的教学活动方式，组成最优的教学结构，建立协调一致的教学方法，去开拓教学效果最优化的局面，才能达到最理想的教学效果，使之具有艺术魅力。化学课堂教学艺术的创造性表现在教师对教学原则、方法的选择、运用和独特组合上；表现在教师善于捕捉教学中各种因素的细微变化，迅速机敏地采取恰当的措施，如巧妙地利用一些突发事件或创设新的情境把教学引向深入，或者巧妙地化消极因素为积极因素，使课堂教学收到意想不到的效果等。

艺术没有"创造"画布和颜料，没有"创造"肉体和声音，也没有"创造"语言和文字，然而，它创造了美的线条和色彩，创造了和谐的舞姿和韵律，创造了形象和意境。化学教学的创造性，创造了什么呢？化学教学的创造性，创造了意义世界。例如，化学知识的建构过程是"再创造"的过程，化学学习是创造性思维活动的过程。

教学艺术的用意，在于引发美感，触及心灵，引导人们在真、善、美上产生共鸣，从而萌发出一种愉悦之情，进而追求至真、至善和至美。

第三节　我国化学教学艺术研究概况

20世纪80年代，我国拉开了教学艺术研究的序幕，90年代掀起了教学艺术研究的热潮，到21世纪初教学艺术理论已经比较丰富。教学艺术发生于学科教学艺术。学科教学艺术的研究丰富和发展了教学艺术论的研究成果。

我国化学教学艺术研究的专著主要有：中学化学特级教师撰写的《中学化学教学艺术》（廖可珍，1989）、《陆禾化学教学艺术与研究》（陆禾，1997）、《曹洪昌化学教学艺术与研究》（曹洪昌，2000），这些著作凝聚了特级化学教师教学艺术的感悟和实践经验；西南师范大学李远蓉的《化学教学艺术论》（1996），北京教育学院朱嘉泰、李俊的《化学教学艺术论》（2002），这两部化学教学艺术论专著的出版，标志着化学教学艺术论作为一门独立学科的初步确立。

近30年来，化学教学艺术研究的成果，较多地体现在教学技能技巧和艺术技巧层面，研究方法主要是经验总结法[1]。理清化学教学艺术研究的现状，无疑具有重要的理论意义。

一、我国化学教学艺术研究回顾

1. 教学技能技巧层面

化学教学语言艺术。刘一兵（2004）将化学教学语言艺术的特征分为两个层次：一是化学教学语言艺术的内部特征，即语义，语言的含义；二是化学教学语言艺术的外部特征，即使人听之有声、感之有气的发声，是语义的物质外壳[2]。如何实现化学教学语言的艺术性？丁金亭（2005）提出："生动形象，通俗易懂；清晰准确，概括全面；激发兴趣，善于组织；抑扬顿挫，富有幽默；善于设疑，巧解问题"的基本策略[3]。董丽花（2008）拓展了化学教

---

[1] 刘一兵. 近30年我国化学教学艺术研究的反思与展望 [J]. 化学教育，2009，(9)：13-16.
[2] 闫立泽等. 化学教学论 [M]. 北京：科学出版社，2004：316-320.
[3] 丁金亭. 化学教学语言艺术性的探析 [J]. 内蒙古教育，2005，(11)：22-24.

学语言艺术形式的研究。她认为化学教学语言的暗示艺术是指教师运用含蓄、幽默、委婉的语言方式影响学生的心理和行为的活动。它的主要形式有含蓄性语言、幽默性语言和激励性语言❶。这一时期，广大化学教师的教学实践孕育着丰富的教学语言艺术，但是上升为理论化的教学语言艺术成果并不多见。

化学教学提问艺术。研究者从不同视角研究了化学教学提问艺术的分类、方式和策略。例如，袁君强（1997）将化学提问艺术分为：趣味型提问、比较型提问、迷惑型提问、启发式提问、分割式提问、阶梯式提问等❷。张新英（2005）提出了提问艺术的方式为："投石击水——启发性的提问；拾级而上——梯度性的提问；激发兴趣——趣味性的提问；引导探究——激疑式的提问；启发联想——开放性的提问；打破定势——新颖性的提问❸。孟庆玲（2008）提出了化学课堂提问艺术的有效策略有：抓住契机，创设情境；设置矛盾，激活思维；殊途同归，引人入胜；化难为易，层层深入；灵活多变，发散思维❹。杨福存（2000）用辩证的眼光，对课堂提问艺术的深与浅、曲与直、零与整、正与逆进行了剖析❺。由此，化学教学提问艺术的研究呈现出一定的系统性和逻辑性。

化学课堂教学组织结构艺术。化学课堂教学组织结构艺术包括导入、教学高潮和结束的艺术。张丽（2007）比较全面地将化学教学导入艺术的方法概括为：单刀直入，开门见山；设疑置悬，创设情景；以旧拓新，前后连接；实验演示，妙趣横生；故事启迪，引起兴趣；直观演示，启发思维；借助实例，诱导参与；比较学习，强化记忆等❻。刘一兵（2003）就如何形成化学课堂教学高潮，总结出如下教学艺术策略："逼人期待"的悬念；"循循善诱"的启导；"认知冲突"的巧设；"情动心弦"的感染；"虚实相生"的布白；"引人入胜"的实验；"人机交互"的CAI❼。化学特级教师曹洪昌（2000）认为，结课的好坏，也是衡量教师教学艺术水平高低的标志之一。课的结尾不能仅限于新课内容的概括，还要为后续课程的教学和激发巩固学生的学习兴趣，培养和发展学生的学习能力"铺路"、"搭桥"。他根据课的类型和内容，介绍了八种方法❽，即归纳法、练习法、讨论法、悬念法、呼应法、引申法、实验法、欣赏法。朱俊峰总结了几种常用的结课方式：延伸式、悬念式、实验验证式、总结回味式、图表对比式、自由复习式❾。按照教学进程划分的导入艺术、高潮设计艺术、结束艺术的研究，突出了教学技能层面的技巧性和可操作性。

化学教学板书艺术。教学板书是教师普遍使用的一种重要的教学手段和表现形式，是师生在课堂上最简易的利用视觉交流信息的渠道。许多教师对化学教学板书艺术有其独到的体会。瞿兵（1995）提出化学教学板书艺术设计的原则是：主题性原则、浓缩性原则、启智性原则、有序性原则、系统性原则、美学性原则和多变性原则等。同时，他认为板书艺术的常见类型有：提纲式、表格式、网络式和图像式等❿。此外，还有许多研究者提出了相应的板书类型，和上述类型有重复和相近的说法。在化学教学板书艺术的研究中，板书的审美性和创造性，多媒体板书中综合运用文字、图形、图像、声音、动画和视频等多种媒体的艺术研

❶ 董丽花. 化学教学语言的暗示艺术［J］. 中国教师, 2008,（2）: 33-34.
❷ 袁君强. 化学课堂提问艺术浅谈［J］. 天津教育, 1997,（9）: 47.
❸ 张新英. 谈谈化学课堂提问的艺术［J］. 中小学教学研究, 2005,（8）: 17-18.
❹ 孟庆玲. 化学教学中的提问艺术［J］. 化学教学, 2008,（6）: 23-24.
❺ 杨福存. 化学课堂提问的辩证艺术［J］. 化学教学, 2000,（10）: 18-20.
❻ 张丽, 黄郁郁. 浅谈新课程化学教学导入技能的艺术［J］. 当代教育科学, 2007,（7）: 120-121.
❼ 刘一兵. 化学课堂教学高潮的设计艺术［J］. 化学教育, 2003,（4）: 22-23.
❽ 曹洪昌, 范杰. 曹洪昌化学教学艺术与研究［M］. 济南: 山东教育出版社, 2000: 45.
❾ 朱俊峰. 谈化学教学中的结课艺术［J］. 化学教学, 2006,（1）: 22-23.
❿ 瞿兵. 化学教学中的板书艺术［J］. 天津教育, 1995,（10）: 46-47.

究明显不足。

2. 艺术技巧层面

化学教学幽默艺术。周新桥（1997）认为，教学幽默在化学中具有如下作用：①生动风趣，激发和提高学生学习的兴趣；②轻松愉快，有助于知识的传授和掌握；③情中见理，促进学生思维的发展；④柔中带刚，提高教学批评的实效；⑤意味深长，寓德育于教学之中❶。关于如何在化学教学中运用幽默艺术，化学特级教师曹洪昌（2002）总结为：运用谐音融幽默；巧借错误出幽默；顺水推舟导幽默；形象比喻化幽默；活用教具显幽默；化学史话添幽默；生活现象增幽默；妙用诗歌孕幽默；拟人手法生幽默；精选谜语诱幽默❷。徐玉定、胡志刚、郑柳萍（2014）研究了幽默在化学教学中应用的时机，提出幽默教学在以下几个方面时机的把握：导入新课时机，幽默引发兴趣；教学过程时机，幽默开启智慧；实验操作时机，幽默反馈安全；新课结束时机，幽默画龙点睛❸。总体上看，广大优秀化学教师教学幽默艺术的教学案例发掘不多，有待研究者进一步开采。

化学教学布白艺术。陆海芬（1999）借用绘画和文学艺术中布白手法，根据自己的多年教学实践，总结出化学教学布白艺术的方法有：引发法、点化法、突出重点法、举一反三法、存疑激思法等❹。其后，刘一兵（2002）在阐述化学教学布白艺术的格式塔心理机制的基础上，就化学教学布白艺术的功能、实施策略和基本要求，以化学课堂教学为实例，作了系统的探讨。他认为化学教学布白艺术的实施策略为：创造性地处理教材，创设知识上的"空白"；借助语言技巧，创设语言上的"空白"；通过质疑问难，创设心理状态上的"空白"；利用板书设计，创设板面上的"空白"❺。在上述研究基础上，陈新峰（2004）认为，化学教学中的布白艺术必须注意其目的性、适时性和适度性。布白要符合学生已有的认知结构，以学生实际为基础；要使学生的思维张弛相济；要使教学结构疏密相间，顺情合理；"停"、"导"结合，促进"虚"、"实"相生❻。

化学教学"糊涂"艺术。瞿兵（1995）最早提出了"化学教学中的'故错'艺术"。它是指教师模仿学生心态，有意识地在"不知不觉"中制造错误的艺术❼。此后，刘一兵（2007）将这种"故错"艺术上升为化学教学"糊涂"艺术。他认为化学教学"糊涂"艺术，是指教师在清楚明白的心境下，遵循化学教学艺术的特点，用一种艺术化的方式，故意装"糊涂"，引导学生对问题的探究，获得问题解决的教学艺术。其具体策略有：创设悖论，巧装"糊涂"；故引"歧途"，澄清糊涂；巧妙埋伏，感悟"糊涂"；捕捉时机，意外"糊涂"❽。

化学教学模糊艺术。薛庆华（1997）研究了模糊与化学教学的关系❾，论述了化学模糊教学的必要性与可行性，这是化学教学模糊艺术的萌芽阶段。之后，一些研究者总结了化学模糊教学的方法，其中，刘一兵（2010）阐述了化学教学模糊艺术的内涵、依据、实施技巧及实施原则❿。

❶ 周新桥. 幽默在化学教学中的作用 [J]. 化学教学，1997，(3)：19-21.
❷ 曹洪昌. 幽默在化学教学中的运用 [J]. 山东教育，2002，(2)：22-23.
❸ 徐玉定，胡志刚，郑柳萍. 浅谈幽默在化学教学中的时机与应用 [J]. 化学教学，2014，(5)：23-24.
❹ 陆海芬，陈同清. 谈化学课堂教学中的"布白" [J]. 化学教育，1999，(1)：26-27.
❺ 刘一兵. 略论化学教学的布白艺术 [J]. 化学教育，2002，(1)：14-16.
❻ 陈新峰. 化学课堂教学中布白艺术运用之思考 [J]. 化学教学，2004，(9)：14-16.
❼ 瞿兵. 化学教学中的"故错"艺术 [J]. 教学与管理，1995，(6)：24-26.
❽ 刘一兵. 试论化学教学"糊涂"艺术 [J]. 化学教学，2007，(7)：24-27.
❾ 薛庆华. 模糊与化学教学 [J]. 化学教学，1997，(2)：1-4.
❿ 刘一兵. 化学教学模糊艺术 [J]. 中学化学，2010，(3)：1-3.

化学教学"诗教"艺术。化学教学实践中，一线教师为了增进教学的形象性和生动性，将古代诗词运用于化学教学之中。董丽花、刘一兵（2012）归纳了古代诗词在化学教学中的应用经验，提出了化学教学"诗教"艺术❶，分析了化学教学"诗教"艺术的内涵，提炼其创造性、情感性、审美性、意会性的特点，指出化学教学"诗教"艺术具有激发兴趣、陶冶情操、活跃气氛、启发思维、帮助记忆的教学功能。其实施的方法和技巧是：精选古代诗词，领略化学变化美；穿插化学语言，探寻化学奥秘；编写化学诗歌，促进研究性学习；编写化学歌谣，巧记化学内容；习题编制渗透古代诗词，诱发学习情趣等。并阐明"诗教"艺术实施应遵循的教学要求。

此外，在化学新课程改革强调情感、态度与价值观教学目标之时，刘一兵（2005）提出了化学教学情感艺术。他认为化学教学情感艺术和认知艺术是一个整体，是实现课程目标的手段、是目的与手段，本体与工具的统一。它具有动力、调节、迁移、感染、创新等功能。其实施可以通过语言情感、体态情感、超出预期、实验审美、情感激励等策略进行❷。另外，刘一兵（2007）进一步提出了将化学教学内容作情感性艺术处理，显示了教师高超的化学教学艺术。其艺术策略分为：一是巧妙地组织教学内容来调节学生的学习心向；二是有效地利用教学内容中的情感资源来陶冶学生的情操❸。

二、化学教学艺术研究存在的主要问题

1. 化学教学艺术形成机制研究缺失

现有化学教学艺术论其实只是教学艺术表现论，是对它的横断面的剖切，能使人欣赏到"成品"教学艺术，好像从花店里买一朵塑料花拿回家摆在桌子上欣赏一样，不能使教师掌握花的制造工序成为一个"花匠"，难免有"水中花，镜中月"之感。化学教学艺术形成的内在机制和过程如何？已有研究成果不能给教师提供化学教学艺术形成的方法和所经历的过程。有的教师感到化学教学艺术十分神秘，似乎只能意会，不可言传。如此，化学教学艺术就只能停留在少数优秀教师的表现或理论形态当中，缺乏其应有的生命力。

2. 化学教学艺术研究理论基础较为薄弱

近30年我国化学教学艺术研究已取得一定的成果，但不可否认化学教学艺术研究还处在发展的初级阶段，不仅研究论文数量较少，相关论著少，而且研究内容狭隘，缺乏理论基础和深度。化学教学艺术研究的理论基础诸如艺术哲学、心理学、社会学、语言学、艺术学、美学等，在化学教学艺术研究论文中很少论及，仅有的几篇化学教学艺术研究硕士论文中出现了建构主义理论、多元智力理论、教育哲学的"真、善、美"统一原理、系统科学的整体原理，但是它们和研究的实际教学艺术问题联系不紧密，仅起着点缀的作用。

3. 化学教学艺术研究缺乏学科特征性

化学教学艺术研究的学科特征性是指相对于教学艺术研究的共性来说，化学学科有其独特的研究对象和研究领域。化学学习也有其特征性。例如，如何有效实施化学学习中能量观建构，化学学习中的"宏观、微观、符号"的三重表征等，化学教学艺术研究缺乏关注。缺乏学科特征性的化学教学艺术研究，则谈不上化学教学艺术规律和理论的建立，化学教学艺术论的学术性难以获得尊重。上述梳理的化学教学艺术研究的内容多数追求教学技能的娴熟化，创造性不足。有的研究成果，例如教学导入、教学结束、教学提问、教学板书和一般化

❶ 董丽花，刘一兵. 化学教学"诗教"艺术初探 [J]. 化学教学，2012，（11）：23-26.
❷ 刘一兵. 化学教学情感艺术的地位、功能及策略 [J]. 化学教育，2005，（2）：13-15.
❸ 刘一兵. 化学教学内容情感性艺术处理的策略 [J]. 化学教育，2007，（6）：13-16.

学教学论中教学技能的研究差别不大。无疑，娴熟的教学技能是形成教学艺术的基础，但是教学艺术不等于教学技能。教学艺术是师生心灵沟通、和谐融洽、共同创造的，而非简单的教学技能、技巧的呈现。

4. 化学教学艺术研究中教与学的关系失衡

已有的化学教学艺术研究只重教的艺术而忽略了学的艺术。例如，有的化学教学艺术策略研究只注重教师的表演，学生如何学？学习是否有效？是否促进学生的潜能发展？这些都关注不够。化学教学艺术应该是教的艺术和学的艺术的辩证统一。从现有的文献看，还没有关于化学学习艺术的文章。化学教学艺术是师生在课堂教学互动中共同创造的，缺少了学的教学艺术将是不完整的。学的艺术是教的艺术的起点和归宿；学的艺术是教学艺术结构中不可或缺的部分。因此，必须将教的艺术与学的艺术有机结合起来。

5. 化学教学艺术研究方法单一

近 30 年我国化学教学艺术研究存在的重大缺陷是研究方法单一。从已有的文献来看，国内对化学教学艺术的研究主要限于教学艺术的经验总结，多数处于自发状态和经验水平，探讨内容主要限于化学教学技能技巧的功能、原则和方法策略等，对于教学艺术与学生年龄、性别、认知方式、思维特点、创造力等因素的关系，尚未发现相关的实证研究。这可能与化学教学艺术理论研究水平比较低以及国内学者普遍重视经验、思辨的研究方法，缺乏实证研究的工具和方法有关。不少研究成果实质是个别教学经验的汇总和描述，未能将其提升到普适性的化学教学艺术理论高度，得出规律性的认识。

三、探索出路：化学教学艺术研究发展展望

基础教育化学新课程改革以来，化学教学论的研究成果丰富，但是基于化学新课程的化学教学艺术研究似乎停滞不前，进入"高原期"或沉寂状态。有的研究者认为化学教学艺术研究领域已到"山穷水尽疑无路"之时，没有什么值得研究。难道是化学教学艺术研究没有新的领域吗？当然不是。难道是教育实践领域突然少了化学教学艺术的创造？当然也不是。这些问题需要我们共同深思。笔者认为要走出当前这种困境，可以从以下两方面入手。

1. 拓展研究疆域

拓展教学艺术研究的疆域可以考虑以下几方面。

① 研究化学教学艺术的形成机制❶，即化学教学艺术形成的价值与目标、化学教学艺术形成的保障系统、化学教学艺术形成过程（包括化学教学艺术风格形成）、化学教学艺术形成策略等。

② 研究化学学习艺术，即化学学习艺术概念、化学学习艺术研究的意义、学生在教师教学艺术表现中的作用、学习艺术的培养、学习艺术的形成和特点以及合作学习、探究学习的学习艺术特点。

③ 突出化学教学艺术研究的学科特征性。关注以元素化学、化学反应规律和原理、电解质溶液和离子平衡、氧化还原反应和电化学、物质结构理论和有机化学等核心内容为载体的化学教学艺术研究，提炼出体现化学学科特征的化学教学艺术新体系。

④ 研究化学教学艺术的综合形式。现有的化学教学艺术研究突出的是某一教学艺术片段，难免有"只见树木，不见森林"的特点。为此，可以通过研究以整节课为单位或化学教学单元的化学教学艺术的综合形式，从整体上认识化学教学艺术的效应。

⑤ 化学教学艺术研究中研究者借鉴并移植了布白艺术、幽默艺术、"糊涂"艺术、模糊

---

❶ 王升，赵双玉. 论教学艺术形成 [J]. 教育研究，2006，(12)：61-65.

艺术、诗词艺术等，还需要进一步借鉴和移植其他艺术本体形式。

⑥ 深入总结我国化学特级教师教学艺术实践，并升华为化学教学艺术理论及其教学艺术风格。

⑦ 挖掘我国古代教学艺术思想，发掘其在化学教学艺术实践中运用的价值；同时，借鉴和移植国外教学艺术思想，"择其善者而从之，其不善者而改之"。

2. 拓宽研究方法

拓宽研究方法，要求化学教学艺术研究要突破单一的经验总结法，采用多种研究方法切入研究。笔者认为，可将化学教学艺术研究分为两种基本方式，即科学实证与人文理解[1]。

科学实证方式的基本假设是教学艺术经验是客观存在的，可以进行精确的观察和测度，所获资料、数据可以进行逻辑推理，概括出因果性定律，其结论具有普遍适用的应用范围和解释力。强调教学艺术的可操作性、实效性。其具体的研究方法有观察法、调查法、实验法、统计法。例如，特级化学教师教学艺术风格对学生学习风格的影响研究，可以通过调查法和统计法实现。通过实证研究方法，能够总结、概括、提炼出一些普遍性强的教学技巧体系和可供选择的操作模式。

人文理解方式的基本假设是教学艺术经验尽管是客观存在的，但它是个体的，具有不可重复性、主观性，难以进行精确观察、测量。因为教学艺术经验内在地包含了教师个体的需要动机、希望信念、生活经验、思想感情和审美趣味，而这些主体因素并不完全表达于客观的、外显的行为中，观察记录、测量分析不足以透视其内在意蕴。由于此，难以概括普遍有效的因果性、概率性定律。化学教学艺术研究的人文理解可采用经验总结法、叙事研究法、内省观察法、个案法等，也可运用教育行动研究法，进行教学实验，将上述两种方式结合起来[2]，促进化学教学艺术研究的深入发展。

[1] 潘洪建. 教学艺术沉思 [J]. 绵阳师专学报：哲学科学版，1997，(4)：68-74.
[2] 刘一兵. 教育行动研究和中学化学教师的继续教育 [J]. 化学教育，2003，(7)：52-53.

第二章　化学教学艺术技巧（上）

教学艺术是一个综合体，它不是某一部分单一的闪光，它是内容与形式、思想与技艺等多方面的集结。明代通俗文学研究家冯梦龙在评论宋人的说书艺术时说："试今说话人当场描写，可喜可愕，可悲可涕，可歌可舞；再欲捉刀，再欲下拜，再欲决口，再欲捐金；怯者勇，淫者贞，薄者敦，……虽日诵《孝经》、《论语》，其感人未必如是之捷且深也。"❶ 这说明一切艺术化了的教育，都可以变得生动活泼，引人入胜，然而，这需要有高超的艺术技巧。本章阐述化学教学布白艺术、化学教学模糊艺术、化学教学"糊涂"艺术和化学教学比喻艺术，以期对化学教学艺术实践具有一定的指导作用。

第一节　化学教学布白艺术

长期以来，我们在化学课堂教学中，重视知识结论的教学，往往精心讲解知识，要求学生理解并概括其规律性，然后对各个知识点，设计相应的练习题，让学生完成。由此在学生的头脑中形成各种解题规则和技巧模板，在考试时，提取相应模板，以应对考试试题，获取考试高分。这样的教学未能做到充分尊重学生的个性和独立人格，耗时耗力，培养的学生充其量是一个"单向度"的人。为拓宽课堂教学中学生自由思考和自由发展的空间，真正让学生的个性得到完善和发展，培养学生的批判性思维能力，我们可以在化学课堂教学中，借助"布白"艺术手法，在适当的时候留出一定的时间和空间，实现有效教学目标。

一、化学教学布白艺术的内涵

1. 布白界说——从两幅国画说起

布白在古代被称为留白，又称为空白，留白在中国历史上源远流长。最早提出的是老子的"知白守黑"这个朴素的辩证观点。这个"知白守黑"同时也说出了黑白不可以分家的道理，中国古代画论中便产生了"计白为墨"、"计白当黑"的说法，同时也阐明了白是计划之白，策略之白，墨出形，白藏象；白者为虚，黑者为实，黑与白是相辅相成的，虚与实相互影响。

布白艺术是中国画论之精髓，是画面布局之津梁，历代山水画家，但凡能运用计白当黑的笔墨原则体现布白艺术的，则可于布局之中游刃有余。现代山水画大师黄宾虹说得精辟："作画如下棋，需善于做活眼，活眼多棋即取胜。所谓活眼，即画中之灵也。"❷

下面的两幅国画，齐白石的《虾》如图 2-1 所示，黄宾虹的《山中坐雨》如图 2-2 所示，都表明了"布白"艺术中虚与实的关系。

齐白石的《虾》中，虚景是水，画家没有像西方油画那样，用明暗关系和色彩，也没有

---

❶ 李燕杰. 教育艺术的哲理断想 [J]. 教育艺术，2006，（12）：26-27.
❷ 王伯敏. 黄宾虹 [M]. 上海：上海人民美术出版社，1979：34.

图 2-1　齐白石的《虾》
图 2-2　黄宾虹的《山中坐雨》

像其他画那样用线条表现水。从这幅画中，我们可以看出，水就是白纸中留出的白。实景是形态各异、错落有致的虾。画家巧妙地运用了国画特有的宣纸的特性产生晕染效果，产生黑色与浅黑，使这些远近不一的虾形成了自然过渡的感觉。我们虽然没有看到水，但能够感觉到栩栩如生的虾在水中游动。

黄宾虹的《山中坐雨》中，虚景的运用也同样得到体现，画中的雨雾便是虚。当我们观看整幅画时，可以看到虚在画面中的走势，它在画面中围绕着实体在行走。画面中所占面积最大的虚就是村庄的周围，画家在这里布置了虚，这幅画中虚与实的对比、轻与重的对比形成了画面的基调。因此，虚是画面中不可缺少的一个元素，也是体现画家修养的一个环节。

音乐、绘画、建筑、文学、戏剧、曲艺等艺术形式，历来都讲究布白的艺术，并将它作为艺术家造诣深厚的重要标志。诗人称空白为含蓄，书法家称它为飞白，画家称它为留白或布白，音乐家叫它煞声。

因此，布白是艺术创作中一种高超的技巧，是艺术作品给人们留下联想和再创造空间的手段。高明的艺术家在作品当中恰当地运用空白，会收到"恰是未曾着墨处，烟波浩渺满目前"的艺术效果。

2. 化学教学布白艺术的含义

高中化学课程标准提出的课程基本理念之一是：立足于学生适应现代生活和未来发展的需要，着眼于提高 21 世纪公民的科学素养，构建"知识与技能"、"过程与方法"、"情感态度与价值观"相融合的高中化学课程目标体系[1]。分析高中化学教科书科学素养主题表明[2]：高中化学教科书非常重视科学过程与方法，特别是强调了科学探究的过程，强化了科学探究意识。笔者认为，课程与教学留下探究的时间和空间，教师作为一个引导者，激励学生探究和学习，而不是作为一个权威的知识讲述者，是实现科学素养的课程与教学总目标的有效

---

[1]　中华人民共和国教育部. 普通高中化学课程标准［S］. 北京：人民教育出版社，2003.

[2]　刘一兵. 高中化学教科书中科学素养主题的定量分析［J］. 化学教育，2010，(6)：23-28.

途径。

在教学中，学生并不喜欢那种太实、太露、太烦、太琐的不留给他们一点想象余地的教学。有的教师唯恐学生不懂不会，不管重点、难点，还是疑点，全部都教给学生。这种倾盆大雨式的"满堂灌"，十有八九是不成功的。有的教师又采取"满堂问"，看似"启发性"，其实还是变换形式的"满堂灌"，表面上热热闹闹，实质上效果不佳。正因为教学是一门艺术，因而教学也应像其他艺术形式一样讲究布白艺术，追求那种"虚灵"的"空间感型"的"妙境"。教学上的空白，既指教师和教材中未明确说明的部分，暗示的东西，又是教学时空流程中的休止、跳跃或者淡化，也可称为隐含。

布白是艺术创作中的一个概念，是指为了更充分地表现主题而有意识地留出空白。教学是一门科学，也是一门艺术，也有空白艺术的问题。化学教学的布白是指化学教学中，教师未明确或含蓄说明的部分或暗示的内容。化学教学的布白艺术是指教师将布白手法运用于化学教学中，以此引起学生的注意、联想和想象，激发学生的求知欲，启迪学生的思维，从而提高教学艺术水平的教学实践活动❶。

布白艺术的哲学实质是"实"与"虚"的和谐统一，是连续性和间断性的辩证统一。正如齐白石在一张白纸上画几条虾，则整张纸的空白使人觉得是水。虾以实出，水自虚生。又如诸葛亮所施"空城计"，妙在以虚为实。虚实相生，"使无画处皆成妙境"。因而，化学教学所讲究的布白艺术，要求教学中留有余地，让学生利用想象填补空白，启发思维，达到"于无声处胜有声"的艺术效果。这也是化学教学艺术的现实体现。

示例：铝的性质的教学

教师可以围绕着可口可乐易拉罐提出系列问题，如图2-3所示。

图 2-3　对铝材料提问的 PPT

教师通过 PPT 展示对可口可乐瓶（铝制品）的提问，以铝制材料为线索展开教学，材料的成分、性能等在明线，而铝的化学性质在暗线，一明一暗两条线索同时进行。为什么易拉罐采用铝作为主要材料？易拉罐包装相对于其他包装材料有什么优势？为什么铝制品不易生锈？在基于生活实际的联系中，让学生以剪碎的易拉罐为材料，进行实验设计，教师不是把知识传授给被动的学习者，而是通过驱动性问题，使学生乐于探究铝的化学性质，促进学生的学习。这样的教学设计，铝制材料的线索犹如国画中的"实景"，铝的化学性质犹如国画中的"虚景"，达到了虚实相生的效果。当学生了解到在空气中，铝的表面很容易生成一

---

❶　刘一兵. 略论化学教学布白艺术 [J]. 化学教育，2002，(1)：14-16.

层稳定的氧化膜，保护了内层的铝时，教师不失时机地提出：天然形成的氧化膜很薄，耐磨性和抗腐蚀性不够强，为了使铝制品适用于不同的用途，如何用化学方法对铝的表面进行处理呢？教师不作解答，留作空白，让学生探究。

二、化学教学布白艺术的心理机制

1. 布白——不完美的格式塔

格式塔心理学派认为，人们的"知觉对不完整的图形或残缺的图形，有一种使其完整的倾向，即填补缺口的倾向"，从而产生"尽可能地把图形看作一个完好图形的趋向，即把不完全的图形视为完全的图形"[●]。也就是说，人们在面对一种不完美即有缺陷或有空白的格式塔刺激物时，会情不自禁地产生一种急于要求改变它们并使之完满的趋向，从而倾向于知觉到、经验到完美的格式塔整体，即完形整体。

我们可以把化学教学过程看作一个格式塔，教师在教学中所布的空白，正是为了使此格式塔残缺或不完美。

示例：甲烷分子结构的教学

在进行"甲烷分子结构"的教学时，教师不直接给出甲烷的键角、键长和立体结构，而是出示一些球棍模型，让学生展开想象，根据甲烷的分子式设计出甲烷分子的空间结构。学生联想到氨分子的三角锥结构可能设计出不同的结构，此时，教师不置可否。当学生为自己的设计感到一丝得意时，教师又提出：你如何证明甲烷分子的结构呢？学生的心理又出现了新的变化，即寻求完形的整体，教学出现了一个小高潮。学生通过阅读教材，知道甲烷分子的键长、键角，由此推断甲烷分子为正四面体结构。教师再次提出：如何用化学的方法证明甲烷分子的结构呢？这为甲烷的二卤取代物只有一种埋下了伏笔。

师生通过积极紧张的思维活动将教学活动过程完善、完满为一个整体。当然，教师的布白应该与学生原有的认知结构即皮亚杰（J. Piaget）所谓的图式相关联。

2. 图式——完美的格式塔基础

皮亚杰认知理论体系中的一个核心概念是图式。图式是个体对世界的知觉、理解和思考的方式。我们可以把图式看作心理活动的框架或组织结构。在皮亚杰看来，图式可以说是认知结构的起点和核心或者说是人类认知事物的基础。因此，图式的形成和变化是认知发展的实质。不同的学生对于教师作出的布白，心理反应效果可能不一，这主要是因为学生的图式差异。学生倾向完美的格式塔的过程在"平衡—不平衡—新的平衡"的循环中得到不断的丰富、提高和发展。

同样，在化学教学中，我们可以把学生对化学知识的获取看成是一个寻求完美的格式塔的过程。教师布白艺术的设计，会导致学生认知的失衡，为了达到平衡状态，学生便产生了"填补"、"完善"的需要，从而引起进取、追求的"内驱力"。这种内驱力是基于学生原有的图式。

示例：盐类水解的导入

在"盐类水解"的教学过程中，教师提出：酸溶液显酸性，碱溶液显碱性，那么，盐溶液显什么性呢？教师引而不发。这样的布白显然按照学生原有的图式，盐溶液应显中性。但是，通过实验，学生发现盐溶液有的显酸性、有的显中性、有的显碱性，可谓"一石激起千层浪"。通过教师的布白，学生会积极主动地去"填补"和"完善"。这种对"完形"结构的追求一旦实现，便给人极为愉悦的感受。

● 叶浩生. 西方心理学的历史与体系［M］. 北京：人民教育出版社，1998：436.

三、化学教学布白艺术的功能

1. 启迪思维

化学教学中，一个巧妙的空白，常常可以一下子打开学生思维的闸门，使他们思潮翻滚、奔腾向前，有所发现和领悟，收到事半功倍的效果。

示例：乙醇化学性质的教学

教师不是直接讲述乙醇能被氧气氧化，而是演示将铜丝置于酒精灯外焰上灼烧，铜丝表面出现黑色，再将铜丝向内移动触及酒精灯灯芯，铜丝表面即由黑色转红色。操作上的细微变化，导致了两种截然不同的现象，这是为什么？教师不予回答。面对"悬"而一时难"决"的问题，学生迫切希望了解其中的原因，纷纷提出以下自己的思考：

$$2Cu+O_2 \xrightarrow{\triangle} 2CuO(黑)；CuO+CO \xrightarrow{\triangle} CO_2+Cu(红)$$

$$2Cu+O_2 \xrightarrow{\triangle} 2CuO(黑)；4CuO(黑) \xrightarrow{\triangle} 2Cu_2O(红)+O_2\uparrow$$

$$2Cu+O_2 \xrightarrow{\triangle} 2CuO(黑)；CH_3CH_2OH+CuO(黑) \xrightarrow{\triangle} CH_3CHO+Cu(红)+H_2O$$

最后，师生讨论得出正确解答。可以说，启迪学生思维、发展思维能力，乃是化学教学布白艺术最主要的功能。

2. 激发求知欲

美国教育家哈·曼说："那些不设法勾起学生求知欲望的教学，正如同锤打着一块冰冷的生铁。"教学布白艺术正是能有效地激发学生的求知欲，直接有利于引起学生对知识的兴趣、理解和掌握的手段。从上面谈到的教学中的布白艺术的心理机制中可以看出，教师在教学过程中有意识地设置暂时性的知识"空白"，能激起学生急于填补、充实"空白"并使之完整、完善的欲望。教学过程中由"空白"造成的断裂要靠学生的思维和想象焊接合缝，"空白"前后的教学环节要靠学生的思维和想象联系起来。

示例：氧气的化学性质的教学

教师演示硫在空气中燃烧发出微弱的淡蓝色火焰，在纯氧中燃烧却发出明亮的蓝紫色火焰，都生成一种有刺激性气味的二氧化硫气体，并放出热量，最后，得出硫和氧气的反应式。教师进一步提出：为什么会产生这种现象呢？教师不作解释。这一布白涉及化学反应的速率问题，会引发一些学生积极的思考、探究，从而由对学习化学的暂时兴趣向稳定兴趣发展。

3. 控制调节

课堂教学中要让学生注意什么、感受什么、联想什么以及表达什么，关键在于教师怎样进行引导。瑞士的艾米尔认为："教授的艺术就是懂得如何引导。"教学应突破时空限制的布白，在"有限中求无限"，调节教学节奏的张弛，营造出好的教学气氛，从而带领学生进入教学意境。教学中的布白，可以让学生咀嚼、回味已讲内容；可以形成知觉对象与背景的强烈对比，打破学生的思维定势；可以在学生注意力分散时，使其注意力集中指向讲课内容。

示例：质量守恒定律的教学

教师运用引导发现法，让学生亲自做实验，通过不完全归纳法，发现参加化学反应的各物质的质量总和，等于反应后生成的各物质的质量总和。此时，学生体验到发现规律的成功感，思维的张力顿时松弛。当学生的注意力不够集中时，教师可用多媒体模拟演示英国科学家波义耳 1673 年的实验，即在一个密闭容器内煅烧金属，然后打开盖子称量，发现反应后质量增加了。教师不作解释，学生的思维又活跃起来，注意力又趋向集中。

4. 审美教育

原苏联当代著名美学家列·斯托洛维奇曾经指出："在每个领域中出现的凡是值得被称

为艺术性的活动，都必定具有审美意义。"❶ 教学布白艺术是按照美的规律进行的独创性的教学实践活动，必然带有审美性特点。这使得教师的教学布白艺术本身成为审美的对象，如教学布白的突破时空、回味无穷的教学意境美，"计白当黑"、虚实相生的教学方法美，疏密相间、布局合理的结构美等。教学布白有效地淡化了教育的痕迹，以审美的形式创造出引人入胜的教学情境，使课堂教学变成始终贯穿着紧张、活跃而又愉快的智力活动。教学布白艺术这种陶冶功能在于以审美的形式使学生在不知不觉中受到智力开发，体会到思维劳动这种"智慧的体操"的乐趣。

四、化学教学布白艺术的类型

1. 内容性布白

内容性布白是指教师在教学过程中故意保留某些教学内容不讲，以引起学生的思考，达到最佳的教学效果。实践证明，应让教学内容有一定的弹性，留出一些问题，诱发学生的思维去填补空白，从而使讲授具有言已尽而意无穷的境界。

示例：盐类水解原因的分析

教师引导学生根据化学平衡移动的原理，以 $NaAc$ 为范例说明弱酸强碱生成的盐的水解。$NaAc$ 在水溶液中的 Ac^- 和由水所离解出来的 H^+ 结合，生成弱酸 HAc。由于 H^+ 浓度降低，使水的离解平衡向右移动：

$$NaAc \Longrightarrow Na^+ + Ac^-$$
$$+$$
$$H_2O \Longrightarrow OH^- + H^+$$
$$\Updownarrow$$
$$HAc$$

当同时建立起 H_2O 和 HAc 的离解平衡时，溶液中 $c(OH^-) > c(H^+)$，即 $pH > 7$，溶液呈碱性。

此后，对于强酸弱碱盐如 NH_4Cl、弱酸弱碱盐如 NH_4Ac 等的酸碱性，教师可以让学生自主分析和探究，并完成水解方程式，总结盐类水解的实质和规律。其效果远比教师面面俱到的教学效果好。

在教学过程中，如果教师唯恐学生不懂不会，将内容方方面面地讲给学生，过于注重教学的"实"，则往往只能使学生被动地记住条条框框，囫囵吞枣地生搬硬套，这就从根本上剥夺了学生思考的权利，不利于学生主体作用的发挥。只有化实为虚，有问题可供学生思考，才能给学生带来无穷的意味。在这里，故意保留某些内容不讲，并不是这些知识不重要，不是对知识的"舍弃"，而是一种"欲擒故纵"、"吊学生胃口"的手法，它能激发学生的学习兴趣和强烈的求知欲，有利于教师主导作用和学生主体作用的充分发挥。

2. 心理性布白

心理性布白是指教师设法引导学生进入"愤"、"悱"的心理状态。这里说，"愤"是想弄明白而又弄不明白，"悱"是想说而又说不出来，它们实际上是学生进入积极思维状态前的一种短暂的心理状态上的"空白"。教师通过质疑问难积极引导学生进入"愤"、"悱"状态，并以巧妙的"启"、"发"，训练和发展学生的思维能力，使学生破"愤"而通，变"悱"为达。在这一过程中，教师只能打开学生的思路，通过学生自己积极的思维活动填补"空

---

❶ 列·斯托洛维奇. 审美价值的本质 [M]. 凌继尧译. 北京：中国社会科学出版社，1984：17.

白"，而不能直接告诉结论或代替学生去表达。

示例：胶体性质的教学

学生用红色激光灯照射氢氧化铁胶体，可产生丁达尔现象；用红色激光灯在装有新制豆浆的烧杯一侧进行照射，在垂直入射光的方向观察，发现观察不到丁达尔效应；用红色激光灯在装有土壤浊液的烧杯一侧进行照射，在垂直入射光的方向观察，观察到丁达尔效应。这时教师提出：难道豆浆不是胶体吗？土壤浊液是胶体吗？教师不给予解答。

学生顿时处于"心求通，口欲言"的状态，强烈地激发了学生的学习兴趣，激活了化学课堂，此时就将学生引入胶体性质深层次的理解。

3. 语言性布白

语言性布白是指教师借助各种语言技巧，创设语言上的"空白"。语言性布白艺术可以分为以下三类。

其一，口头（有声）语言性布白。教师在教学中注意利用语言的停顿，讲究语言的变化和节奏。停顿这种语言变化方式所造成的暂时性的语言"空白"，能给学生以咀嚼、回味已讲授内容的机会，便于学生理解、掌握教学内容，也便于进一步"教"和"学"的顺利进行。

其二，体态（无声）语言性布白。教师为了表达某种用语言难以表达的情感，或让学生想象用语言难以描述的情境，创造性地运用无声的体态语言因素进行教学，可以收到"此时无声胜有声"的效果。

其三，书面（板书）语言性布白。教师根据教学的需要，对板书的内容进行艺术处理，不作一览无余的交待，注意给学生留下思考和想象的余地，有的内容在板书中体现出来，有的内容通过省略号或丢空的方法隐去，形成板面上的"空白"，让学生自己凭借教师的讲述和对内容的掌握去领会、思考、联想。

4. 行为中的布白

可以利用化学实验中的操作进行行为上的布白。例如，在分液操作中，学生在将分液漏斗中的下层液体放下时，总会忘记先打开分液漏斗上面的玻璃塞。如果教师事先告诉学生操作，几乎没有什么效果，还会有学生忘记，但是若在这步操作中"留白"，学生做到这一步时，就会发现"咦，这液体怎么下不来啊？"学生就会思考、探讨，很容易想到是压强的原因，进而知道要先打开玻璃塞。这样的实验操作印象深刻，这样的课堂更"生态"化。

五、化学教学布白艺术的实施策略

布白艺术运用于课堂教学的技巧和方法丰富多样。从心理学的角度看；可从语言上、思维上、想象上、情感上和行为上等进行布白；从课堂结构上看，有导课中的、授课中的、板书中的、结课中的布白；从课堂教学的要素上看，有教学时间上的、教学空间上的、教学内容上的布白等❶。这些布白的方法，相互之间并不是泾渭分明、非此即彼的关系，它们之间有交叉兼容的地方。

1. 创造性地处理教材，创设知识上的"空白"

有经验的化学教师在讲课的时候，好像只是微微打开一个通往一望无际的科学世界的窗口，而把某些东西有意地留下不讲。这样就给学生造成了暂时性的知识"空白"。

中学化学教材虽然是根据知识的逻辑顺序、学生的认知发展顺序以及心理发展顺序而编写的。但是，实际编写的时候，并没有完全符合这个原则。例如，在"氢气的实验室制法"

---

❶ 李如密，孙龙存. 课堂教学中的布白艺术 [J]. 教育科学，2003，(1)：35-37.

一节中，教材直接给出实验室制取氢气的简易装置图。仪器的发展过程省略了。教师可以创造性地将教材设计为：由启普发生器装置为起点，反推实验室制取氢气的简易装置，即试管→（ ）→（ ）→（ ）→（制取氢气的简易装置）←启普发生器。❶ 教师尽可能多地提供化学仪器，要求学生以启普发生器为原型设计制取氢气的简易装置。这样教师巧妙地创设了"空白"，从而激发了学生的学习兴趣和强烈的求知欲。

2. 布白导课，开启探究之路

导课作为课堂教学的起始环节，是整体结构中不可或缺的一部分。自然而恰当的导课不仅在于承上启下、由旧入新搭起由旧知识到新知识的桥梁，而且还能吸引学生注意力，大大激发学生的求知欲和兴趣，启迪学生思维，发挥学生的想象力，活跃课堂气氛，创造教学佳境，使新课教学达到事半功倍的效果。把布白这一手法运用于导课环节中，恰能适合中学生好奇心强、求知欲盛的特点，开启学生思维，起到先声夺人的效果。

示例：铁与水蒸气反应实验装置的研究性学习

可创设开放性问题情境如下：请你写出铁与水蒸气反应的方程式？铁与水蒸气反应的实验装置由几部分组成？请分组设计铁与水蒸气反应的实验装置，并画出装置简图。对这些问题，教师不作回答。学生通过分组讨论，每个小组最终拿出一个方案，确定方案后，在展台展示并由学生说出自己组的设计思路。之后其他组进行点评，教师也作适度点拨，这样可以激发学生的求异思维，进行科学探究。

3. 故意停顿，巧设语言"空白"

教学语言不应从头到尾像机关枪一样哒哒哒地讲个不停，而应讲究变化和节奏。其中，教学停顿是语言的技巧之一，也是教学必不可少的语言变化方式。例如，在苯的教学中，学生通过计算得出苯的分子式后，教师提出：我们已经学过甲烷、乙烯和乙炔的结构式，那么，根据苯的分子式，你能够写出哪些结构式呢？（停顿数秒）你又能如何证明它呢？（停顿数秒）这样造成暂时性语言"空白"，目的是让学生咀嚼、回味已讲过的内容，便于"教"和"学"的顺利进行。

4. 质疑问难式布白，启发思维

提问是常用的教学艺术手法之一，提问艺术运用得当，能启迪学生思维，开拓学生思路，发展学生智力，活跃教学气氛，提高教学质量。

示例：某学生向装有相同铝片的两支试管里加入等体积 $c(H^+)=3.0mol/L$ 的盐酸和硫酸，观察化学反应的进程，其实验结果见表 2-1。

表 2-1　等体积 $c(H^+)=3.0mol/L$ 的盐酸和硫酸分别和相同铝片反应的实验现象❷

反应进程	1	2	3	4	5
盐酸	少量气泡	较多气泡	大量气泡	反应剧烈	铝片耗尽
硫酸	均无明显现象				

这种实验现象如何解释呢？教师不作解答。学生作出如下猜想和假设：

① 与硫酸反应的铝片表面的氧化膜太厚了；

② 硫酸太浓了，在铝片表面形成了致密的氧化膜；

③ 铝与硫酸反应生成了硫酸铝，覆盖在铝片的表面，阻止了反应的进行；

④ 氧化膜是实验现象异常的原因；

❶ 刘一兵，闫立泽. 从创新教育看发现法在化学教学中的应用 [J]. 化学教学，2001，（1）：3-5.

❷ 刘一兵，沈戬. 化学实验教学论 [M]. 北京：化学工业出版社，2013：82.

⑤ Cl^- 和 SO_4^{2-} 是引起实验现象不同的原因。

最后，要求学生设计实验，进行证伪和证实。

这一过程有助于学生科学假设能力和实验能力的培养。

5. 布白等待，延时评价

等待意指不采取行动，等候（所期望的人、事物或情况出现）。法国积极浪漫主义作家亚历山大·仲马认为，一切人类的智慧都来源于等待这个词。在特殊的情境，等待总有着特殊的价值和意义。所谓延时评价，就是在教学中，当一个问题提出后，对学生作出的回答不予以及时的评价，而是把评价的时间适当地向后拖延，这样可诱发其他学生说出多种答案或设想。

示例：测定空气中氧气含量的教学片断

师：拉瓦锡通过实验得出的结论是氧气的体积约占空气体积的1/5。而我们的演示实验结果显示偏小，可能是什么原因造成的呢？（抛出问题，激起学生讨论）

生1：红磷的量取少了，集气瓶里的氧气没有耗尽。（点头，但不发表言论，学生继续发言）

生2：也可能是没有冷却至室温就打开止水夹了。（其他同学也纷纷附和着）

师：还有其他的原因吗？（没有对答案及时肯定，而是引导学生继续思考）

生3：可能是装置漏气。

生4：应该是瓶塞漏气。空气会趁机而入，占有了一部分体积，导致进入集气瓶中的水不足1/5。

生5：如果是止水夹没有夹紧的话，可能导致结果偏大。（给予肯定，进而顺势引导，还有什么原因会引起结果偏大呢？）

生6：还可能是伸入燃烧匙的速度太慢，一部分空气被挤走了，导致结果偏大。

经过大量的讨论，不仅学生的思维得到了训练，而且总结了实验操作必须要注意的几个要点。

6. 利用板书设计，创设板面上的"空白"

根据教学的需要，对板书的内容进行艺术处理，使有的内容在板书中体现出来，而有的内容通过省略号或丢空的办法隐去，形成板面上的"空白"，让学生自己凭借教师的讲述去领会、去思考、去联想。这不仅可以节省教学时间、突出教学重点，而且对提高学生的思考能力，启发和调动学生积极、主动地学习，都大有裨益。

示例："化学平衡特点"的板书设计

（1）逆：……（2）动：……（3）等：……

（4）定：……（5）变：……（6）同：……

这样的布白设计，具有高度的概括性并突出教学重点和关键，抓住知识的关键点，给人以思考的余地。这就是教学处理中的虚，含而不露，余味无穷。

7. 布白结课，意犹未尽

结课是一堂具有艺术魅力的好课的"终曲"，课堂教学的结尾也是整堂课的"点睛之笔"。好的结课能给人以美感和艺术上的享受。设置空白，弹好"终曲"，以"不全"求"全"，在有限中追求无限，即在一堂课的结尾注重浓郁的色彩和艺术的含蓄，给学生以想象和回味，收到言已尽而意无穷的效果。

某教师在一次做实验时，先让硅酸钠溶液与盐酸反应，然后在此反应的基础上加氢氧化钠溶液，预期的现象有白色胶状沉淀，溶液变澄清。完成了实验，将试管放在试管架上，快要下课时，教师无意中发现试管中液面和试管内壁的交界处又出现了白色胶状物质，教师提出：这白色胶状物是什么呢？结束了新课。

毋庸置疑，在教学的各要素、各环节中，教学布白艺术的实施策略绝不会局限于上述几种，而且每一种策略也绝不会是孤立存在的，彼此之间联系密切。很多时候，即便是一次教学活动，其过程也可能运用好几种而不是某一种布白策略，更有甚者是同时运用好几种策略，如既有"停顿"，又有"暗示"，还有"等待"，这往往取决于教师的实践智慧。

六、化学教学布白艺术的基本要求

1. 追求启发思维的实效

化学教学布白艺术的最终目的是启发学生思维。应根据启发学生思维和激发学生求知欲的教学需要适当地加以运用，不能为布白而布白。因而，化学教学布白艺术要求我们准确地把握教学时机，这样才有利于在思维的最佳突破口点拨学生心灵的乐曲。教师要从教学内容、教学时间、教学空间出发，系统、全面、多层次、多角度地设置空白。同时，布白的内容要难易适中，广度的大小要恰当。如果在化学教学中教师"布"的"白"太多，或竟是一片空白，让学生无从捉摸，则也起不到布白的艺术效果。

2. 注重"停"、"导"结合辩证有序

"虚实相生"是渗透哲学、儒学、兵法、书法、绘画等方面的中国传统的辩证艺术。其实化学教学中同样也存在着这样的辩证关系，教学中"虚实相生"其实就是要做到实处饱满、虚处藏神，要实留其虚、虚助实达。此处的"实"指的是教师的讲解与激趣，"虚"指的是停顿与布白。辩证地看，教师在课堂的实处，却是学生的"虚"时，虚心学习，虚怀接纳信息；而教师课堂的虚处，却是学生实实在在的"实"处，是其思索、考虑的过程，信息内化、强化的阶段。"虚"与"实"之间，要让"导"使其充分结合在课堂内。

3. 符合学生原有的认知结构

建构主义学习观认为，学习者应该结合自己原有的经验体系来学习探索新知识，将所学知识的不同部分联系起来，将新知识与原有的知识经验联系起来，将正式的知识与自己的直觉经验联系起来，看它们是否一致。因而，教师做出的布白必须有效激活学生原有的知识体系，必须符合原有的认知结构。以原有的图式为基础才能产生一种强烈的内驱力，给学生以想象和思维。比如说，若学生没有 $AlCl_3$ 易水解，而其水解产物 $Al(OH)_3$ 加热又易分解的知识基础，就不可能正确分析确定加热 $AlCl_3$ 溶液的最终产物。

4. 考虑学生的年龄特点

要让教师所布之"白"通过学生思维活动生出"实"来，就要考虑学生的年龄特点。让学生"跳一跳，可以摘到桃子"。经验表明，在初中化学的教学中，教师应多运用适当停顿这种布白；在高中化学的教学中，由于学生思维能力增强，实验技能提高，知识经验也比较丰富，教师可多运用联想和想象的布白形式，以问题性教学为中心，巧设布白，通过实验解决问题。

5. 注重教学的整体性

整体性是整个教学布白艺术所应考虑和遵循的基本原则。其一，教学是一个整体。教学的根本就是保证其完整性意义。教学艺术是为教学服务而存在的，保证教学的完整性意义是其存在的前提和基础，为艺术而艺术的做法必然是不可取的。其二，教学艺术是一个整体。化学教学布白艺术作为其中的一种，绝不是教学艺术的全部。化学教学布白艺术应与其他种类的化学教学艺术全面协调统一，相辅相成，互相促进。如果在教学过程中，一味地追求"空白"，其效果只会适得其反，为空白而空白不仅失去了化学教学布白艺术的本质意义，也

违背了教学科学的基本逻辑。

第二节　化学教学模糊艺术

传统化学教学中，推崇的一直是"精确教学"。其主要表现是教师在有限的时空内将知识讲深讲透，或者像雕塑家一样把本该学生自主探究的教学内容精雕细刻，把教学内容切碎成许多知识点要求学生机械掌握。这种方式在静态知识与技能的传递中，发挥着一定的作用。但是，静态的教学操作易导致学生们一味地去复制现有知识，却失去了他们内心中探索知识、探究科学的动力，造成教学"低效高耗"，剥夺了学生的思维空间，抹杀了学生思维的个性，抑制了学生认知、情感方面的和谐发展，其作为人的整体性和全面发展的丰富性丧失殆尽。

随着模糊数学、模糊语言、模糊美学和模糊艺术研究的兴起，人们对模糊教学给予极大的关注，我们可以从化学教学艺术视角，对化学教学模糊艺术的内涵、依据、实施技巧和实施原则作初步的探讨，以弥补"精确教学"的不足。

一、化学教学模糊艺术的内涵

1. 模糊与模糊性

何谓模糊？模糊就是事物不分明、不清晰、不确定的状态。如果事物的量的规定或质的规定不甚明确，可以是这样的，也可以是那样的；可以是这些的，也可以是那些，没有明确的界限，那么我们就说它是模糊的。在现实世界中，有一类事物我们无法找出它们精确的分类标准，对这类事物无法作出是或非的判断，如："高山"多高才能算高？我们只能凭感觉和以往的经验判断一座山是否为高，而无法精确说出要高到什么程度才算是高山。

当风和日丽、万物欣欣向荣之时，你触景生情，雅兴顿发，外出旅游，辄见山光水色，城廓乡村，掩映在一片葱绿之中，绰绰约约，形态模糊。但你说不出美在何方，这就是模糊性，这就是模糊美。美与不美、胖与不胖等，它们之间并没有什么确定的中介标度，它们的边缘是相互渗透的，这类边缘不清晰的特性就称为"模糊性"，这类从属于某事物到不属于某事物之间不存在截然的分界线的事物就称为"模糊事物"。所以凡在类属上能判断是或非的事物就是清晰事物，凡在类属上只能区别程度、等级的对象就是模糊事物。

恩格斯在《自然辩证法》导言中说："在希腊哲学家看来，世界从本质上来说是从某种混沌中产生出来的东西。"人，除了精确严密的思考之外，还能运用少量的模糊信息，依据特定的规则进行思维，对客观世界极其复杂的现象作出近似程度的概括和判断。在一定条件下，"模糊"概念更有助于认识事物的真谛。哲学家康德说过，模糊观念比明晰观念更富有表现力。

2. 化学教学模糊艺术的含义

诸多艺术形式如诗词、绘画、戏曲、书法等一直很注重模糊艺术，并把它作为衡量艺术作品境界高低的重要标志。《万马奔腾》国画，画面上突出了两匹奔马，其后又错落有致、大小不一地画了五匹马，背后有许许多多影影绰绰的黑点。虽然画面只有前面七匹马，许多模糊的黑点没有马的形象，然而，看过这幅画的人，却感觉到有万马奔腾、浩浩荡气之势。这里蕴涵了这样一个哲理：艺术创作贵在朦胧含蓄，模糊艺术给人想象的余地。艺术家使用模糊艺术技巧来表现自然和社会，构成了模糊美，赋予作品难以名状的魅力。

同样，课堂教学中，教师适当运用模糊艺术，可以给学生留下想象的时间和空间，驱动学生探究，培养学生的创新思维。

对于什么是模糊教学艺术，有学者作了如下一些研究。

胡和平提出了模糊教学理论，论述了模糊教学是一种艺术境界，具有模糊特征和艺术特征❶。

汪刘生认为所谓模糊教学艺术，就是教学过程中，在不影响学生准确地理解教学内容、掌握教学重点、达到预定的教学目的前提下，用模糊、不确定的教学艺术手法来激发学生的审美想象和审美情思，以培养学生的审美能力❷。

李如密提出所谓模糊教学艺术，是指教师有意识地将模糊理论运用于教学并以其独特的艺术魅力在学生心领神会中提高教学艺术效果和水平的活动❸。

由上可知，研究者强调了模糊教学艺术的模糊特征、审美价值和实用价值。综合上述观点，笔者认为，化学教学模糊艺术，就是教师运用模糊语言、模糊思维方法和技巧，处理化学教学内容，诱发学生的审美想象和发散思维，促使学生体验和感悟化学科学真谛的教学艺术❹。化学模糊教学艺术只有具备了不确定性、不精确性、亦此亦彼性以及相对性，才能给学生提供审美想象和审美再创造的广阔时空。

二、化学教学模糊艺术的依据

1. 化学科学知识表征的模糊性

化学科学知识表征的模糊性是指化学科学理论和化学科学语言表征的模糊性。现代化学虽然正从描述性向推理性过渡，从定性向定量、从宏观向微观发展，但是，这种发展，并不能说明模糊性的消失，化学理论不可能发展到用完全精确的方法解决所有问题，而且化学事实、概念、原理和理论的表述存在大量的模糊语言。这是由于模糊性总是伴随着化学研究对象的复杂性而出现。譬如，离子键和共价键是两种不同的化学键，它们有各自的内涵和外延，两者的界限是分明和清晰的，但是按照 AgF、$AgCl$、$AgBr$、AgI 的顺序，键的极性减小，键型发生转变，离子键和共价键的界限变得模糊起来。因此，$NaHCO_3$、$AgBr$、ZnS 等非典型晶体，在中学阶段就不宜提及。用最好的分析天平称量，最后一位数字就开始模糊了，而这种模糊是包含着精确的模糊。

在化学上有许多问题并不具有非此即彼的答案，如果偏要给出这些问题的准确答案，就会适得其反。溶液的颜色与浓度有关，当未指明浓度时，对溶液的颜色不能机械记忆。例如，溴水从稀到浓有浅黄、黄、橙黄、橙、橙红等多种颜色，$CuCl_2$ 溶液有浅蓝、蓝、蓝绿、绿等颜色。浓硫酸具有吸水性、脱水性、强氧化性等特性，而稀硫酸没有。但多大浓度为浓与稀的界限，是不能确定的，只能定性处理。同样，浓硝酸的还原产物通常为 NO_2，稀硝酸的还原产物通常为 NO，极稀的硝酸还可能被还原为 H_2，但实际情况却可能得到多种还原产物，因为没有具体的浓度界限，况且浓度也在随着反应而不断变化。

又如，酸碱性、氧化性和还原性、金属性和还原性的强弱，反应速率的快慢，温度的高低，颜色的变化等，它们之间的差异只有相对的意义，常常是以程度或等级表示的。用排水法收集一小试管氢气时，用拇指堵住管口，管口朝下，立即移近酒精灯火焰，点燃试管里的氢气，听到轻微的"噗"的一声，氢气被认为已经纯净。氢气真的纯净了吗？氢气在空气中

❶ 胡和平. 模糊教学论 [J]. 九江职业技术学院学报. 2001, (2): 35-39.
❷ 汪刘生. 模糊教学的审美特征 [J]. 中国教育学刊, 1996, (4): 35-41.
❸ 李如密, 李保庆. 模糊教学艺术探论 [J]. 中国教育学刊, 2002, (4): 35-41.
❹ 刘一兵. 化学教学模糊艺术 [J]. 中学化学, 2010, (3): 1-3.

的爆炸极限为 4.0%～74.2%（体积分数），这表明混合气体中氢气的体积分数大于 74.2% 就不会爆炸（点燃时），那么，上述"氢气被认为已经纯净"可视为混合气中氢气的体积分数大于 74.2%，并不意味着 100% 或接近 100% 的纯净。

事实上，化学知识的表征有时候绝对化，如关于化学实验仪器的使用绝对地提出"不许……"、"不能……"、"不准……"等要求，一股脑儿塞给学生，往往会束缚学生的创新思维。"滴管管口不能伸入受滴容器"被视为金科玉律，但是，在中学化学制取氢氧化亚铁沉淀实验时，为了防止氢氧化亚铁被氧化，就需要将胶头滴管插入液面以下。所以，化学实验、事实、概念和规律中使用的"通常"、"大多数"、"一般情况"、"或"、"有些"等等，体现了科学知识的相对性，更有利于学生创造能力的发展。

2. 化学课程组织的模糊性

所谓课程组织是在一定的教育价值观的指导下，将所选出的各种课程要素妥善地组织成课程结构，使各种课程要素在动态运行的课程结构系统中产生合力，以有效地实现课程目标[1]。化学课程组织包括垂直组织和水平组织两个维度，遵循知识的逻辑顺序和心理顺序的统一。教科书中对一些知识采用了螺旋式发展的编写方式。例如，初中化学氧化反应的定义是物质和氧发生的反应，其中氧是个模糊词，限于学生的知识结构，教材进行了模糊处理，教师没有必要作详细的解释。中学化学教材中，对于氧化还原反应概念，初中只要求从得失氧角度分析，到高中阶段从化合价升降和电子转移角度审视，在电解质溶液中，结合原电池、电解、电镀又一次从两电极上得失电子的角度更具体而形象地揭示了氧化还原实质。在这些阶段的学习中，学生对氧化还原反应概念的理解和应用都是不完整、不精确的，带有一定的模糊性。又如，对于"化学反应与能量"的教学，经历了初中、高中必修和高中选修模块的螺旋式发展，如图 2-4 所示。在不同的学习阶段，学习同一主题时，教材内容的深度、广度不一，需要教师在不同学习阶段对教学内容进行模糊处理。类似的例子还有原子结构理论、电离、酸碱中和反应的分析等。

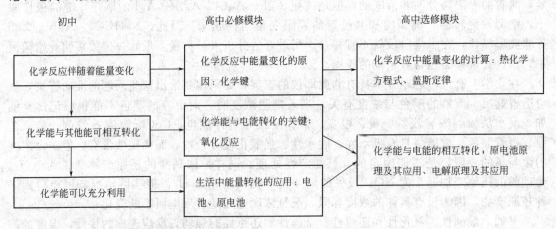

图 2-4　初中、高中"化学反应与能量"不同学习阶段

3. 化学新课程改革的必然要求

基础教育课程改革正在逐步深入。如今，化学课程标准和化学教材有许多弹性空间，化学教材的不同版本、同一版本的不同模块，给予学生许多的选择，教材内容的深度和广度也存在许多不确定的因素。实验现象的描述、化学方程式的书写，在许多专题中有的也隐去。

---

❶ 张华. 课程与教学论［M］. 上海：上海教育出版社 2000：230.

化学教材不再是经典，不再是记忆的库房，而是教学使用的材料。这种不确定性实质上是一种模糊性的表现，它呼唤着新的教学智慧。因而，化学教学不能完全拘泥于教材，而应超越教材。超越教材，对教材进行二次开发，表现出教师高超的教学模糊艺术。

例如，化学教学目标的制定通常是在课程标准的总体目标中寻找依据，在分类目标中寻找依据，在内容标准中寻找依据。但是，某一课时的教学目标，并不能完全按照理想的课程"精确"地确定，还应兼顾学情的实际性。这就是说，教学目标的制定要适应教学内容所实施对象的实际情况。尤其是制定教学目标时的行为条件，要考虑本校的实际，了解学生、研究学生，既要研究全体学生的共性，又要研究个别学生的差异[1]。如"物质的量"教学目标的行为条件可从化学方程式量的关系分析为生长点，而对于化学方程式量的关系比较薄弱的班级学生来说，也可以质量为生长点。为此，教学目标可这样设计：①通过熟知的"质量"类比认识"物质的量"（包括符号、定义及其单位的符号、标准），能够比较"n"与"m"；②掌握 n、N_A 和 m 之间的关系及相关计算方法，继而认识"物质的量"引入的必要性和自身的特殊性。

4. 师生模糊思维的客观存在

模糊思维是根据实际情况，按照事物发展的基本规律，抓住主要因素，忽略次要因素，科学合理地近似性分析问题，其基本特征就是近似性和整体性。

所谓模糊思维，是指思维主体在思维过程中，以反映思维客体的模糊性为特征，并使思维过程运用非精性认识方法而达到思维结果的清晰性的一种思维方式。

我们对化学现象和过程的认识，总是有一定的近似性质。当然，模糊思维的近似性并不是谬误、不可靠，而是具有科学性的。卢嘉锡曾说过，毛估和精确都是必不可少的认知阶段，在认识的头几阶段，就要求拿出精确的答案来，是不可能的，总是先有毛估，再一步步逼近精确，总是先有模糊，再一步步走向清晰，毛估是认识的开端，也往往是认识突破的开端。

例如，估算水分子直径的数量级时，不妨假设水分子为球形，并且一个挨一个地排列，得出的结果是 10^{-10}。阿伏伽德罗常数也可取一位有效数字（6×10^{23}）。这样虽然降低了思维的精确度，却是具有实际意义的、完全可靠的，并未失去科学性。化学教学中，可以采用如下模糊思维方法：化繁为简，建立理想模型；避轻就重，抓住主要因素，等等。

三、化学教学模糊艺术的实施技巧

1. 观其大略，抓住实质

观其大略、抓住实质是指从整体上把握教学，理清"骨架"，忽视细节，抓住实质，感悟学习，形成直觉思维。

示例：加热 a g Fe 粉和 b g S 粉的混合物，使之充分反应，然后溶于过量的稀 H_2SO_4 中，问标准状态下收集到气体的体积为多少？

分析：由于受思维定式的影响，许多学生讨论 Fe 和 S 反应时何者过量，分三种情况：①Fe 和 S 刚好完全反应，生成物全部是 FeS。先求 FeS 的质量，再求出 FeS 与稀 H_2SO_4 反应生成 H_2S 的体积。②Fe 粉过量，生成物有两种，Fe 和 FeS，先算出它们的质量，再分别求出与稀 H_2SO_4 反应后生成的 H_2 和 H_2S 的体积。③S 粉过量，反应过程中过量的 S 粉与空气反应掉了，剩下的只有 FeS，再求出 H_2S 的体积。上述分析思路严密，推理正确，但过于复杂化。

---

[1]　刘一兵等．高中化学新课程的校本化实施［J］．化学教育，2009，（6）：6-9.

若抓住了 $Fe \longrightarrow H_2$，相同物质的量的 Fe 和 FeS 与稀 H_2SO_4 反应均能产生相同体积的气体，其体积为 $(a/56) \times 22.4L$，则省去了中间的计算推理过程，是直觉思维的体现。

2. 语言模糊，开启心智

模糊语言是指具有模糊性的自然语言，它是语言表达呈现出的不精确现象。这种语言的表达使用了不能严格划定范围的词语，如高和低、热和冷、浓和稀、难和易、深和浅等。描述氯气的毒性：吸入少量氯气会使鼻和喉头的黏膜受到刺激，引起胸部的疼痛和咳嗽。这种描述比单一的"氯气有毒，有刺激性气味"更为具体。模糊语言具有凝练、生动、形象的特点，对描述事物的特征具有特殊的作用。语言模糊、开启心智是指教师利用模糊语言，诱导学生的求异思维，获得问题解决的技巧。

示例：简单分类法及其应用（《化学1》，人民教育出版社）

教师无序地列出 O_2、H_2、C、CO_2、CO、P、S、Mg、Fe、Al、N_2、$KMnO_4$、MnO_2、CH_4、C_2H_5OH、NH_3、H_2CO_3、、HCl、H_2SO_4、$CuSO_4$、$FeSO_4$、$CaCO_3$、$Ca(OH)_2$、CaO、$CaCl_2$、NaCl、MgO、SO_2、P_2O_5、Fe_3O_4、Al_2O_3、HgO 等物质，然后提出：这些物质都是我们在初中涉及的，面对这些零散的物质，同学们能否让它们变得有序一些呢？教师的模糊语言体现在"有序"两字。"有序"是个什么概念，教师没有界定什么样的"序"，而是让学生自己去寻求并掌握有关分类的思想方法，在这一模糊语言的诱发下，学生的思维发散了，产生了多种分类的方法。

3. 计白当黑，含蓄朦胧

艺术创作的诸多技法中，布白可谓是极其重要的一种，是指艺术创作中为更充分地表现主题而有意识地留下空白。其功能在于给欣赏者创造广阔的想象、体验等活动的空间进行"二度创造"，从而使艺术作品达到"无画处皆有画"的高深艺术境界。计白当黑、含蓄朦胧教学模糊艺术技巧是指教师运用布白手法，创设模糊意境，唤起学生的审美想象和审美思维。

示例：氮气的性质

通过教材阅读，学生可以了解到氮分子中存在三个共价键，键能很大，因而其分子的结构很稳定，性质不活泼，通常情况下，很难与其他物质发生化学反应，所以大气中的氮气才能和氧气共存。如果这时教师进行如下布白：假如氮分子中没有三个共价键，请想象一下世界将会是什么样的景象。同学们将会被这个问题带入想象的天地：没有三个共价键的氮气性质非常活泼，迅速生成二氧化氮，地表被硝酸所充斥，大气中弥漫着红棕色的二氧化氮毒气，一切生命将不复存在……

这比单纯地讲解"氮分子中有三个共价键，它的结构非常稳定"的效果要好得多，不但使学生更加牢固地掌握了所学知识，同时又有效地训练了他们的思维能力、联想和想象能力。

4. 注重调控，"反刍"吸收

人类认知心理有一条"渐进"规律，即认识事物要经过由粗到细、由浅到深、由模糊到清晰等过程。而"反刍法"便是实现这种过程的重要手段之一。所谓"反刍"吸收就是借用反刍动物把粗粗咀嚼咽下去的食物再返回到嘴里细细咀嚼行为的一种技巧。依据模糊理论的"不相容原理"，教学时时受到复杂性和精确性的相互制约，学生的学习不能什么都企图毕其功于一役，在每次学习中只能是相对地汲取，不能"尽取"。所以，我们的化学教学不能片面地讲深讲透，急于求成，对学生提出过高的要求，而是要抓住重点，循序渐进，留有余地，允许学生存疑，并注意调控。教师要协调好新课程中的必修1、必修2和各选修模块的关系，注意知识的广度和深度，把握模糊与精确的关系。

例如，高一学习电解质内容时，教科书中介绍了电解质和非电解质概念，进而提及了强电解质和弱电解质概念，但是没有从电离平衡角度阐述。这时学生可能对强、弱电解质概念感到困惑，此时我们无须作过多的解释，只需让学生了解常见弱酸和弱碱的示例，引导学生先模糊地"吃"下去，以产生一定的印象。在高中化学选修课程模块4——化学反应原理课程的学习中，当再次遇到强、弱电解质问题时，学生便会似曾相识，"反刍"到大脑里细细思考，教师借此温故知新，然后再配合进行实验，学生必定理解更深，那过去曾"模糊"的内容就变得清晰明白了，学生的认知能力也在不断"反刍"消化的过程中得到了提高。

四、化学教学模糊艺术的实施原则

化学教学中的模糊艺术是科学的模糊，是有意创设的模糊，不是备课的不精，不是教学的苍白，不是讲解的含糊，也不是简单地提几个问题，它的基础是教师的心如明镜和巧妙设计。它遵循以下基本原则。

1. 辩证性原则

模糊与清晰是一对矛盾。模糊离开清晰，就流入晦暗；清晰离开模糊，就显得苍白、贫乏。化学教学模糊艺术中的"模糊"不是指那种不合思维规律的悖理模糊，而是指符合思维规律的辩证模糊。在化学教学中，该模糊的绝不要过于精确，否则反而易造成学生的认识误区，甚至是科学性错误；该精确的就不要过于模糊，否则，适得其反。如"稳定性"这个概念在教材中经常出现。针对不同类别的情况，"稳定性"的含义会有很大的区别，使学生产生理解上的偏差，因此，物质"稳定性"对于许多学生来说就是一个模糊语言。化学物质的稳定性一般是指化学物质在所处环境下发生变化的难易程度，稳定性好，不容易发生变化。这些变化大部分是化学变化，如：与氧气反应、自然分解、与空气中的水分发生反应等；也有物理变化，如：挥发、沉淀、浓缩等；还有生物方面的变化，如：发霉等。一般情况下，要标示在何种环境中的稳定性。

模糊教学艺术是原则性和灵活性的高度统一，充满着科学与艺术融合的灵气。它以正确性为前提，要求教师在潜心体味、深刻理解教学内容的前提下，在启发诱导学生上下功夫。

2. 共意性原则

化学教学中运用模糊艺术技巧时，要求教师和学生都心中有数，这样才能取得预期的教学效果，进而达到"心有灵犀一点通"的境界。如同音乐的音色、频率、节奏只有与人的生命节奏保持一种和谐关系时，欣赏者才会有一种艺术享受；教师与学生的内心感受也只有相互沟通，教学才会产生思维共振、情感共鸣的艺术效果。因此，成功的化学教学模糊艺术应是师生共同创造出来的，也只有在密切配合下，才能完成师生间认识和情感的双向交流。

3. 适度性原则

化学教学模糊艺术只能在一定条件和时机下使用，服务于教学内容的需要，不能喧宾夺主，乱用模糊教学。如果因为模糊可以诱发美感，便一味过度模糊，为模糊而模糊，则其结果只能使学生一头雾水。因此，只有保持教学模糊艺术的适度性，即所设"模糊"能引起学生的联想和想象，生出"精确"来，并收到耐人寻味的艺术效果，才是真正的教学模糊艺术。

第三节 化学教学"糊涂"艺术

清代著名画家郑板桥有一方闲章，其中的四个字"难得糊涂"，历来为许多人所欣赏。

之所以流传至今，是因为它蕴涵着深刻的哲理。

当年，陶行知先生任育才中学校长时，有个女生数学考试少写了一个小数点，被老师扣了2分。试卷发下来，她偷偷地添上那个小数点，找老师要分。陶老师虽然从墨迹上看出了问题，但是并没有挑明，他满足了孩子的加分愿望，同时在那个小数点上画了一个红圈。孩子领会了老师的意图，惭愧不已，多年后仍难以忘怀。陶先生的教学"糊涂"是一种"大智若愚"的教学智慧，保护了学生稚嫩的心灵。

从人生哲学的"难得糊涂"到教学"糊涂"，这中间似乎没有必然的联系，但如果从辩证的角度看，化学教师若从一些特定的条件、场合和问题出发，适当而有目的地将这种"糊涂"艺术运用于化学教学之中，则会收到意想不到的教学效果。它可以突破传统科学知识教学中那种僵化的单纯传授科学知识的桎梏，有利于培养学生的质疑、批判和创新精神。

一、化学教学"糊涂"艺术的内涵

糊涂，现代汉语词典中的注释是：①不明事理；②内容混乱。教学"糊涂"艺术中的"糊涂"一词并不是上述概念上的糊涂，而是哲学概念上的糊涂；不是人老心衰而产生的糊涂，不是头脑简单才疏学浅的糊涂，而是"大智若愚"，是一种高超的智慧、一种豁达的涵养、一种高妙的艺术。郑板桥的"难得糊涂"，感叹世人在区区小事上糊涂之难，由斤斤计较的明白转入豁然大度的糊涂则更难。而我们拿它来指导教学便是一种艺术，在教学中不妨装点"糊涂"。装点"糊涂"，是明知故问，是等待时机，是以假乱真，是启发思维，是激励探索。教师"糊涂"的背后，实际是教师的清醒和机智，是教师的智慧和洞察的一种折射[1]。

教学"糊涂"艺术的渊源可以追溯到著名教育家苏格拉底（公元前469～前399）的"产婆术"。"产婆术"乃是一种高超的教学艺术，也是教学"糊涂"艺术的表现。这种方法主要分成两个步骤。第一步是讽刺。苏格拉底经常与各种人谈话，讨论人们所感兴趣的人生问题。他在与别人谈话的时候装着自己什么也不懂，向别人请教，让人家发表意见。他这样做是为了引导人们发现自己认识上的矛盾，意识到自己思想上的混乱，怀疑自己原有的知识，迫使自己积极思索，寻求问题的答案。第二步是产婆术。这一步的作用是，在对方发现自己认识上的混乱并否定原有认识的基础上，引导他走上正确认识的道路，从而逐步得到真理性认识，形成概念。

化学教学"糊涂"艺术是指教师在清楚明白的心境下，遵循化学教学艺术的特点，用一种艺术化的方式，故意装"糊涂"，引导学生对问题的探究，获得问题解决的教学术[2]。也就是说，教师"揣着明白装糊涂"，在教学过程中，利用教学艺术设计教学情境，用体态、语言、化学实验、模型来"说话"布景，创造一种"糊涂"气氛，在教学舞台上巧妙设置障碍，导出学生心灵深处的困惑与糊涂，在学生易糊涂的地方让其真糊涂，使学生获得困惑与糊涂的心理体验，然后通过教学引导方向、梳理线索，指引学生从困惑中澄清出来，让学生由糊涂变明白。这样的教学，"糊涂"是虚，"引导"是实，巧借"糊涂"转换师生角色，让学生觉得自己有责任解除老师的疑惑，让他们在平等、融洽的氛围中寻求自主学习的动力，获得探究的乐趣，享受成功的喜悦。

示例：学习溴乙烷的性质

师生共同讨论了溴乙烷的水解反应之后，教师可提出问题：如何检验溴乙烷中的溴元

---

❶ 李如密，韩伟祥.教学"糊涂"艺术初探［J］.教育理论与实践，2006，（5）：36-39.

❷ 刘一兵.试论化学教学"糊涂"艺术［J］.化学教学，2007，（8）：24-27.

素？多数学生想到了用氢氧化钠和硝酸银溶液，此时，教师"明知故犯"地进行演示实验：向溴乙烷中先加入氢氧化钠溶液，反应之后加入硝酸银溶液，让学生观察。结果学生没有观察到他们预期的淡黄色沉淀，而是黑色沉淀。从学生的表情可以看出，学生此时的求知欲已被调动起来了。教师也故意表现出惊讶，并问："怎么会是这样呢？我哪儿做错了呢？"这就激起了学生挑战老师的欲望，学生都变得很兴奋，处于积极思考状态。最后学生通过主动的实验探究得出了正确的结论：在滴加硝酸银溶液之前还要加硝酸溶液以中和过量的氢氧化钠，否则会生成黑色的氧化银沉淀，干扰正确实验现象的观察。

二、化学教学"糊涂"艺术的功能

1. 融洽师生情感

建构主义认为教师应是学生学习的合作伙伴，建立一种平等、信任、和睦的关系，将有助于增强学生对教师的信赖，形成一种开放、真诚的氛围，实现教与学之间积极的良性互动，从而充分调动学生学习的积极性和创造性，促进学生潜能的发挥。教师几句"糊涂"的话语，比如"这道题真难，都把老师搞糊涂了，愿意帮老师解这道题吗？"拉近了师生间的情感距离，使学生"亲其师而信其道"。这正如教育家苏霍姆林斯基所说："情感如同肥沃的土壤，知识的种子就播种在这个土壤上，种子会萌发出幼芽来。"[1]

2. 营造乐学氛围

心理学研究表明学生学习情绪轻松、愉快，心理和谐，学习效率就高。《论语》开篇第一句话就是孔子对乐学的认识："学而时习之，不亦说乎？"并将乐学作为治学的最高境界："知之者不如好之者，好之者不如乐之者。"营造乐学氛围的策略有多种，其中，教师不失时机地运用教学"糊涂"艺术，能够极大地促进学生学习的欲望。

示例：电解 $CuSO_4$ 溶液的实验异常现象

进行电解 $CuSO_4$ 溶液的实验时，发现 C 电极周围的溶液变黑。此时，一位教师装着"江郎才尽"的模样，对同学们说："是 C 棒上掉下 C 的颗粒吧？"后来学生做这个实验，在变黑的溶液中加水，又变成澄清溶液，否定了这位教师的说法，教师趁机引导："那会是 CuO 吗？"学生就此继续分析，并在一起讨论，表现出对该实验探究的浓厚兴趣。

3. 根治思维错误

在化学教学的某些内容或疑难处，教师有意识地在学生容易误入歧途的地方装一装"糊涂"，让学生在探索中认识自己的错误观念，提高自己的认知能力，这往往可以较好地攻克一些教学难点，收到一定的教学效果。

示例：澄清错误认识[2]

在进行"化学反应热的计算"教学时，教师提出了一个很平常的问题："石墨能直接变成金刚石吗？请在书中查找需要的数据，写出 25℃、101kPa 时石墨变成金刚石的热化学方程式。"由于学生已经理解了盖斯定律，查找需要的数据也不难，很快写出：

① C(石墨，s)＋O_2(g)══CO_2(g)　　$\Delta H_1 = -393.5$kJ/mol

② C(金刚石，s)＋O_2(g)══CO_2(g)　　$\Delta H_2 = -395.0$kJ/mol

①－② C(石墨，s)══C(金刚石，s)　　$\Delta H = \Delta H_1 - \Delta H_2 = ?$

但是写后面的 $\Delta H = +1.5$kJ/mol 时迟迟不敢下笔。教师走到学生中间一看，好几个学生都在这里卡住了。于是，出现了下面一段对话：

❶ B. A. 苏霍姆林斯基. 帕夫雷什中学［M］. 赵玮等译. 北京：教育科学出版社，1983：265.

❷ 程俊. 动态生成：化学课堂的生命力所在［J］. 化学教学，2009，(10)：28-31.

教师：怎么了？哪里错了？

学生：是不是书上燃烧热数据错了？$\Delta H = +1.5 \text{kJ/mol}$，为何这么小？

教师：小，怎么了？

学生：难道石墨很容易变成金刚石？

原来，学生认为 ΔH 的大小决定反应的难易，这真是一个好问题。于是，教师不再发问，只是微笑地看着学生，等着他们去思考。终于，学生们恍然大悟，纷纷嚷道："决定反应难易的是活化能的大小，而不是反应热的大小。""加催化剂降低活化能，也可以节约能量啊！"……

4. 启迪探究思路

化学新课程提倡自主、合作、探究式学习，要求学生在教师的指导下自主地发现问题、有兴趣地探索问题、开心地获得结论，而学生是否产生强烈的探究欲望，对探究式学习的效果将产生直接影响。"人之初，性本善"，学生喜欢帮助别人，特别是老师有"困难"、犯"糊涂"的时候，他们更是在所不辞，俨然成了老师的"老师"，这种内驱力使他们马上进入兴奋状态。

示例：Na 的性质导课

学习 Na 的性质时，教师可以事先在酒精灯灯芯上藏入少量 Na，然后演示"滴水点灯"的实验，此时，学生非常惊讶，教师故作"糊涂"说："水能灭火，怎么能点灯呢？"这启发了学生对 Na 与 H_2O 反应产物探究的欲望。

5. 培养质疑品质

古人说"学贵有疑，学则须疑"。为了培养学生的创新精神和创新能力，应注重学生独特的情感体验，鼓励学生大胆质疑。质疑，无疑是学生求知的源头，我们不仅应该教育学生敢于质疑、善于质疑，还要培养他们敢于向权威质疑的勇气。在化学实验中，有许多异常的实验现象，教师运用化学教学"糊涂"艺术，主动在学生面前露"短"，逼着学生质疑，这对于学生而言，意义是重大的。要知道，怀疑中往往孕育着新的问题，而提出一个问题往往比解决一个问题更为重要，它是创新思维的萌芽。

三、化学教学"糊涂"艺术的基本策略

1. 创设悖论，巧装"糊涂"

科学哲学家波普尔曾经说过："正是问题激发我们去学习、去发展知识、去实践、去观察。"波普尔认为创造性思维是从各种问题开始的，科学探究的逻辑起点应该是问题。在教学过程中，悖论在很多情况下表现为能得出不符合排中律的矛盾命题。如果化学教学中出现悖论则会造成对化学结论可靠性的怀疑，使学生产生疑问。教师巧设悖论，装"糊涂"，有意布景，让学生真糊涂，师生共同在教学的舞台上打造一种"糊涂"心态的问题情景。

示例：酚酞在不同条件下的颜色

酚酞在酸性溶液中为无色、在碱性溶液中为紫红色是学生熟知的现象。教师有意演示如下实验：把酚酞滴入 NaOH 溶液（浓度＞2mol/L），显现红色，在振荡过程中溶液褪成无色。再次滴入酚酞，溶液呈现红色，振荡过程中又成无色。把酚酞滴入浓 H_2SO_4，呈现橙色，不论振荡多长时间，其颜色不变。把橙色液倒入大量水中，得无色液。实验现象和酚酞在碱性溶液中为紫红色、在酸性溶液中为无色的常识是相悖的。教师引进的"糊涂点"，使学生真正困惑与糊涂。此时，师生共同拉开了探究"酚酞在不同溶液中呈现出的颜色"的序幕。学生通过亲自实验，可以得出酚酞在下述溶液中呈现出的颜色：浓 H_2SO_4（橙色），酸性液（无色）；碱性液（紫红色），NaOH 溶液（浓度＞2mol/L）（无色）。同时，学生查阅资料可以知道酚酞在不同的条件下，因结构的改变而呈现相应颜色的原因，对指示剂的变色原理也有了深刻的认识。

2. 故引歧途，澄清"糊涂"

在化学教学过程中，学习新知识时，教师不急于将概念、法则、原理、公式等抛给学生，而是根据一些学生容易糊涂的地方，精心设计，站在某些学生的角度，装着不会，故引歧途，与学生一起观察、联想、类比等，让学生置身其中，澄清糊涂认识，从反面获得正确认识。这要求教师大智若愚，胸中有策。首先，教师要明白学生通常会犯什么错。这可以根据教师的教学经验和以往学生在学习此内容时经常会出现的错误来决定。其次，分析错误的根源在哪里，是哪些重点和难点还没有把握住。如学习离子反应时，教师可以故意没有配平或电荷不守恒，以引起学生的关注，得出正确书写离子方程式的原则。在实验技能教学过程中，教师也可以采用故意遗漏某个步骤等方法（以学生最常出错之处为最佳），引起学生的注意和反思，强化学生的操作技能。

示例：100mL 0.100mol/L NaOH 溶液的配制

学习配制 100mL 0.100mol/L NaOH 溶液时，教师演示将 NaOH 固体放入 100mL 烧杯中，用适量的蒸馏水溶解，故意将溶液未冷却到室温就直接进行转移的犯错细节暴露给学生。此时，教师就像一名导演，以一双慧眼观察学生的反应，把握教学时机，适时启发学生掌握正确的操作方式。

3. 巧妙埋伏，感悟"糊涂"

教师巧妙自如地运用教学"糊涂"艺术，能给学生知识和审美上的享受，但这绝非凭教师的一时灵感就能奏效，这要求教师增强教学"糊涂"艺术的设计意识。"玉不琢，不成器"，教学"糊涂"艺术的设计就像加工玉石一样，越琢磨越光滑，越雕琢越成器，只有事先精心雕琢预设，巧妙埋伏，开阔和拓展体验和探究的视野，才能使学生对化学知识有更深刻的理解。

示例：影响化学反应速率的多种因素的探究

学习原电池内容时，纯 Zn 和 H_2SO_4 反应速率很慢，有 Cu 存在时，这个反应的速率明显加快。一般教科书认为，这是 Zn 和 Cu 杂质形成原电池的结果。教师可以"困惑"地提出：单用原电池观点解释这一实验现象是否可靠呢？提出这个问题的依据是：一类问题只受一个因素所制约的实例是很少的。为此，教师要求学生进行如下实验：把纯 Zn 粒放入 $HgCl_2$ 溶液片刻，取出、洗净即得表面有少量 Hg 的 Zn（相当于 Zn-Hg 原电池），把它放入 H_2SO_4 溶液（2mol/L）。如果 Zn-Cu 原电池是加快 Zn 和 H_2SO_4 反应速率的唯一的因素，那么当把 Zn-Hg 放入 H_2SO_4 溶液后也应该看到大量 H_2 在 Hg 表面生成。然而，实验现象是基本看不到 H_2 在 Hg 表面上生成。这表明单从原电池讨论上述问题是不全面的，那么其他因素又是什么呢？通过这一实验，学生能够体验和感悟科学知识不能够绝对化，科学知识具有可证伪性，也强化了科学知识可被批判的意识。

4. 预设"异常"实验，克服思维定势

教师可以有意预设"异常"实验，这一实验与学生原有的知识和经验不一致，即学生认为是"异常"实验，由此，重建学生的知识结构，纠正错误观念。学生在学习新知识之前，头脑中并非一片空白，而是具有了形形色色的原有认知结构。

示例：影响化学反应速率的因素

学生在初中时，一般认为实验室不能用碳酸钙和稀硫酸反应制取二氧化碳气体，但是高中化学学习影响化学反应速率因素时，可以得出使用粉状碳酸钙和稀硫酸反应制取二氧化碳气体。在学习影响化学反应速率的因素时，一位教师要求学生按表 2-2 进行碳酸钙与稀硫酸反应的研究。

表 2-2　碳酸钙与稀硫酸反应的研究

实　验　操　作	现　　象	结论(分析)
实验 1 块状碳酸钙与 1∶5 的硫酸反应		
实验 2 粉状碳酸钙与 1∶5 的硫酸反应		

不可用碳酸钙与稀硫酸反应制取二氧化碳气体，这在初中化学中已形成结论。块状碳酸钙与稀硫酸反应，是以前结论在实验中的再现。实验 1 可观察到的现象是有气泡产生，但产生气泡的速度逐渐变慢；实验 2 可观察到的现象是有大量气泡产生，且速度快，随后逐渐变慢。如果在试管中进行反应，则其现象是试管上部有气泡，溶液中有白色不溶物，试管下部仍有粉末状物质。若在烧杯、圆底烧瓶中反应，则粉末状的碳酸钙反应较彻底，且速率更快。

实验 2 否定了初中化学中不能用稀硫酸和碳酸钙反应制取二氧化碳的结论，这实际上是证伪实验。最后，教师提出：能否用此反应在实验室制取二氧化碳？若能，请绘出装置图并进行实验。然后讨论在温度和浓度不变的情况下，怎样提高反应速率，实验中应注意哪些问题。

5. 捕捉时机，意外"糊涂"

教学过程中有许多偶然的因素，一个微小的事件有可能使化学教学系统发生突变，产生良好的教学效果。教师要捕捉最佳的教学时机，相机诱导。其中，教师的意外"糊涂"体现了教学"糊涂"艺术。

示例：对勒夏特列原理的理解

在学习勒夏特列原理时，一位化学成绩不太好的学生说："什么勒夏特列原理，不就是对着干吗！"教师听到后，立即装"糊涂"而提问："对着干？请你解释一下怎么对着干？"该学生从升温角度谈如何"对着干"，其他同学再从浓度、压强角度给予补充，大大活跃了课堂气氛。这时，教师用赞赏的口气说："这位同学用简单通俗的语言概括了勒夏特列原理，今后我们只要一提到它，就会想到'对着干'啊。"最后，教师话锋一转，指出：可不是"一干"到底，要注意"改变"、"减弱"、"平衡"的内涵。对待学生的"信口开河"，这位教师以包容和理解的心态，表面装"糊涂"而提问。这种"糊涂"的艺术不是预先设计好的，而是创造性地利用了化学课程资源，是教学机智的表现，最后的转折是教师"糊涂"之后的清醒和睿智。

四、化学教学"糊涂"艺术课堂教学实录

教学实录：勒夏特列原理、楞次定律与道家哲学❶

师："同学们，请大家说说什么是勒夏特列原理。"（大部分学生自己回答。）

生 1："勒夏特列原理是指在一个反应平衡体系中，若改变影响平衡的一个条件，平衡总是要向能够减弱这种改变的方向移动。"

师："很好，几乎与课本一字不差。不过，听起来好像比较费解，同学们能用自己的话表述吗？并举例子。"

生 2："在可逆反应中，反应物不可能全部变成产物，所以有个度的问题。勒夏特列原理讲的就是这个度的影响因素。比如，当提高反应物的浓度时，平衡要向正反应方向移动，

---

❶ 吴晗清. 论走向真实过程的科学：高中生科学方法能力研究［D］. 北京：北京师范大学，2011.

平衡的移动使得提高的反应物浓度又会逐步降低；但这种降低不可能消除提高反应物浓度对这种反应物本身的影响，与旧的平衡体系中这种反应物的浓度相比而言，还是提高了。又如，升高温度，平衡要朝温度试图变低的方向即吸热方向移动，不过与升温前相比，温度还是上升了。"

师："特别好！理解得很透彻。"（就在教师准备结束该问题时，一个学生很激动，口中还念念有词。）

师："某某同学，你有什么问题吗？请讲。"

生3："老师，我隐隐约约觉得勒夏特列原理与楞次定律有些关系。"

师："是吗，请告诉大家何谓楞次定律。"

生3："是物理学家楞次提出的一条电磁学定律，感应电流的效果总是反抗引起感应电流的原因。"

师："非常有意思，不过好像有点难理解，同学们再说说。"

生4："感应电流在回路中产生的磁通总是反抗或阻碍原磁通的变化。"（很激动地）

生5："运动导体上的感应电流受的磁场力（安培力）总是反抗或阻碍导体的运动。"

师："太好了，同学们，我似乎也感觉到了它们之间有某种关联，在哪儿呢？"（同学们思考了一会）

生3："它们都是这么一个情况，一个平衡系统的某个要素A改变了，导致系统发生某种变动，这种变动试图抵抗A的改变，不过最终还是挡不住。"

师："我和同学们一样，非常激动！没想到化学原理与物理定律之间还有如此相似之处。"（就在这时，另一个学生更为激动地站了起来。）

生6："老师，我觉得这与《老子》中的哲学思想是相通的。"

师："何出此言？"（惊愕无比地）

生6："您看，老子说'有无相生，难易相成，长短相形，高下相倾，音声相和，前后相随'，这不是辩证法吗？电生磁、磁生电，有生无、无生有，老子还说'将欲歙之，必固张之。将欲弱之，必固强之。将欲废之，必固兴之。将欲取之，必固与之。'特别是'将欲弱之，必固强之'，您看，要降低反应物A的转化率，不得提高反应物A的浓度吗？"

这一师生对话中，教师话语不多，如："听起来好像比较费解，同学们能用自己的话表述吗？""非常有意思，不过好像有点难理解，同学们再说说。""何出此言？"寥寥几句谦逊儒雅的"糊涂"语言，唤醒了学生的联想和想象力，体现了课堂民主式的教学。

五、化学教学"糊涂"艺术的实施原则

1. 适度性原则

适度性原则是指在设计课堂教学"糊涂"艺术时应把握分寸，正确处理内容与形式、理智与情感、抽象与具体、深奥与浅显、难与易的关系。在化学教学中，善用"糊涂"艺术，可以启发学生思维，调动学生积极性，融洽师生关系。但是，任何事物都有个"度"，课堂教学"糊涂"艺术绝不是灵丹妙药，并非任何时候和地方都可以用。教学"糊涂"艺术作为一种教学艺术，只能在一定条件和情境下使用，不能一味过度"糊涂"。若在教学中滥用"糊涂"，则反而会破坏课堂教学艺术魅力，降低教师在学生心目中的威信，阻碍师生内心的情感共鸣、思维共振，造成学生思维的混乱。恰到好处，不能随心所欲。因此，教师在设计"糊涂"时，一定要认真钻研教材、钻研学生，把教学重点、难点作为故错内容的首选，在学生"似懂非懂"、"朦朦胧胧"处预设，从而将学生的思维推向正确的航道。

2. 适时性原则

适时性原则就是指化学教学"糊涂"艺术时机的选择要合适，恰到好处才能化平淡为神

奇。在化学内容上，通常应选在知识的重点、难点和关键处，新、旧知识的衔接处、过渡点，容易产生矛盾和疑难的地方以及化学实验异常现象的地方；在教学过程中，应注意选择教学问题情景创设、教学高潮设计、结束新课的时机；在思维训练上，于无疑难之处，巧妙"糊涂"，强化思维，开启心智，从越陌度阡，达到曲径通幽的境界。同时，要考虑学生的具体情况，对不同层次的学生要有不同的要求，以学生的接受能力为前提，以最大限度激发学生的学习兴趣为目的，以学生的思维发展特点为依据，通过学生对"故错问题"的反应，洞察学生的思维动向。

3. 自然性原则

自然性原则有两方面的含义：一方面，化学教学"糊涂"艺术的实施要顺应教育规律、符合教学艺术的本质，顺其自然，而不能娇柔做作，故弄玄虚，它要求在教学中处处闪现教师智慧的光芒而不露半点刻意雕琢的痕迹。另一方面，要遵循学生身心发展的特点，符合学生原有的知识结构。教师课前要仔细琢磨学生的心理特点、认知结构、学习习惯、学习方法等；了解学生喜欢怎样的教师，喜欢什么样的课堂气氛，等等。

4. 审美性原则

审美性原则要求教师在教学中积极创造，有意识地巧妙运用课程和教学内容中的审美因素，不能为糊涂而糊涂，让课堂仅有糊涂而没有了教学美。教师在运用教学"糊涂"艺术时应自觉遵循情感活动和认知活动相协调的原则，发掘施教媒介中的情感因素，巧妙"布景"设疑，让学生处于"山重水复疑无路"的困境，再艺术地引导学生释疑，让学生体验到"柳暗花明又一村"的喜悦。通过设疑、释疑过程，既能向学生施加审美影响，激发学生的好奇心和求知欲，激励其主动探索，又能增强课堂教学魅力。

第四节 化学教学比喻艺术

德国古典哲学家集大成者、辩证法大师黑格尔曾经对哲学作过许多生动形象而又富有深刻哲理的比喻。例如，用"庙里的神"比喻一个民族的文化，如果一个民族没有文化，那么就像一座庙，其他方面都装饰得富丽堂皇，却没有至圣的神那样；用"厮杀的战场"比喻哲学史上的流派纷争；用"花蕾、花朵和果实"将哲学的发展比喻为一个"扬弃"的过程；用"密涅瓦的猫头鹰"将哲学比喻为一种"反思"活动，一种沉思的理性。如此比喻，不仅使我们了解哲学的意蕴，还能体会到哲学的思考，获得"爱智之忱"的哲学智慧。

同样，在化学教学中，我们可以采用比喻教学。用气球比喻原子杂化轨道；用太阳系比喻原子结构；用隧道比喻催化作用；用稻谷比喻阿伏伽德罗常数；用角色扮演比喻化学反应；用风扇转动比喻电子云，等等。这可以激发学习兴趣，化抽象为具体，促进知识的理解，实现"知识与经验"的整合。

一、化学教学比喻艺术的内涵

柏拉图《理想国》中"洞穴囚徒"的寓言，开了借助隐喻式类比哲学理论模型的先河，就哲学来说，这则寓言是："化陌生为熟悉"，意在说明他关于这所谓理性世界与现实世界，灵魂与躯体的深奥思想❶。《现代汉语词典》对比喻的解释是："用某些有类似点的事物来比

---

❶ 齐梅，柳海民．论教育理论的性质和研究方法［J］．教育研究．2004，（10）：19-23．

方想要说的某一事物，以便表达得更加生动鲜明。"❶ 这里讲了比喻的含义和作用。比喻是利用不同事物抽象的"相似点"来"打比方"，是为了使事物或道理说得形象或具体而采取的修辞手法。一般是把不常见的事物用同它有相似点的别的事物表达出来，或者把抽象的道理用同它有相似点的别的道理表达出来。其作用一是使描写的事物具体生动，二是使说明的道理深入浅出。被比喻的事物或道理称为本体，用来比喻的事物或道理称为喻体，连接本体和喻体的词称为比喻词。性质相异事物的抽象的共性像纽带将它们自然巧妙地联系起来。作为一种修辞手法，它说理则理趣浑然，状事则事情昭然，绘物则物态宛然，抒情则情意剀然，素来为人们所青睐，被誉为辞格中的"巨无霸"❷。

比喻不仅是一种文学修辞，也是一种认知方式，还具有独特的艺术魅力。比喻的认知方式是："通过把不同的认知领域相互联系起来，刺激、导引认知主体采取有效的认知策略，唤醒记忆储存比喻与知觉表象，调动丰富的联想与想象，展开敏锐的对比与推理，将某一领域的知识、经验投射映现到另一个领域，用熟悉具体的经验结构去说明阐释陌生抽象的领域，并由此引起相应的情绪体验，最终达到对要认知的目标领域的事物作出正确的识别、判断与评价的认知目的。"❸ 比喻的艺术魅力在于生动形象，丰富多彩，感情色彩浓厚，包容量大，辐射面广，使用频率高，创造出语言的鲜活力和感染力。欣赏比喻的艺术魅力可以让我们尽情感受它的精妙、神奇、隽美和旨趣。

使用比喻的目的是通过喻体来表现、说明、解说本体，具有"以易喻难"、"以浅喻深"的基本规律。我们考察的比喻中，喻体一般都是具有形象感的具体事物，刘勰《文心雕龙·比兴》篇中说："凡斯切象，皆比义也。"唐代诗僧皎然《诗式·用事》云："取象曰比，取义曰兴。"正是说明比喻主要通过喻体增强本体的形象感。

化学教学比喻艺术是教师在教学过程中运用精巧的比喻并充分发挥其艺术魅力，从而提高教学艺术效果和水平的活动。它是一种令师生感到愉快的化学教学艺术❹。它是把比喻这种修辞手法移植到课堂中，利用学生已知事物与新知识之间相似的特征作比，解释说明新知识的疑难之处，并配合正面讲解，以实现教学目的。

化学课堂教学中，巧妙的比喻是一种智慧，像一支神奇的魔棒，将艰涩的知识变得有趣；像美丽的织锦，给学生呈现生动画面；像瑰丽的奇葩，给学生带来美的享受；像睿智的哲人，激起学生的不断反思。

示例：双分子亲核取代反应（S_N2 机理的立体化学）

实验表明，对于溴甲烷在碱的水溶液中的水解反应，反应速率与溴甲烷和碱的浓度都有关系，动力学表现为二级反应，这说明反应过程中最慢的一步两个分子都参加了反应，即为双分子的亲核取代反应（S_N2 机理）。其反应过程如图 2-5 所示。

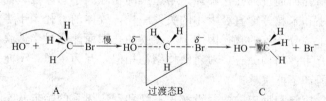

图 2-5　双分子的亲核取代反应机理

❶ 中国社会科学院语言研究所词典编辑室. 现代汉语词典［M］. 第 5 版. 北京：商务印书馆，2005：71.
❷ 夏炎. 语境的再分类［J］. 西北第二民族学院学报：哲学社会科学版，2006，(2)：44-49.
❸ 李如密，刘云珍. 课堂教学比喻艺术初探［J］. 全球教育展望，2009，38 (6)：33-35.
❹ 刘一兵. 论化学教学的比喻艺术［J］. 化学教学，2014，(7)：31-35.

讲 S_N2 反应历程时，先介绍"瓦尔登转化犹如大风吹翻了雨伞一样"，如此概括性的画龙点睛式的比喻，首先在学生心里点亮了一盏明灯，然后在此基础上，循循善诱，层层展开。当亲核试剂 OH^- 由离去基团 Br 的背面进攻碳时，$HO—C—Br$ 就构成了一条直线，好比伞的中心轴杆，四面体的碳上的其余三个价键的空间取向组成了雨伞的正常支撑状态。随着 OH^- 与碳的逐渐接近（大风渐起），碳上的三个基团被向后排斥（受到风的侵袭），经过过渡态之后，$HO—C$ 形成，Br^- 离去，重新组合的三个基团的空间取向向后翻转（伞被刮翻），碳恢复另一构型的四面体，构型转化完成。与原料相比，碳的构型犹如"大风将伞的喇叭口吹翻到另一边"。

教师运用的比喻来自于学生熟悉的、已有的生活经验——雨伞的翻转，非常亲切，让学生"如临其境"，可激起学生的认知联想，从而突破了教学难点。

化学教学中存在很多比喻的实例，以下是一些教学经验的总结[1]。

分子很小——把一个水分子扩大一千万倍也只有一粒黄豆大；把一滴水放大到和地球一样大，水的一个分子才和足球一样大。

能量低的电子，通常在离核近的区域运动，能量高的电子通常在离核远的区域运动——离地面低的皮球能量较小，掉下来，碰着地面弹起来高度低；离地面高的皮球能量较大，掉下来，碰着地面弹起来高度高。

核外电子总是尽可能先排布在能量最低的电子层里，然后再由里往外，依次排布在能量逐步升高的电子层里——水总是要往低处流，因为水位越低，能量越小，就越稳定。

我们把原子核外不同的区域简化为不连续的壳层，也称为电子层，有人把这种电子层模型比喻为洋葱式结构。

物质的分类——数以万计的化学物质和反应需要进行分类研究，正如图书馆的书要按照一定标准进行分类。

元素周期系的周期发展像螺壳的螺旋。

表面看来，化学反应不过是反越位中的原子重新组合为产物分子的一种过程，就好像玩积木时的搭接和拆卸过程。其实，在这个过程中，包含着反应物分子内化学键的断裂和产物分子中化学键的形成。

化学平衡——有一水桶，其上方有一水龙头在往里注水，下方有个小洞在往外漏水。开始时，注水快（正反应速率），出水慢（逆反应速率），桶内水位不断升高。随着水位的升高，水漏出的速度增大。水位升到某一高度时，注入水的量跟流出水的量相等（正、逆反应速率相等），桶内的水位就保持不变，但其中的水是在不断更换的。

半透膜及渗析原理——用米筛筛米时，直径大于筛孔的米粒通不过筛孔而留在筛里，而米糠则因直径小于筛孔而通过筛孔被筛掉。半透膜的孔隙大小与胶粒、离子、分子直径的关系就像米筛筛孔大小和米粒、糠直径大小的关系一样，胶体的直径大于半透膜的孔隙而不能透过半透膜，而离子、分子等的直径因小于半透膜的孔隙而能通过半透膜。

一对对映体具有手性结构——一对对映体结构相似，互为镜像，不能完全重叠，犹如左手和右手外形相似但却不能重叠。

盖斯定律——反应热和反应的途径没有关系，和反应体系的始末状态有关，正如无论从什么途径上山，山的高度不会变。

熵增原理——在密闭条件下，体系有从有序自发地转变为无序的倾向，犹如把火柴盒里整齐排列的火柴丢在地上时，散落状态是杂乱无章的。

---

❶　范增民，毕华林，刘一兵. 高中化学教科书中类比特征的分析及编写建议 [J]. 化学教育，2011，(12)：9-12.

二、化学教学比喻艺术的功能

美国《化学教育杂志》(《Journal of Chemical Education》) 自 1980 年起设立了应用与比喻 (application and analogies) 专栏。专栏编者在引言中指出，应用比喻能帮助学生更好地理解在学习化学过程中经常遇到的某些难懂的概念，使学生的学习处于一种熟悉的背景中，能激发学习兴趣，使教学生动有趣，增进学生对概念的理解[1]。根据我国化学教学比喻艺术的实践，可将其功能概括为如下几个方面。

1. 化枯燥为有趣

化学课堂教学中，有的教师非常注重化学知识的科学性、逻辑性，但是，生动性、趣味性不足，没能达到预想的教学效果。教师若运用化学教学比喻艺术，则能使所描述的事物更加生动形象。例如，用"电子云"来描述核外电子运动状态；用"失去了价电子的金属离子好像沉浸在自由电子的海洋里"来比喻金属键；用"洋葱式结构"比喻电子层；用"螺壳的螺旋"比喻元素性质的周期性发展；用"蜂巢里的蜂室"比喻晶体中的晶胞；淀粉酶只对淀粉起催化作用，如同一把钥匙开一把锁一样。

又如水解、水化、水合都是有水参与的反应。水解时，水分子一分为二，称为"瓜分"；水化时，水分子完全消失，称为"消灭"；水合时，水分子不能再自由运动，称为"绑架"；讲物质的量与微粒数、质量、体积（气体）、浓度之间的转化关系时，把"物质的量"比喻为"大脑"，一切"行为"（性质）主要由它决定等。这些描述生动形象，可以活跃课堂气氛，增进师生间的互动，给学生以深刻的印象，激发学习兴趣。

2. 化抽象为具体

经验表明，学生学习氧气、氢气、氯气、金属钠等物质的性质时，成绩相对较好，可一旦遇到相对抽象的内容，如物质结构、物质的量、溶解度、化学平衡等，学习会比较困难，产生成绩分化。解决上述问题的方法之一是把那些概念化或理性化的抽象教学内容，通过比喻艺术具体化，例如，用"弹簧"比喻原子间的化学键；用"水往低处流"比喻电子处于低能级时较稳定的原理；用"进出容器的水流速度相等时的状态"比喻动态平衡；用"水能变化"比喻化学能变化；手性催化剂只催化或者主要催化一种手性分子的合成，可以将其比喻成握手——手性催化剂像迎宾的主人，被催化合成的分子像客人，总是伸出右手去握手，等等。使抽象的概念或原理具体化，以起到化抽象为具体、"化无形为有形"的效果。

3. 化微观为宏观

化学教育的一个重要任务就是使学生能够建立物质的微粒性，能从微观的角度认识一些自然现象，形成对物质及其变化的科学认识。中学生的微粒作用观是在宏观认识积累和微观理解不断交替的过程中发展的。其中，分子和原子是两个核心科学概念，是物质微粒观建立的基础。可用形象化的比喻来认识这些概念，由宏观世界领域进入微观世界领域。用"黄豆之间有间隔，小米跑到黄豆的间隔中使得一碗黄豆＋一碗小米≠两碗"比喻分子间是有间隔的，水分子跑到酒精分子的间隔中，10mL 水＋10mL 酒精≠20mL。描述原子核与原子大小程度的比较时采用如下比喻："如果假设原子是一座庞大的体育场，则原子核只相当于体育场中央的一只蚂蚁。"如此，把宏观现象和微观粒子有机地联系起来，化微观为宏观，促进学生对微观领域的理解。

4. 化深奥为简明

化学课程中有些内容深奥，难于理解但又非常重要。例如，化学反应的方向一直是中学

[1] Ronald Delorenzo. Introduction: applications and analogies [J]. J Chem Educ, 1980, 57: 601.

化学教学中被忽视的问题，在高中化学课程标准中特别增加了关于化学反应方向的要求，标准提出"能用焓变和熵变说明化学反应的方向"。这一阶段学生数学和物理相关知识欠缺，对化学反应方向的本质原因难于准确把握。为此化学反应方向的原理可以表述为：如果反应的产物比起始的物质更不稳定（具有更高的能量），则该反应不会发生。就像岩石会滚"下山"而不会滚"上山"一样，化学反应将自发地"滚下山"到达低能量的状态（能量低不是唯一的考虑，因为化学反应也会向着使混乱度变得最大的方向进行。化学家称后者为熵，一个简单的比喻是，洗一付新牌使其变得次序混乱，继续洗牌也不能使它重新变得有序）。如此，可促进学生理解化学反应发生的总趋势是体系能量降低和熵增加。

三、化学教学比喻艺术的分类

在传统修辞手法中，比喻分为明喻、暗喻和借喻三大类。化学教学比喻艺术的分类较为复杂，我们根据喻体的特点，可将化学教学比喻艺术分为 5 类。

1. 实物比喻

实物是现实中具体的东西。实物比喻艺术是将实物的特征作为喻体，说明本体的特征。sp^3 杂化轨道的理论是化学教学中的难点。讲解这一理论时，要强调杂化后的 4 个新轨道成分都相同，能量都相等，都含有 1/4 的 s 轨道，3/4 的 p 轨道。为了让学生清楚地理解这一点，教师可用白面和玉米面混合做成饼子的生活常识进行比喻。用 1 碗白面和 3 碗玉米面混合，做成 4 个饼子，每个饼子都含有了 1/4 的白面和 3/4 的玉米面。1 碗白面好比 1 个 s 轨道，3 碗玉米面就相当 3 个 p 轨道，做成的 4 个饼子就好像 4 个杂化后新的 sp^3 杂化轨道。这就是说，每个饼子均含有 1/4s 轨道和 3/4p 轨道的成分，进而我们可以把 4 个饼子的营养相同看作是 4 个 sp^3 杂化轨道的能量相等。还可用类似的方法比喻 sp 杂化和 sp^2 杂化。

演示酸碱中和滴定时，教师将滴定过程先快后慢描绘为："沙，犹如飞流直下；滴……滴……，犹如雨过屋檐之滴水；半滴，半滴，犹如饱蚕贪嚼桑叶"。这种解说十分生动，富有诗情画意。实物比喻艺术要求把理论知识与现实生活中常用的实物联系起来，促进知识的理解，以加强无意识记忆。

2. 体态比喻

体态比喻艺术是指师生在教学中创造性地运用体态语作为喻体，进行教学表达的活动。在化学课堂教学过程中，师生的身体就是一个形象的比喻工具，方便快捷，可以成为一种精湛的表演艺术。例如，在讲 σ 键、π 键时，用"头碰头"、"肩并肩"的文字来形容的同时，再加手势模拟比喻效果会更好。教师用两只手（一只手代表一个原子），手握成拳伸出拇指、食指、中指且三指彼此垂直，分别代表两个原子的三个相互垂直的 p 轨道（即 p_x 轨道、p_y 轨道、p_z 轨道），两只手的中指"头碰头"接近，即这两个原子的两个 p_x 轨道形成 σ 键的同时，这两个原子的两个 p_y 轨道、两个 p_z 轨道则分别从侧面采取"肩并肩"的方式重叠，形成两个 π 键（且两个 π 键相互垂直）。类似地，用手势语比喻，还可表示 N_2、NH_3、P_4、CH_4、CCl_4 等分子的空间构型。如此比喻可以收到"此时无声胜有声"的教学效果。

又如，对于 2-甲基-1-丙烯酸甲酯加聚反应的书写，教师指导学生每两个人面对面手拉手，组成一个"乙烯"分子，发生"加聚反应"时，则放开一只手，然后与另一组手拉手连接起来，这样全班就形成了一个很长的"人链"。如果有更多的人，则会组成更长的碳链，从而形成分子量巨大的高分子。用宏观的"人链"比喻"碳链"，将"手拉手"比喻为"共价键"，使学生懂得加聚反应的关键部位在于双键，而与其他部分无关。通俗易懂的比喻，能让学生在乐学中理解加聚反应的过程，轻松地写出如下加聚反应的化学方程式。

$$CH_2=\underset{|}{\overset{\overset{\displaystyle CH_3}{|}}{C}}-COOCH_3 \xrightarrow{\text{催化剂}} \left[CH_2-\underset{\underset{\displaystyle COOCH_3}{|}}{\overset{\overset{\displaystyle CH_3}{|}}{C}}\right]_n$$

3. 事例比喻

事例比喻艺术是指面对高度抽象的化学概念和原理时，从学生已有的日常生活经验、熟知的各种事实中找出某种相似性，作为喻体，恰当应用比喻这种"言教"的艺术以取得更好的教学效果。诸如电弦、核外电子运动、量子化、原子轨道、四个量子数、泡利原理、洪特规则、杂化轨道、熵变、焓变等内容特别抽象，学生难以理解，可用通俗易懂的事实比喻说明这类抽象概念。为了帮助学生理解电子云的本质，可通过给氢原子照相的比喻，形象地说明电子云实际上是用统计的方法描述核外电子的运动状态。"在橡皮筋的一端系一个小球，抓住它的另一端甩动使之旋转时，转动越剧烈，小球的能量就越大，橡皮筋也拉得越长，对小球的引力就越弱"其可比喻电子离原子核越远，能量就越高，原子核对电子的引力就越弱的原理。用风浪中航行的小船全空、半满、全满的对称坐法最稳定比喻洪特规则。用晴朗的夜空星罗棋布但找不到两颗完全相同的星星比喻不相容原理。量子和量子化可描述为：Flash影片是由许多时间帧构成的，每隔百分之几秒，就换一张图片，而不是连续不断的（从百分之几秒前的情景直接跳跃到百分之几秒后的情景）。每张图片就是构成一段影片的"量子"，是不可分割的。物理量的上升、下降或者转换，就像一段Flash影片，以一张张图片、断断续续地进行着，这其实就是一种量子化。上述比喻可以降低概念学习的难度，促进概念的理解。

4. 图像比喻

图像比喻艺术是指将学生熟悉的日常事物或生活情景内容转化成成图像，并作为喻体，比喻化学概念或原理，使表达更为简洁和直观的教学活动。图像比喻可用图文并茂、丰富多彩的形式呈现。例如，如图2-6所示，画一座高山和两座小山丘，用"爬山"来比喻催化反应机理，即不使用催化剂，反应的活化能高，相当于要爬一座高山，很费劲，只有极少数人能爬过去；使用催化剂，反应的活化能降低，相当于爬两个小山丘，爬过去的人就多了。又如，非电解质溶液、强电解质溶液和弱电解质溶液的图像比喻，分别如图2-7～图2-9所示。图2-7描述的是非电解质溶液中的没电离的分子，就像一些螺母和螺钉拧在一起放在一个盒子里，这个盒子用以比喻盛溶液的容器；图2-8用相

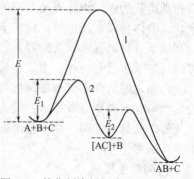

图2-6　催化剂降低反应活化能示意图
1—无催化剂时的反应；2—有催化剂时的反应

等数量的分开的螺母和螺钉比喻强电解质溶液完全电离成的正、负离子；图2-9用同一盒子的螺母和螺钉中只有一部分是拧成对的图像比喻溶液中弱电解质的电离状况。

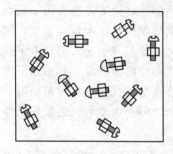

图2-7　非电解质的比喻

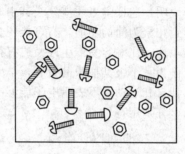

图2-8　强电解质的比喻

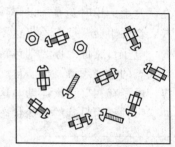

图2-9　弱电解质的比喻

Shapiro（1985）指出视觉化过程对概念的学习非常重要，而图像比喻的一个优势是提供学习者对抽象、复杂概念的具体视觉想象，有助于此视觉想象的形成[1]。

5. 诗词比喻

古代很多诗词能体现化学现象和原理，教学时适当地运用，不仅能说明问题，而且能增加化学学科的艺术韵味，使学生能够受到美的熏陶。诗词比喻艺术是教师引用蕴涵化学知识的古今诗词作为喻体，将化学教学诗化，通过诗歌形象来揭示化学奥秘，让学生领会和探寻化学知识，领悟化学美学价值的独创性教学艺术。

在学习江苏教育出版社《有机化学基础》专题四（醇、酚）的内容时，不妨借古人诗词"兰陵美酒郁金香，玉碗盛来琥珀光"中的雅兴引出醇的性质。诗中"兰陵美酒郁金香"，把酒香与花香媲美，也说明了酒具有挥发性和香味主要是因为其中含有酯。古诗中描写酒的不少，文人墨客爱酒的也不少，有些不乏在酒后诗兴大发，写出流芳百世的作品，而这与酒的香气扑鼻以及对神经的调节作用有很大关系。在学习醇的性质时，可牢牢抓住这几点进行延伸。

四、化学教学比喻艺术的实施原则

1. 生活性原则

生活性是指取材于生活实际，比喻的最终目的是帮助学生掌握较难理解的知识。因此，教师运用的比喻应来自于学生熟悉的、已有的生活经验和生活常识，让学生"如临其境，如见其人，如闻其声"。

化学教学内容呈现的形式不仅要考虑信息加工理论，而且还要考虑情景认知理论。情景认知理论认为，知识并不是心理的内部表征，而是个人与社会或物理情景之间联系与互动的产物。喻体可以是图书馆、资料卡片、螺壳上的螺纹、卡通图画、社交场合中的握手礼、蜂箱和蜂巢、高山流水、火柴等，这样生活化的比喻增加了本体的形象性和趣味性，这样的学习情景与学生已有的社会生活经验紧密关联，使学生学习化学知识更主动、更有效。

例如，圆底烧瓶架石棉网加热，加热点全集中在与石棉网接触的那一点上，怎么能使它受热均匀呢？教师可以指出：因为石棉网里面有铁丝，铁丝的导热性比较好，所以加热点比较分散，就像用铁锅炒菜时整个锅都是热的，不会只有锅底是热的。这个例子很好地体现了生活性原则。

2. 同构性原则

比喻艺术的同构性原则是指教师在教学中运用比喻，选择的喻体必须与比喻的本体在教学所需要的特征上有相同或者相似之处。事物是具有多方面属性的，本体可以用多种事物来比喻，同一喻体也可以解释说明不同的事物。因此教师在设计教学比喻艺术之前，要深刻理解所要教授的内容，把握其本质，这样才能根据教学的需要从生活中找到最为恰当的喻体。在课堂上运用时还要加以解释说明，这样学生才能领会其中的内涵。如果喻体选择得不确切或者牵强附会，那么不仅达不到化繁为简的功能，有可能还会误导学生，产生负面效应。例如，电子自旋像地球绕轴自转，这一比喻容易产生歧义或有很大争议甚至引起人们对电子运动状态的错误理解。电子自旋作为一个极其抽象的概念，学生在高中阶段只需要知道如下内容：电子存在着自旋运动，这种自旋运动并不表示电子能够围绕本身轴线转动，而是指电子处于一种称为自旋的特殊状态，分别用符号"↑"和"↓"表示，每一个原子轨道最多只能

---

[1] Shapiro M A. Analogies, visualization and mental processing of science story [C]. Paper presented to the Information Systems Division of the International Communication Association, 1985.

容纳两个自旋运动相反的电子。教师在讲解这一概念的时候，适宜特别强调电子自旋与地球自转在本质上存在着明显差异，故课堂教学不宜采用该比喻。

3. 新颖性原则

本体与喻体必须在某些方面极其相似，但是它们却在质上完全不同，这才能构成比喻。尽管注重本体与喻体之间的相似性更能充分地解释说明教学内容，但是如果在喻体的选择上独具匠心，看似风马牛不相及的事物经过教师的解释能够建立一定的联系，那么便能给学生一种新奇感，吸引学生探究两者之间的内在关系。

现代心理学的"差异理论"表明：能够引起人们注意的，不是司空见惯、规圆矩方、与日常内心图式雷同的形象，也不是深奥难解、混沌迷蒙，与日常内心图式毫不相干的形象，而是与欣赏者内心图式相似而又有一定差异的形象。因此，教师在选择喻体时既要兼顾教学内容与所选喻体的相似性，同时也要尽量地选择新颖的喻体。这样不仅可以有效地使知识点变得简单，还可以极大地吸引学生的注意力，让人记忆深刻。例如，用两个人相互拉一个物块的图像比喻电负性是原子吸引键合电子能力大小的一种度量，前者属于宏观事物，后者属于微观领域，二者在质上属于两种完全不同的事物，但是通过奇妙的想象将微观世界中原子吸引电子的能力大小与现实生活中人的力气联系起来，拉近生活世界与科学世界的距离，增加了教学内容的趣味性和新颖性。

4. 针对性原则

比喻艺术的针对性要求比喻设计要针对教学目的、教学意向，也就是说所使用的比喻要和教学中的知识点具有相似性、可比拟性，能正确反映某个重点，突破某个难点，提示某种规律，不能只图生动形象，而不顾比喻是否恰当。比喻应严格遵循知识的内在规律及学生的认知规律，精心考虑何处比喻、何时比喻，通过比喻来解决什么问题，达到什么目的等，做到有的放矢，恰如其分。

比喻艺术并不适合所有的化学教学内容，一般的化学反应现象和解释以及化学在社会、生活中的应用事例都不必及难以使用类比，只有复杂、抽象的或属于微观领域的内容比较适合使用比喻教学。例如，物质结构、化学反应原理的抽象内容采用比喻，可降低教学难度。教师在应用比喻时，还要结合自己的教学风格，或谐趣或庄雅，不能因为一个比喻而破坏了整体课堂的风格，而是要通过比喻的应用为教学锦上添花。此外，比喻艺术的效果是因人而异的，教师选择喻体时，要考虑不同地区的学生生活经验和常识的差异，要以学生熟悉的生活体验作为基础，让学生"如临其境，如见其人，如闻其声"，否则，比喻就失去了它原有的意义。

5. 审美性原则

比喻作为化学教学艺术的一朵浪花，必然要求具有审美性的特点。构成比喻修辞格的本体和喻体在一定的语境中通过一定的语言形式紧密联系在一起，使语言呈现一种动人的魅力，"为着避免平凡，尽量在貌似不伦不类的事物之中找出相关联的特征，从而把相隔最远的东西，出人意料地结合在一起"❶，以喻体的形象特征来加强本体形象的可感性，在喻体激发情感活跃、愉悦的过程中，体现比喻修辞的审美性。

化学教学比喻艺术的审美性是指教师以其特有的比喻内容和情景来启发学生思维，使精神愉悦，产生各种内心感受，使教学内容和教学表达达到美的统一。教师不能为了活跃课堂而哗众取宠，用一些低级庸俗的比喻只为赢得学生一时的欢笑。优美的比喻能给人带来一种悠远的意境，给学生带来想象的空间。例如，人们利用飞秒技术观测到化学反应发生时分子

❶　黑格尔．美学：第一卷［M］．朱光潜译．北京：商务印书馆，1997：275.

里原子的运动，犹如电视节目中的慢动作，化学世界里处处都显示着物质的化学运动美。

6. 有限性原则

一般情况下，教师在讲到知识内容的重点或难点，学生对抽象的概念或者深奥的原理难以弄明白时，可以运用比喻的形式使得知识简化，但是比喻的作用也是有限的。老舍先生懂得比喻的有限性，他认为"没有比一个精到的比喻更能给予深刻的印象的，也没有比一个可有可无的比喻更累赘的。"❶ 为此，他提出不要贪用比喻。本体与喻体毕竟只是在某些方面具有相似性，不可能吻合得天衣无缝。它可以帮助学生更加容易地理解一些抽象的或者深奥的概念，但是它不能完全替代对这些概念、原理的正面阐述。用山的高度与上山的路径无关图像比喻盖斯定律，即化学反应的反应热只与反应体系的始态和终态有关，而与反应的途径无关。这一比喻并未说明二者有何相异之处，化学反应热可以是正值或负值，而山的高度是正值，这可能会让人得出反应热只能是正值的结论。所以，化学教学比喻艺术不是以粗浅的事例代替科学精准的理论，更不是用随便的玩笑代替细致准确的讲解，而是要紧扣教学目标和要求，把握概念的本质和特点，根据具体问题，做到言之有物，言之有理，言之有据。教师要清醒地认识到比喻的有限性，在恰当的时机运用比喻这种方式，充分发挥它的作用。

大多数比喻都要以学生的生活体验作为基础，若学生没有此方面的经验，比喻就失去了它原有的意义。有些比喻所描述的场景过于复杂或很特殊，这反而会影响学生的理解以及学习的积极性。

---

❶ 老舍．言语与风格［M］．杭州：浙江文艺出版社，1999：124.

第三章 化学教学艺术技巧（下）

幽默，是一种艺术，教师应懂得幽默。孔子强调"诗教"、"乐教"，教师借助诗，可以激发学生学习情感，体现"诗教"的艺术。游戏是一项令人愉快的活动，教师运用游戏进行教学，也是一种艺术技巧。本章结合化学教学艺术实践，论述化学教学幽默艺术、化学教学"诗教"艺术和化学教学游戏艺术。

第一节 化学教学幽默艺术

化学教学幽默是一门艺术，是一门令人神往而又扑朔迷离的艺术，是一门可以让人在瞬间领悟事物本质的艺术。前苏联著名教育家斯维特洛夫就曾指出："教育家最主要的，也是第一位的助手是幽默。"[1] 因此，对化学教师来说，了解化学教学幽默艺术的本质与功能，掌握教学幽默设计的技巧与方法，提高自身的教学幽默艺术修养是必要的。这不仅有利于提高教师自己的教学情趣和魅力，还有利于活跃课堂气氛，沟通师生之间的情感，激发学生的学习兴趣，从而提高教学质量，并促进学生智力和非智力因素的发展。

一、化学教学幽默艺术的含义及其本质

幽默一词，是 20 世纪 20 年代林语堂先生由英文"Humor"音译而来的，属于外来语，最初见于在北平（北京旧名）出版的《语丝》杂志。至今幽默没有确切的定义，《辞海》对幽默的解释是"一种艺术手法。以轻松、戏谑但又含有深意的笑为其主要审美特征，表现为意识对审美对象所采取的内庄外谐的态度。"[2] 意即，幽默是在引人发笑的同时，竭力引导人们对笑的对象进行深入的思考。《牛津英语辞典》对幽默的解释是："行为、谈吐、文章中足以使人逗乐、发笑或消遣的特点，欣赏和表达这些特点的能力。"并认为幽默从主体上看是一种能力、品质；从表现上看是让人发笑，滑稽有趣。

陈文钢认为，东西方对幽默的理解有些不同：英美认为幽默的含义较广，包容了滑稽；而现代中国人则认为其含义较窄，与滑稽同根而异枝，也就是滑稽并不包含幽默，同样幽默也不包含滑稽[3]。笔者认为，广义幽默是把所有引人发笑的事物都称为幽默，滑稽、讽刺、戏谑、闹剧、打诨等都包括在内。狭义幽默是把幽默与滑稽区分开来，带有褒义的性质，教学幽默应属于这一类。

什么是教学幽默？学者们对教学幽默下的定义多种多样，受到狭义幽默影响，具有褒义特点。王凯旋认为，教学幽默就是指巧妙地运用幽默语言，以可笑的形式表现真理和智慧，用谐趣的手段揭示事物之间的内在联系，使教师的讲课变得风趣诙谐，使整个教学顿时生

---

❶ 黄中建. 教学语言艺术［M］. 成都：四川大学出版社，1991；2.

❷ 夏征农. 辞海［M］. 上海：上海辞书出版社，1989.

❸ 陈文钢. 中国古典滑稽形态初论［D］. 南昌：江西师范大学，2003.

辉，并能创造出一种有利于学生学习的轻松愉快气氛的一类教学行为❶。张宝臣认为，教学幽默就是教师运用巧妙、诙谐、机智有趣、出乎意料的语言、体态，对学生施加教育影响，以活跃师生交往的气氛，愉快高效地完成教育教学任务的能力❷。李涛认为，教学幽默就是教师运用巧妙、诙谐、出乎意料的语言、动作与表情，活跃课堂气氛，愉快高效地完成教学任务，使学生的综合素质得到提高的教学。上述教学幽默的表述，大同小异，都强调了语言有趣的特点，对于非语言幽默较少涉及。

从教学艺术视角，李如密认为，教学幽默艺术是将幽默运用于教学并以其独特的艺术魅力在学生会心的微笑中提高教学艺术效果和水平的活动❸。这一表述清晰地反映了教学艺术的特点。笔者认为，化学教学幽默艺术是教师将幽默运用于教学，使教学过程变得轻松愉快，学生在笑声中进行认知活动的教学艺术。它以其较高的审美趣味和显著的教学实效，受到广大教师的青睐。特级教师魏书生曾提出"每堂课都要让学生有笑声的"要求，他在课堂上一向力求使用幽默、风趣的教学语言，不仅使优秀的学生因成功而发出笑声，也能使后进生在愉快和谐的气氛中受到触动。

分析化学教学幽默艺术的内涵，我们可以得出其本质是寓庄于谐，即它不是通过直陈事物本身来达到使学生掌握知识的目的的，而是通过谐趣的手段来达到有效传输知识的目的❹。但这里"庄"与"谐"又不是分离的，而是辩证统一的。"庄"是指科学的、严肃的、规范的教学内容。"谐"是指有趣的、乖巧的、引人发笑的教学手段或方法，且这一手段和方法具有诙谐性、生动性和趣味性。在教学幽默手段的运用中，"庄"是目的，"谐"是手段。要通过生动、形象的手段，使学生顺利有效地掌握教学内容，领悟事物的本质。如果失去了"庄"，则"谐"就毫无意义了，幽默也就失去了存在的价值。反之，如果失去了"谐"，"庄"就失去了生动有趣的表现形式，幽默也就荡然无存了。故"庄"与"谐"的关系应当是寓庄于谐、庄谐一体。"庄"的内涵既不能直接外露，又不能过于隐晦、曲折，含蓄的程度应根据学生的知识水平和感悟程度来掌握。"谐"这一手段要贴切、吻合、生动，要与"庄"形成有机的关联和自然的默契。一句话，"谐"要有利于"庄"这一内涵的传输和彰显。如不是这样，"庄"过于隐晦、深奥，"谐"不足以反映其内涵，或"庄"、"谐"互不关联，则教学就难以形成幽默艺术，这就是教学幽默的本质属性所在。在应用教学幽默手段时，必须依据这一本质属性处理好庄与谐的关系，这样才能取得最佳效果。这里的实质意义就是要处理好内容与形式的关系。内容与形式的关系，应该是内容决定形式，形式为内容服务。如果把这一关系颠倒了，就会使教学幽默变得苍白、肤浅，乃至庸俗。

二、化学教学幽默艺术的特点

化学教学幽默艺术的本质决定了化学教学幽默艺术的特点。

1. 趣味性

趣味是指使人愉快，使人感到有意思，有吸引力的特性。化学教学幽默毕竟离不开幽默，所以也必然使人愉快，使人感到有意思、有吸引力，必然具有趣味性的特点。化学教学幽默艺术的趣味性是指教师在教学过程中运用的幽默能够吸引学生的注意，引起他们的兴趣，使学生在教学过程中情不自禁地发出会心的笑，在学习中感受到愉悦和欢乐。

---

❶ 王凯旋.语文课堂教学中的幽默技能［J］.湖南教育，2001，(11)：47-48.
❷ 张宝臣.论教师幽默素质及其养成［J］.教育评论，2001，(6)：23-25.
❸ 李如密.教学艺术论［M］.北京：人民教育出版社，2011：373.
❹ 品洁，宋乃庆.论教学幽默的本质与特点［J］.课程·教材·教法，2005，(5)：26-30.

示例：化学方程式的纠错❶

一位同学漏写了"$(C_6H_{10}O_5)_n + nH_2O \longrightarrow nC_6H_{12}O_6$"中的"催化剂"条件，为纠正方程式的书写，如果直接提醒学生加上催化剂，难保下次学生能记住，但如若教师把握这个时机，幽默上一句："照此看来，衣服穿旧后还可回收冲糖水喝了。"学生先是一愣，随后哄堂大笑，恍然大悟。学生不好意思地自动补上了催化剂条件，一席笑话，既活跃了课堂气氛，又能加深学生对知识的记忆。

2. 含蓄性

含蓄性指的是化学教学幽默含而不露，有言外之意，弦外之音。含蓄是相对于明快、显露而言的，即教师的思想感情与意图蕴涵在言辞之外，不能停留于字面意义。教学幽默中的含蓄特点是含而不露，话里有话，需要学生通过语言的表面成分，联系语境去寻觅语言深藏的含义。

示例：认识有机化合物（《有机化学基础》，人民教育出版社）

在高中有机化学绪言教学中，为激发学生的学习兴趣，教师结合教学内容讲述有机化学发展简史，并介绍德国化学家武勒（Wohler）在研究有机化学时说过的一段话："现在，有机化学几乎使我狂热。对我来说，它看来像是一个原始的热带森林，充满着最诱人的东西；也像一个可怕的无穷尽的丛林，看来似乎无路可出，因而使人不敢入内……"学生听后很受鼓舞，既感受到武勒当时打开有机化学大门时的激奋心情，又会感到这"丛林"里面的东西很多，需要我们去研究、去开发。

3. 启发性

启发性指的是寓庄于谐的教学幽默，以笑的形式表达出教学内容的实质，表达出教师的思想内涵。教学幽默能够引人发笑，给学生带来愉悦，但这并不是教学幽默的最终目的，它的最终目的在于使学生从中获得启示。教学幽默往往曲折、含蓄而又精辟、深刻，这就要求学生发挥自己的想象，积极品味、思考，这样才能悟出其中蕴涵的道理，得到启发。

示例：对气体摩尔体积的理解❷

学生对气体摩尔体积的理解有困难，教师可将大分子或大原子比喻为"胖子"，而将小分子或小原子比喻为"瘦子"，然后在黑板上画上按一定队形排列的胖小人和瘦小人，学生一见，便被图上夸张、变形了的小人逗乐，欢声笑语顿起，学生的注意力集中起来，他们的思维积极性得到了发挥，学生在愉悦中受到启发，迅速地把握了"固体的体积由物质微粒的大小决定，气体的体积由物质微粒间的距离决定，跟微粒的大小无关"，从而牢固地建立起了"气体摩尔体积"的概念。深奥的道理通过深入浅出的比喻艺术，变得容易接受了。

4. 美感性

教学幽默能激起学生的愉悦感，使之轻松、愉快、爽心地进入学习状态。教学幽默的这一美感特点主要是通过令人发笑的语言而产生的。教学幽默之所以能够令人发笑，是因为幽默含有喜剧美的因素，再现了美感的愉悦性特征。它所表现的内容，或为矛盾百出，或为荒唐滑稽，或为巧智奇思。教学幽默所表现出来的这些令人发笑的内容，无论是什么审美对象，都能唤起人们审美的喜悦和愉快。在课堂教学中，教师用幽默这一艺术手段来呈现科学王国的奥秘，从而激起学生的愉悦感，使学生在欣赏玩味和笑声中得到情感的释放，获得美的享受。

---

❶ 徐玉定，胡志刚，郑柳萍. 浅谈幽默在化学教学中的时机与应用［J］. 化学教学，2014，(5)：23-24.

❷ 曹洪昌. 幽默在化学教学中的运用［J］. 山东教育，2002，(2)：53-54.

三、化学教学幽默艺术的技巧与方法

化学教学对象千差万别，教学内容各有特点，创设教学幽默艺术的技巧与方法也多种多样。李如密教授深入细致地总结了教学幽默艺术的技巧与方法，诸如婉曲释义法、巧用笑典法、行为乖谬法、借题发挥法、轻言拨重法、刻意精细法、故错解颐法、直落反差法、逻辑归谬法和自我调侃法等❶。实践证明，化学教学可借鉴这些方法，形成化学教学幽默艺术。以下是上述一些技巧与方法的应用。

1. 婉曲释义法

婉曲释义法是指教师根据教学艺术的需要，对教学内容中某些概念、词语的内涵、外延作巧妙或歪曲的解释，形成的独特幽默艺术。

示例：吸烟的害处

若授课班级中有学生吸烟，教师则可尝试利用教学时机，在课上进行简短叙述：提起吸烟，我认为至少有四大好处。一是可以防小偷，因为吸烟会引起深度咳嗽，小偷不敢上门。二是节省了衣料，咳的时间一长，逐渐成了驼背，衣服可以做短一些。三是可以演包公，从小开始吸烟，长大后脸色黄中带黑，演包公惟妙惟肖，就用不着化装了。四是永远不老，据医学资料记载，烟中含有 300 多种有害物质，烟民的平均寿命要比非烟民短，从小就吸烟的人，当然永远也别想活到老了。这里的好处防小偷、节省衣料、永远不老等，或是反话正说，或是褒词贬用，句句击中要害，使学生在一片笑声中受到了深刻教育。

2. 行为乖谬法

行为乖谬法是指教师在教学中针对具体情境采取有悖常理的奇怪举动，其夸张荒谬、蕴涵科学原理的行为，往往能收到出奇制胜的幽默效果。

示例：缓慢氧化和燃烧

在教授初中化学的缓慢氧化和燃烧时，教师课前预先在一酒精灯的灯芯上滴几滴饱和的白磷二硫化碳溶液，盖上灯帽。一上课先让学生观察，取下灯帽，灯即燃烧，盖住顶帽，灯又熄灭，反复实验多次，并说："这叫作不点自燃的灯！"学生个个瞪大了眼睛，感到非常好奇。教师说："为什么取下灯帽能自动燃着，盖住又熄灭？"学生们议论纷纷，课堂气氛十分活跃，缓慢氧化和燃烧的概念就这样引入进来了。

3. 借题发挥法

借题发挥法是指教师在教学时，就某一问题暂停其本义的顺向推进，而旁逸斜出作横向联系，借此题而发挥彼意，这样也能构成别有意味的幽默。通常，教师借助教学中的某一话题或某一问题进行临场发挥，以风趣幽默的方式表达出自己的思想观念，以达到教育的目的。

示例：教师对偶发事件的处理

在某教师举行的公开课上，授课即将结束时，一位不速之客——蝉突然闯进了课堂，几十双眼睛一下子为之吸引，一时学生们的注意力难以收回。此时，这位教师不愠不火，而是面带微笑地说："看来同学们对这堂课的内容掌握得很好，连蝉都告诉我'知'了，下面谁能把这堂课的主要内容概括地总结一下？"同学们在心领神会的笑声中重新把注意力转移到课堂上来。如果教师用批评、指责、挖苦等手段来处理这一突发事件，就可能会导致学生的情绪对立，破坏和谐的师生关系。可见，幽默是师生关系的"润滑剂"，有利于增进师生间的心理相融，沟通师生间的情感，建立良好和谐的师生关系。

---

❶ 李如密.教学艺术论［M］.北京：人民教育出版社，2011：373.

4. 轻言拨重法

轻言拨重法是指教师在化学教学中以极平常的语言、事例漫不经心地拨到本来紧张或重大的难题，而轻易走出困境，畅怀而笑的活动。

示例：溶解度

教师在讲溶解度的计算时，针对初三部分学生初学溶解度计算的畏难情绪，说道："溶解度其实并不难，会打牌的都会（学生笑声），因为溶解度的所有题目都有一张公用的王牌，它就是溶解度的概念。我们总结可以发现，只要题目给出的题干满足王牌的条件，即溶液饱和、同一温度和溶剂是水，那么它就可以和概念中描述的常温下含有 100g 水的饱和溶液建立联立方程，进而求得溶液中溶质和溶剂的量。"

5. 故错解颐法

故错解颐法是指在化学教学中故意设置一些错误，让学生参与找错纠错的活动，使学生获得"发现"的乐趣，也是一种有效的教学幽默艺术。

示例：化学实验装置图的绘制

某些学生在画实验仪器或装置图时，常常不遵循作图比例，而将试管画得很不规范。一位化学教师在讲评时，稍作夸张，在黑板上分别画上又短又粗和又细又长的试管，学生们一见，忍俊不禁，该老师却说："这些学生在设计试管方面显示出超凡脱俗的创造能力，我看可申请列入吉尼斯世界大全了！"一些不规范作图的学生抬头看到老师笑容可掬、温厚善意的目光，不好意思起来。从此，不规范作图的现象大为减少。

四、化学教学幽默艺术的基本原则

幽默作为一种手段，在帮助教师愉快高效地完成教学任务方面起着非常重要的作用。实施化学教学幽默要把握以下基本原则。

1. 适时性原则

化学教学幽默艺术要达到恰到好处的运用效果，就需要注意在适当的时间引入幽默，把握最佳教学时机。

在化学教学实践中，当学生注意力分散、心理疲劳时，教师用幽默能够刺激学生的神经，使学生的精神振奋起来，恢复精力，继续学习。当教学内容比较晦涩难懂时，教师结合幽默加以讲解，能够使问题深入浅出，学生易于理解和掌握。当课堂中出现偶发事件，干扰教学正常开展时，教师展现自己的机智，及时插入幽默，能够把学生的注意力转移到教学中来。当师生之间、生生之间产生误解和隔阂时，幽默的运用往往能化干戈为玉帛，轻松解除不快。

2. 适度性原则

教学中运用幽默艺术是为了激发学生的兴趣，活跃课堂气氛。但是，不能信口开河，不能为了博得学生的一笑而滥用。教学中滥用幽默，学生笑声此起彼伏，课堂就会变成娱乐场，反而会分散学生对教学内容的注意力，影响对知识的理解。老舍先生曾说："死啃幽默总会有失去幽默的时候，到了幽默论斤卖的时候，讨厌是不可避免的。"❶ 凡事都要有个度。幽默应该是知识、趣味、思想、智慧的和谐统一。教学中要做到幽默有度，掌握好分寸，使之产生锦上添花的积极效果，要把提高教学效果作为幽默艺术运用的出发点。

3. 教育性原则

在日常生活中，幽默与讽刺是一对双胞胎，它们纠结在一起，很难分清。有幽默的讽

---

❶ 老舍. 老舍论创作［M］. 上海：上海文艺出版社，1982：86.

刺，有讽刺的幽默。化学教学永远具有教育性，在教学活动中，教师应把健康高雅的幽默内容展示给学生，切不可把低级趣味的内容带进课堂，玷污学生的心灵，影响教师的形象。教师如果在教学中对幽默内容不加选择，甚至在学生面前怪腔怪调、荒诞不经地"表演"，虽然一时能引发一些学生的笑声，但这种"幽默"毫无思想内涵和审美价值，实质上是一种无聊，容易引起学生的反感，只会降低教学质量。

4. 相关性原则

相关性是指幽默要与教学内容有机结合。在课堂教学中，幽默最重要的功能，就是让学生乐学、易学。化学课堂教学中的幽默应服从教学的需要，紧密地结合教学内容，为教与学服务。与课堂教学内容有机结合，有利于激发学生的学习兴趣，营造活跃的课堂气氛，从而提高课堂教学效率。但如果教师在讲课时所使用的趣味语言与课堂教学脱节、离题万里，则不仅容易分散学生的注意力，还将影响教学活动的顺利完成。

第二节   化学教学"诗教"艺术

"诗言志"，运用诗进行教育，称为"诗教"。诗教，堪称我国传统教育中的一朵奇葩。诗教这一概念，公认为最早出于《礼记》中孔子的一段话："入其国，其教可知也。其为人也，温柔敦厚，诗教也；……其为人也，温柔敦厚而不愚，则深于诗者也。"到了近现代，诗教依然闪烁出熠熠的光彩。著名教育家徐特立在湖南第一女子师范学校时曾说："中国古代温柔敦厚的诗教，今天的学校教育中还用得着。"❶ 可见，诗教自古以来就作为一种教育形式广为流传。从教学艺术角度看，将诗歌融入化学教学过程中，能够彰显科学教学的艺术性，探讨化学教学中的"诗教"艺术，可以拓展教学艺术论的研究疆域。

一、徐特立"诗教"艺术的启示

作为毛泽东的老师，徐特立不仅是中国伟大的无产阶级革命家，更是伟大的教育家。徐特立在严于律己、注重身教的同时，不失时机地对学生施以温和如春风、清醇似甘泉的"诗教"。自担任校长之日起，学生的优点或缺点，学校的通知或布告，他都喜欢用诗的形式来表达，写在办公室前廊的黑板上。这些诗句通俗易懂，简洁明了，生动感人，学生爱读爱诵，而且容易记忆，给学生们留下了深刻的印象，收到了非常不错的教育效果。

徐老对学生体贴入微，关怀备至，校内师生尊之曰"外婆"。每晚九点熄灯铃响以后，他总要手提马灯，和女训育员一起巡视学生寝室。有一次，一个叫单秀霞的学生因寝室熄了灯，便约了同学偷偷地跑到厕所为她爱人打毛线衣，厕所里的电灯是通宵不熄的。徐老站在门外细声叫喊："睡呀，睡呀！"这几位同学，以为明天徐老一定会骂她们，但次日她们并没有挨骂，只看见黑板上写了一首诗：昨天已经三更天，厕所偷光把衣编。爱人要紧我同意，不爱自己我着急。东边奔跑到西边，不仅打衣还聊天。莫说交谈声细细，夜深亦复扰人眠。

又如，有一天他在古旧书店发现了一本化学教科书，封面上盖有学校的图章，他猜想是有人从学校中偷出来寄卖的。于是，他把这本书买回，在校内展出，并写下一首诗，以委婉的"诗教"方式，启发和教育学生要做一个正直、有节操的人：社会稀糟人痛恨，学生今日又何如？玉泉街上曾经过，买得偷来化学书。

---

❶ 孟红. 革命前辈"诗教"趣话 [J]. 党史纵览，2006，(6)：22-26.

这些谆谆诗化的教育方式比起那种声色俱厉的方式来，更能起到事半功倍的效果，起到"随风潜入夜，润物细无声"的作用。徐老的诗词展现了艺术化的教育思想，其诗被收录于《校中百咏》。徐老的"诗教"之所以能取得极大的成功，就在于学生的心灵美和艺术感染相融合，思想内容穿上美和艺术的外衣。

在课堂中引入诗词进行教学，让学生感受到科学与艺术的融合，产生美的想象，实践"诗教"教学艺术。

二、化学教学"诗教"艺术的内涵及特点

1. 化学教学"诗教"艺术的内涵

科学是严谨的，诗是浪漫的，这两者之间似乎隔着一条不可逾越的鸿沟。然而，爱因斯坦却指出"科学的思维中，永远存在着诗的因素。"[1] 浩瀚宇宙，纵横时空，赋予诗人多少遐思和灵感，给了科学家多少征服的欲望、顿悟的快慰和洞悉的通达！艺术唯美，科学求真，而艺术和科学这两朵人类智慧最耀眼的火花，在我们探寻真理与讴歌自然的历程中，已愈趋完美地结合在一起，交相辉映，科学诗无疑是真与美统一的生动体现。高士其说过，科学诗是科学与诗的结晶，它有声音之美，有艺术的魅力，有形象的语言，有鲜艳的色彩，有哲理，有生活。

化学有其科学严谨的一面，也有浪漫的一面。"氢在电火花的吸引下，与氧洒下晶莹的泪滴"、"钾投入水的怀抱，化成缕缕淡紫的清烟"的描述，为化学赋予了诗意的解读，化学也成为了一个充满创新和创造的神奇领域。化学教学内容中许多知识的内涵是非常丰富的，融情与景、意与境于一体。教师如果恰当地用化学诗歌形式表现化学教学内容，就会使其鲜明生动，产生强烈的感染力，从而收到良好的教学效果。"诗教"被引入课堂，就成为一种教学艺术手段。

所谓化学教学"诗教"艺术就是教师引用蕴涵化学知识的古今诗词或自编化学诗歌，将化学教学诗化，运用娴熟的教学技能、技巧，通过诗歌形象来揭示化学奥秘，让学生领会和探寻化学知识，体悟化学美学价值的独创性教学艺术[2]。诗歌是有节奏、有韵律并富有感情色彩的一种语言艺术形式。化学教学"诗教"艺术体现了科学与人文内涵的统一，展现了化学教学艺术美，给学生提供了主动探究知识的美的意境，开启了学生的审美想象和思维，也发挥了化学课程对培养学生人文精神的积极作用。

例如，在学习金属活动性顺序的有关知识时，教师可从化学角度，让学生分析刘禹锡《浪淘沙》中的名句"千淘万漉虽辛苦，吹尽狂沙始到金。"金的化学性质稳定，在自然界中多以单质存在，在风化侵蚀、雨水冲淋的作用下，同泥沙混合成含金极少的沙金矿。由于金的密度比石英砂大得多，故在冲沙淘金时易先沉降。沙里淘金是十分古老而又艰辛的采金方法。而我们在学习中，要获得丰硕成果，又何尝不是"吹尽狂沙始到金"呢！这一诗句，既有科学原理，又有哲理意蕴，激人联想，发人思索，耐人咀嚼，让学生感悟到积极健康的艺术魅力与美学趣味。

古代诗词中蕴藏着丰富的包含化学思想的诗句。以下总结出古诗教学资源[3]，可供化学"诗教"艺术借鉴。

① 描写微观分子运动的性质。

[1] 拉契科夫. 科学学 [M]. 韩秉成等译. 北京：科学出版社，1984：54.
[2] 董丽花，刘一兵. 化学教学"诗教"艺术初探 [J]. 化学教学，2012，(11)：23-26.
[3] 韩庆奎，张雨强. 多元智能化学教与学的新视角 [M]. 济南：山东教育出版社，2008：206-208.

墙角数枝梅，凌寒独自开。遥知不是雪，为有暗香来。——王安石《咏梅》

疏影横斜水清浅，暗香浮动月黄昏。——林逋《梅花》

日暮平原风过处，菜花香杂豆花香。——王文治《安宁道中即事》

② 体现物质化学性质、物理性质。

春蚕到死丝方尽，蜡炬成灰泪始干。——李商隐《无题》

落红不是无情物，化作春泥更护花。——龚自珍《己亥杂诗》

试玉要烧三日满，辨材须待七年期。——白居易《放言·其三》

木与木相摩则然（燃），金与火相守则流。——庄周《庄子·外物》

③ 描写金属冶炼场景。

炉火照天地，红星乱紫烟。赧郎明月夜，歌曲动寒川。——李白《秋浦歌·其十四》

④ 关于物质的来源和性质。

千淘万漉虽辛苦，吹尽狂沙始到金。——刘禹锡《浪淘沙·其八》

千锤万凿出深山，烈火焚烧若等闲。粉身碎骨浑不怕，要留清白在人间。——于谦《咏石灰》

日照澄洲江雾开，淘金女伴满江隈。美人首饰侯王印，尽是沙中浪底来。——刘禹锡《浪淘沙·其六》

隐石那知玉，披沙始遇金。——李群玉《赠元绂》

⑤ 描写特殊象征意义的化学物质。

折戟沉沙铁未销，自将磨洗认前朝。——杜牧《赤壁》

⑥ 关于金的性质。

金入于猛火，色不夺精光。金性不败朽，故为万物宝。——魏伯阳《周易参同契》

注解：黄金性质稳定，不易氧化。

⑦ 关于铅的化学反应。

胡粉投火中，色坏还为铅。——魏伯阳《周易参同契》

注解：胡粉是指碱性碳酸铅，在火中先分解成氧化铅，然后被碳还原成金属铅。

2. 化学教学"诗教"艺术的特点

化学教学"诗教"艺术具有自己的特点，研究其特点，有助于在教学中更好地运用化学教学"诗教"艺术，展现它的魅力。化学教学"诗教"艺术具有以下特点。

创造性。"诗是语言的艺术。"语言具有抽象性，需要逻辑思维；而艺术具有直觉性，需要形象思维。诗将理性与情感整合在一起，有利于开发学生的智能。化学教学"诗教"艺术的创造性是指教师通过精选古今诗词，或师生创作化学诗歌，用高度凝练的字、词，按照一定的音节、声调和韵律的要求，表达高度概括的景、情、意，让师生产生心理"共鸣"，诱导学生内心世界中潜藏的创造潜能，使之得到充分的发展。

情感性。"诗是情感的艺术。"每个人在生活中都有情感体验，都有顿悟发现。这些情感体验、顿悟发现用语言表述出来就是诗。如讲到环境保护内容时，教师描述自然环境从"细雨鱼儿出，微风燕子斜"，"小桥流水人家"，"天苍苍野茫茫，风吹草低见牛羊"到"千里黄云白日曛"，"大漠风尘日色昏"的变化；过去是"两只黄鹂鸣翠柳，一行白鹭上青天"，而现在却是"两只麻雀鸣焉柳，一股沙尘上青天"。如此"诗教"，能使课堂充满情感的互动和交融，产生思维共振、情感共鸣的教学艺术效果。

审美性。诗诵读起来铿锵有声，朗朗上口，顿挫有节，就会自然而然地产生乐感，让人感受到其中顺畅的音韵美和均匀有力的节奏美。在学习 pH 和酸碱指示剂的知识时，可向学生介绍正因为有一些物质在不同酸度条件下能显示不同颜色，大自然才会这样瑰丽多彩。正如朱熹写道："等闲识得东风面，万紫千红总是春。"杜牧的《山行》中有"停车坐爱枫林晚，霜叶红于二月花"的诗句。学生都能感受到诗中所蕴涵的意象、情趣之美，激起美的涟漪和想象。

意会性。诗歌的构成要素是意象。意象是情感的载体，是诗人为了传达某种朦胧模糊、隐曲微妙、可意会不可言传的情思意绪而创造出来的艺术符号。化学教学"诗教"艺术的意会性强调师生共赏的诗词内容和化学教学内容之间的联系不是精确的定性定量的分析，而是着重意念分析，追求师生的心灵体验和感悟，从而以诗词之躯，入化学之魂。

三、化学教学"诗教"艺术的功能

1. 激发兴趣

柏拉图说过兴趣是最好的老师，古今大学问家都十分强调教师要培养学生的兴趣。我国古代大教育家孔子说："知之者，不如好之者。好之者不如乐之者。"我国现代数学家华罗庚也说："有了兴趣就会乐此不疲，好之不倦。"可见，兴趣是学生学习最直接的动力。学习兴趣分为直接的兴趣和间接的兴趣两种。直接的学习兴趣是由学习材料、学习活动及过程本身引起的。间接的学习兴趣是由学习活动的结果引起的，它具有明显的自觉性。

示例：烃的性质

在学习江苏教育出版社《有机化学基础》专题三（常见烃的性质）时，可从"蜡烛有心还惜别，替人垂泪到天明"引入，让学生充分想象燃烧时的现象，继而拓展烃类物质的有关性质，了解蜡烛的成分是石蜡，属于固态烃，熔点很低，在空气中可以燃烧，放出热量，使蜡烛熔化。

"诗教"艺术，让师生共同感悟诗歌的审美性、情感性和创造性，可激活学生学习的直接兴趣和间接兴趣。

2. 陶冶情操

诗词是中国文学宝库中的璀璨明珠，其迷人的光泽、绚丽的色彩，陶醉了无数炎黄子孙。其中不少名言佳句不仅蕴涵了丰富的化学知识与原理，而且又有哲理意蕴，激人联想，发人思索，耐人咀嚼，让学生感悟到积极健康的艺术魅力。在学习碳酸盐的性质时，广大化学教师经常引用明代于谦的《石灰吟》"千锤万凿出深山，烈火焚烧若等闲。粉身碎骨浑不怕，要留清白在人间。"其描写了 $CaCO_3$ 的一系列物理、化学变化。作者在无意中以独特的视角，用诗的语言提炼了石灰生产这一重要过程，把诗与化学融合起来，在诗的恢弘气势中体现了化学的美和壮观，以浓郁优雅的诗人的情怀表达自己刚正不阿、永葆清白的情操。"诗教"艺术以其温柔敦厚，打动学习者的心灵，学生往往会被作者采天地之正气、蓄生活之美好的高洁品质所感染。

3. 活跃气氛

化学教学好比一片土地，教师是园丁，学生是地上的花花草草，要花花草草长得好，除了阳光雨露还要有好的生长环境，这生长环境指的就是课堂教学气氛。好的课堂气氛能让学生更好地掌握知识和技能。化学教学"诗教"艺术材料的节奏性、韵律性正好可以帮助教师击退"枯燥无味"的化学课堂教学氛围，既能完成科学知识的学习，又给化学教学课堂氛围的活跃增加亮点，添上动人心弦的元素。

4. 启发思维

有些化学问题用诗词编成通俗、押韵、趣味性强的韵文，容易唤起学生积极的思维，启迪学生的智慧。例如，在学习质量守恒定律过程中，教师提出：在2400多年前，古希腊哲学家德谟克利特在一首诗中表达了物质不灭的观点"无中不能生有，任何存在的东西也不会消灭，看起来万物是死了，但是实则犹生。正如一场春雨落地，霎时失去踪影，可是草木把它吸收，长成花叶果实，依然欣欣向荣。"请你用分子和原子的观点说明物质不灭。如此表述问题，情景亲切，源于生活，学生似曾相识，回味无穷，能让学生感受到学习化学的乐趣，激活学生多元思维功能，使其头脑中的形象思维活动与理性思维活动产生碰撞、交叠，从而认识和发现化学世界的本质特征。

5. 帮助记忆

将诗歌引入到化学教学中，形成诗情浸润的化学课堂，不仅可以激发学生学习兴趣，增强学生对化学知识的理解，而且可以创造最佳的记忆心理状态，促进学生对化学知识的记忆。

例如，针对学生普遍感觉化学难学难记的特点，教师创造性地用诗歌的形式，编写成活泼有趣、生动易记的各种化学诗歌，生动形象、简明易懂地描述抽象化学概念和原理，教学效果出奇的好。比如，讲授化学平衡时，用诗喻为"两军对阵看谁强，弱者为寇强为王，化学平衡移向哪，增强一方胜对方。"讲授电解质时，用诗解为"离子像小舟，投入水中游，小舟把人渡，离子载电流。"通俗易懂、诙谐幽默的化学诗词让学生很快将知识理解并记住。

四、化学教学"诗教"艺术的方法与技巧

1. 精选化学诗词，领略化学变化美

精选化学诗词是指教师要深入挖掘，精心选择古代化学诗词。教师可以引导学生巧析诗中描写，领略化学的变化美。学习金属冶炼时，可引用李白《秋浦歌》"炉火照天地，红星乱紫烟。赧郎明月夜，歌曲动前川"，一曲出口，古代金属冶炼场景赫然在目。在学习硅酸盐工业时，可选择杜甫诗"大邑烧瓷轻且坚，扣如哀玉锦城传"以及唐代陆龟蒙在《秘色瓷器》中写到的："九秋风露越窑过，夺得千峰翠色来"。让学生在了解我国古代炉火纯青的陶瓷技术的同时，感受劳动人民的无穷智慧。在学习有关黑火药的组成和化学反应时，可向学生介绍，作为我国古代四大发明之一，黑火药在三国时代就有记载。宋代王安石《元日》中"爆竹声中一岁除，春风送暖入屠苏"的诗句，更是脍炙人口。学习碳酸钙内容时，除了有《石灰吟》诗篇之外，还有北周庾信《奉和赵王隐士》诗："洞风吹户里，石乳滴窗前"。在化学课里吟这样的诗句绝不是让学生去欣赏古代山野隐士听山风、数水滴的隐逸风度，而是因为诗中描述了钟乳石化学形成过程的美。

2. 穿插化学诗词，探寻化学之奥秘

穿插化学诗词，探寻化学之奥秘是指教师精选化学诗词，创设问题情境，让学生感悟化学原理。在学习氮的氧化物的知识时，江苏的张静恒老师引用王安石《元丰行示德逢》中的诗句："雷蟠电掣云滔滔，夜半载雨输亭皋。"然后提问："这电闪雷鸣时发生了哪些化学变化？"让学生思考、讨论，写出化学方程式。然后，又引用学生十分熟悉的句子，黄庭坚的《念奴娇》中有"断虹霁雨，净秋空，山染修眉新绿"；宋代李重元的《忆王孙·夏词》中有"过雨荷花满院香"。为什么在雷雨过后，人们会感到心旷神怡，觉得山格外绿、花分外香？这仅仅是人们的主观感觉吗？❶ 最后教师讲解，在闪电的作用之下，少量 O_2 会变成 O_3，而 O_3 易分解 $O_3 \Longrightarrow O_2 + O$，分解出来的氧原子有消毒、杀菌作用。所以，雨过天晴后，空气倍加新鲜，天地也更开阔明朗，更亮丽空灵，是符合科学原理的。化学诗词寓于化学教学过程之中能让学生在感受自然之美的同时，体味到语言之美，收获到意外的惊喜，激发学生科学探究意识。

---

❶ 张静恒，周志华. 浅谈古代诗词中的化学美［J］. 教学月刊：中学版，2003，（3）：33-37.

3. 创作化学诗歌，促进研究性学习

化学研究性学习的形式是多种多样的。教师要求学生以化学题材写诗，进行研究性学习，可以提高学生的人文素养和审美想象力。例如，教师可以向学生们提出：以本学期化学学习内容如元素化学、物质结构和性质、化学反应原理等为题材写一首诗歌。诗歌与科学本身有着许多共同点，而创作化学诗歌就是用美丽动人的诗句描写化学科学，好比在进行独立的研究工作，是化学研究性学习的体现。湖北的覃孔彪老师进行化学研究性教学过程中穿插诗歌教学，学生撰写碱金属的性质与用途的化学诗篇，增强了对化学知识的理解和记忆，加强了化学知识与社会、与相关学科的联系，是研究性学习的一种尝试，培养了学生的自主创新思维能力，展现了丰富的想象力，收到了理想的教学效果❶。

4. 编写化学歌谣，巧记化学内容

化学教学中有许多缺乏逻辑联系、难于识记的内容。教学中可以采用自编化学歌谣的方法，赋予那些枯燥的化学材料以人为的或有逻辑联系的意义，从而帮助学生变死记为巧记。为此，教师应结合化学教学内容创造性地编写、改编化学诗或歌谣。根据化学学习内容创作的歌谣，要具有新颖、有趣、言简意赅、朗朗上口、隽永悠长、极富美感等特点。例如，姚有为老师以七言诗的韵律表达化学实验基本操作：固体需匙或纸槽，手贴标签Toe倒。读数要与切面平，量筒仰低俯视高。移液管和滴定管，仰俯误差恰颠倒。滴管悬空头在上，清水洗净要记牢。试纸测液先剪小，棒沾液体测最好。试纸测气先湿润，粘在棒上向气靠。酒灯加热用外燃，三分之二为上限。火柴点燃灯帽灭，四分之一为下限。硫酸入水搅不停，慢慢注入防沸溅。这样的诗短小精炼，有助于学生形成化学实验基本操作的良好认知结构。

5. 通过诗词创设情景，突出情感教育

很多诗词体现了自然、生命之和谐，环境、意境之协调。诗词中的人文情怀，经千百年文明积淀、潜存于人类内心的永恒情感，通过教育开启、唤醒、提升。教师可从中选择并挖掘其内涵，教育学生关爱他人、爱国家、爱科学；教育学生关注社会、关注自然、关注环境、关注与化学相关的能源、资源、健康、安全等问题，开展情感态度与价值观的教育。如民歌《江南》："江南可采莲，莲叶何田田。鱼戏莲叶间，鱼戏莲叶东，鱼戏莲叶西，鱼戏莲叶南，鱼戏莲叶。"呈现给我们的是碧绿的荷叶，清清的湖水，游戏中的鱼，多美的风景！而当今工业、农业发展造成水污染严重，如此美景再难呈现，是多遗憾的事，教育学生保护水资源。白居易《忆江南》："江南好，江南风景旧曾谙，日出江花红似火，春来江水绿如蓝，能不忆江南？"自然美、生态美的好风景。如今，生存环境恶劣，温室效应、酸雨等造成环境污染，江南还有如此美吗？辛弃疾《西江月》："明月别枝惊鹊，清风半夜鸣蝉，稻花香里说丰年，听取蛙声一片。"体现了自然之美，生命之美，意境之美，爱护环境就是关爱我们自己的家园。

6. 巧用化学诗词，概括总结

当学生学习完某个知识点时，教师进行总结的方式多种多样，没有一个固定的格式。如果我们巧用诗词概述知识，则能达到一种美好的意境。如教授初中化学二氧化碳的性质时，教师总结出《致二氧化碳》："你能溶于水，比空气重，身为无色的气体，却能像液体一样流动。在浩渺无穷的气层国度，你位尊第四，却老态龙钟。没有你，光合作用就要停止；作灭火剂，你屡建战功。但你也爱搞恶作剧，搅得澄清的石灰水一片浑浊，吹得紫色的石蕊试液呈现红色。……"用散文诗创造了轻松、有趣的课堂氛围和美好的课堂教学境界，既激发了学生强烈的好奇心和求知欲，又使学生从中得到了美的熏陶，丰富了学生的想象力，提高了课堂教学效率。

---

❶　覃孔彪. 理解著文强化记忆——化学研究性学习过程中穿插诗歌教学的尝试［J］. 化学教育，2007，（1）：30-33.

7. 习题编制中渗透古诗词，诱发学习情趣

学生往往是为了做题而做题，为了考试拿高分而做题，许多学生丝毫无兴趣可言。可以将学生熟知的或通俗易懂的古诗词编入化学试题，要求学生先对句子本身有所理解，再进一步作出与化学知识有关的正确判断。

例如，下列描写中一定含有化学变化的是（　　）。

A. 白玉为床金作马

B. 夜来风雨声，花落知多少

C. 日照香炉生紫烟

D. 野火烧不尽，春风吹又生

在讲到粒子速率受温度影响时，可出题："花气袭人只骤暖"说明花朵分泌的芳香油分子_____加快，当时周边的气温突然_____。

又如，在中国历史长河中，古代诗词犹如一颗颗璀璨夺目的明珠，是宝贵的精神财富。请指出以下诗句中出现的"烟"字符合实际的是（　　）。

A. 大漠孤烟直，长河落日圆

B. 暖暖远人村，依依墟里烟

C. 南朝四百八十寺，多少楼台烟雨中

D. 烟花寒水月笼沙，夜泊秦淮近酒家

在复习有机化学内容时，可出题：诗句"春蚕到死丝方尽，蜡炬成灰泪始干"中的"丝"和"泪"分别是指（　　）。

A. 蛋白质、高级烃

B. 纤维素、脂肪

C. 蛋白质、硬化油

D. 蛋白质、油脂

学生在做习题的同时，也能领略到祖国文化瑰宝的意境，使学生的学习活动化难为易，变枯燥为有趣，从而获取知识，达到乐学的境界。

五、化学教学"诗教"艺术实施的基本要求

化学教学"诗教"艺术应以科学性为前提。无论是教学语言还是教学行为，都要符合学科本身所具有的科学性。选择"诗教"材料时要注意其规范性，许多被用到的诗词都是古人的作品，这些诗词的某些表达方式也可能和现代汉语有所出入，教师在使用这些材料时必须先搞清这些诗词的本意，诗词的描述是否符合客观现实，如有出入则应弃之不用，若是断章取义，则一定要跟学生解释清楚，不能误导学生，使学生形成错误的认识。

化学教学"诗教"艺术要注重启发性。选用的"诗教"艺术素材要包含潜在的化学信息，体现化学科学素养，能让学生展开联想和想象，举一反三，联系已知去解决未知，把化学学习带到更广阔的思维领域，使化学教学艺术化。

化学教学"诗教"艺术要有针对性。"诗教"艺术的素材要针对教学内容、学生的接受能力两个方面。所选用的素材必须与教学内容相关，有益于教学进程，不能只因为诗歌有趣，也不理会其是否跟教学内容有关就盲目地选择。不同层次的学生接受能力有所不同，要观察学生的学习态度及学习兴趣，根据大部分学生的接受能力进行选择。

化学教学"诗教"艺术要适度，否则诗词泛滥变成了语文学习，冲淡了化学内容的学习。这要求"诗教"选材要精，选出最恰如其分、最能体现讲授原理、知识的诗篇，否则会流于浮华，起不到应有的作用。诗词内容的讲解要适度、精练。诗的意境往往广阔无边，讲

解到什么程度取决于教师的个人素养，包括专业素养、艺术素养，应适可而止。

化学教学"诗教"艺术实施的时机要合适，恰到好处才能化平淡为神奇。将诗词引入化学课堂往往需要一些铺垫，不能生硬引入，要实现内容和形式的和谐统一，以达到应有的效果。

第三节　化学教学游戏艺术

教学是教师的教与学生的学的统一，这种统一的实质就是交往。师生的交往互动，是教学过程的本质属性。没有师生的交往互动，就不存在真正意义的教学。化学教学过程是科学活动的交往过程，它的交往形式多种多样。其中，构思巧妙、意趣横生的科学游戏运用于科学教学过程之中，可以让学生在科学游戏中体味游戏的快乐，在游戏中思考，在思考中游戏，实现由"苦学"变"乐学"。将科学游戏作为艺术形态，引入化学教学之中，则体现了教师高超的教学艺术。探讨化学教学游戏艺术，有利于减轻学生学习科学的负担，提高教学质量，开拓教学艺术研究的视野。

一、化学教学游戏艺术的内涵

1. 科学游戏

什么是游戏？学者们见仁见智，没有统一的定义。《辞海》中游戏的定义为：以直接获得快感为主要目的，且必须有主体参与互动的活动。这个定义说明了游戏的两个最基本的特性：①以直接获得快感（包括生理和心理的愉悦）为主要目的；②主体参与互动。主体参与互动是指主体动作、语言、表情等变化与获得快感的刺激方式及刺激程度有直接联系。Garvey（1977）认为游戏的特性是好玩的、无外在目标的、自愿参加的[1]。而皮亚杰（1962）认为游戏是一种行为，该行为的目的是获得快乐，是一种无组织性的行为。皮亚杰将游戏行为分为三类：练习性游戏、象征性游戏、规则性游戏，它们分别与认知发展的感知运动阶段、前运算阶段和具体运算阶段相对应[2]。

根据不同学者的观点，可归纳游戏具有以下特点：①游戏是直接动机引起的，它是自由的；②游戏是美的享受、欢乐、满足及愉悦的情绪流露；③游戏是满足的过程，不注重结果；④游戏是探索、表达及释放内在自我的途径。

科学早已渗入我们的日常生活，并无时无刻不在影响和改变着我们的生活。无论是仰望星空、俯视大地，还是近观我们周遭咫尺器物，处处都可以发现科学原理蕴于其中。科学游戏是指利用我们周围环境的生活素材进行的科学性游戏。它蕴涵了科学知识、技能和方法，能提供给学生有趣的"玩科学"活动，而此活动的必要条件就是参与的学生认为"好玩"，并且有高度的意愿参与。科学游戏涉及多方面的内容，如涵盖光、电、热、声、磁、化学、生物等实验的多个领域，这些游戏看起来简单，却蕴藏了丰富的科学概念和原理，学生可以动手操作，用生动有趣的方法，玩出科学的智慧，开启学习的心智。

2. 化学教学游戏艺术的含义

关于游戏和教学的相互关系，历史上有不少教育家进行过论述。柏拉图是"寓学习于游戏"的最早提倡者。他要求"不强迫孩子学习，主张采用做游戏的方法，在游戏中更好地了

[1] Garvey C. Play [M]. Massachusetts：Harvard University press，1977.
[2] 杨宁. 皮亚杰游戏理论 [J]. 学前教育，1994，(1)：12-14.

解每个孩子的天性。"❶杜威认为教学必须"对儿童的兴趣不断地予以同情的观察",教学中需特别注意"抓住儿童的自然冲动和本能,利用它们使儿童的理解力和判断力提到更高的水平,使之养成更有效率的习惯;使他的自觉性得以扩大和加深,对行动能力的控制得以增长。如果不能达到这种效果,游戏就会成为单纯的娱乐,而不能导致教育意义的增长。"❷杜威很好地阐述了游戏和教学的关系,表明了游戏不是单纯的娱乐,而应促进学生教育的生长,强调了游戏教学的目的性。

在化学教学中,我们常常可以听到"寓教于乐"的说法。这种说法意味着"教"是第一位的,"乐"是第二位的。当我们反过来思考,把"乐"放在第一位,倡导"寓乐于教",将化学游戏引入课堂教学,那么学生就能幸福愉悦、潜移默化地学习化学。化学教学实践有许多游戏教学的探索实例。

示例:燃烧和灭火的游戏导入

在进行燃烧和灭火的教学时,教师可以采用烧不坏的纸船的魔术,即在纸做的小船中加入适量的水,用酒精灯直接加热,结果纸船安然无恙。以魔术游戏的方式引入,会使学生产生一种新奇、神秘感。纸没有燃烧,和学生已有的经验发生了强烈的冲突,学生会迫切想了解其中的奥秘。

上例中,教师巧妙地设计趣味实验,以魔术形式进行课堂教学,让学生产生惊奇感,体现了化学教学游戏艺术。所谓化学教学游戏艺术是指教师根据教学规律,巧妙地将化学游戏寓于化学教学之中,使师生在化学游戏活动中,轻松愉快地实现教学目标的教学艺术。其含义有三:首先,教学中的游戏是为化学教学服务的,是为实现教学目标而采用的。这是化学教学游戏艺术的前提。如果没有和教学、学习活动相互联结,则不仅可能产生偏差,而且无法落实鼓励学生从事科学探究的本意。因此,游戏活动应该蕴藏着相关的化学概念、原理等,学生通过游戏活动能够感悟到化学的奥秘。其次,化学中的游戏应是有趣的、好笑的,能使学生产生惊奇感,达到一种美感境界,使学生感到学习是一件精神愉悦的事情,并伴随着良好的情绪反应过程。再次,游戏是化学教学的一种组织形式,学生在游戏中学习化学,在实验中收获乐趣,"学中玩,玩中学"。这种组织形式凸显师生间、生生间的动态信息交流,构建和谐的、民主的、平等的师生关系。

化学教学游戏艺术具有以下基本特征❸:

其一,情感的愉悦性。化学教学游戏艺术强调教学中教师和学生的情感愉悦,它要求教学体现游戏的愉悦、自由、和谐、和虚拟等内在品质,通过游戏性的对话,游戏性的体验,游戏性的表演,使教师和学生能从教学活动本身中获得愉悦的游戏性体验。

其二,整体的和谐性。化学教学游戏艺术强调发展与娱乐的和谐,教师与学生的和谐,人的自然生命、社会生命和精神生命的和谐,教学的自由与规则的和谐,生活世界和科学世界的和谐。

其三,游戏的情境性。化学教学游戏艺术通过师生游戏性的体验,游戏性情境的营造,游戏教学场景的营造,尽情地享受教学情境中的自由、轻松、快乐,使苦学变为乐学。

二、化学教学游戏艺术的功能

1. 调节课堂气氛

课堂气氛是指教师与学生的情绪和情感状态在课堂上形成的一种气氛,它直接关系到教

❶ 吴式颖. 外国教育史教程 [M]. 北京: 人民教育出版社, 2004: 46.

❷ 杜威. 学校与社会·明日之学校 [M]. 北京: 人民教育出版社, 1994: 274.

❸ 冯季林. 论教学的游戏性 [J]. 教育研究与实验, 2009, (3): 60-63.

师教学积极性和学生学习积极性的调动，直接影响着课堂学习效率和质量的提高。化学知识的科学性与严谨性，使有的化学教学课堂气氛严肃，尤其是面对老师的提问，学生由于本能的自我保护就更容易产生焦虑了。可是在一些游戏活动中，参与者不用担心因为失败而导致自尊丧失，所以课堂教学的游戏化能有效调节课堂氛围，有利于学生身心全面健康的发展。

2. 激发学习兴趣

学习兴趣是学生对学习对象的一种力求认识或趋近的倾向。这种倾向是和一定的情感联系着的。为什么孩子在游戏时那么快乐？为什么孩子在游戏时常常有超水平的发挥？为什么孩子在游戏中那么富有创造力和想象力？为什么孩子在游戏中那么专注、玩好长时间都不知疲倦？为什么孩子在游戏时那么入神？……游戏对每一个人而言都是熟悉和亲切的。每当回忆起童年的生活，游戏总是以一种自由、轻松、愉快的姿态展现在我们面前。化学教学艺术中的游戏充满着趣味性，学生能够在游戏中学习化学，在游戏中收获乐趣，这是由教学游戏艺术的基本特征——情感的愉悦性所决定的。在教学游戏艺术的实施过程中，学生能倾注全部热情，兴致勃勃，津津有味，甚至会达到对所学知识迷恋不舍的地步。在游戏中学习后，学生会产生满足感，自己从中受到启迪，并由此产生欢快、惬意的心情。

3. 促进交流与互动

化学课堂教学过程是教与学的统一，是师生间互相交往、积极互动、共同发展的过程，它要求课堂的对话与参与。游戏是人类一种具有悠久历史的娱乐活动，游戏涉及的内容丰富多彩，形式生动活泼，游戏与教学相结合是促进交流与互动的一种有效方式。游戏教学作为一种以生生互动为主的教学形式恰好能营造一个"小社会"，在这个"小社会"里，学生通过角色的扮演发展表演能力；通过比赛培养良好的竞争意识和集体主义精神；通过小组合作，学会团结互助；通过遵循一定的游戏规则，养成良好的纪律习惯；同时，学生能通过与其他同学的对比发现自己的不足，逐步意识到自我提高以及完善个性的迫切性，并努力为交际积累素材。

4. 启发思维

著名教育家苏霍姆林斯基认为："真正的学校乃是一个积极思考的王国。"❶ 那么，启发思维就更应是课堂教学艺术的主旋律。化学教学游戏艺术中的游戏是一种方法，一种途径，也是一种启发学生思维的形式。这种游戏过程充满着惊奇、愉悦，分析其现象，可启发探究的思维。

示例：灭火的原理

游戏设计：将醋与小苏打粉一起装入透明塑料杯中，可发生化学反应，立

图 3-1 灭火原理

即用书本盖住杯子，约 10s 后，拿开书本，再将透明杯稍微倾斜并靠近点燃的小蜡烛，蜡烛火焰瞬间熄灭了，如图 3-1 所示。

教师提问："透明塑料杯中发生了怎样的化学反应？产生了哪些物质？为何杯子尚未碰到蜡烛火焰时，火焰就会熄灭呢？"由此引发学生的积极思考和讨论。

三、化学教学游戏艺术中的游戏分类

1. 谜语游戏

谜语就是一种常见的游戏形式，它是把事物的本体巧妙地隐藏起来作为谜底，用与之相

---

❶ ［苏］霍姆林斯基. 给教师的建议 ［M］. 杜殿坤译. 北京：教育科学出版社，1984：215.

关的喻体作为谜面，让人猜想的一种语言文字游戏。有关化学知识与技术方面的谜语又可称为化学谜语，它是化学游戏化的一种形式。化学谜语不但要求具有一般谜语的共同特征，而且要求谜底或谜面都与一定的化学知识有关。这就要求猜谜的人既要有敏捷的思维、丰富的联想、广博的知识，又要具备一定的化学知识作为基础。

一般化学谜语可以粗略地分为三大类：第一类是谜底与化学知识有关，比如"下完围棋（猜化学名词）"，谜底是"分子"；第二类是谜面与化学知识有关，如"还原（猜一成语）"，谜底是"完璧归赵"（也可以是"破镜重圆"）；第三类是谜面与谜底都与化学知识有关，如"黑色金属（猜一化学元素）"，谜底是"钨"。另外，还有看图猜谜、填空猜谜等多种形式。

2. 化学魔术

化学变化，千姿百态。经过一番精心设计，用一些常规仪器，可以把一些灵敏且现象明显的化学反应通过编排好的情节、风趣的对话、巧妙而安全的手法，转变成引人入胜的精彩魔术。化学魔术是将化学实验结合化学中的某一个或几个知识点用魔术表演等方式呈现的游戏形式，其实质是化学实验游戏。

魔术有极强的神秘感，深得学生喜爱。根据教学内容指导学生进行魔术表演，既可活跃课堂气氛，培养学生学习化学的兴趣，又能开发身体运动智能。利用化学原理设计出的魔术节目，根据现象的不同可以分为以下几类。❶

颜色的变化。例如，用酸、碱和指示剂设计的"会变色的花朵"、"能斩鬼的桃木剑"，用蔗糖和浓硫酸设计的"引蛇出洞"，用 $CoCl_2$ 设计的"晴雨花"，用碘和淀粉设计的"秘密书信"、"巧取指纹"，用硅酸钠和各种盐设计的"水中花园"，用 $FeCl_3$、KSCN、$K_3[Fe(CN)_6]$、草酸等设计的"魔壶"等。

燃烧、爆炸。如用酒精设计的"烧不坏的手帕"，用金属粉、硫粉、氯酸钾、硝酸钾、红磷等设计的"火山爆发"，用氯酸钾、浓硫酸设计的"魔棒点灯"，用硝酸钾、硫粉、木炭、镁粉、铝粉、铁粉和一些金属的硝酸盐设计的"焰火晚会"，用白磷设计的"凤凰涅槃"等。

产生气体。如用锌和稀硫酸设计的"欢乐的气球"，用食盐、浓硫酸、浓氨水设计的"化学烟圈"，用稀盐酸设计的"鸡蛋跳舞"，用铁、铝、镁、盐酸、氢氧化钠溶液设计的"活的假鱼"等。

特殊现象。如化学振荡、铝汞齐的氧化等。

如果结合多媒体技术，把化学现象与声、光、电糅合在一起，将会产生更为精彩、更吸引人的特殊效果。此类游戏利用魔术实验引发学生的好奇心，能够激发学生主动探究化学知识的热情。

3. 卡片类游戏

卡片类游戏又被称为纸牌游戏，属于桌面游戏的一种。它用卡片作为载体，通过一定的游戏规则考查化学用语知识。初中、高中化学涉及的化学方程式、元素名称及符号等化学用语一直都是教学重点和难点，呈现出教学时间短、数量多、难记忆的特点。研究者围绕化学用语主要设计了两类卡片游戏。

一类是扑克牌游戏。例如，华南师范大学的钱扬义教授开发了"520 中学化学扑克牌"，不同知识水平的玩家可选择其中的一副或多副牌来玩❷。它以凑齐完整化学方程式为基本原

---

❶ 韩庆奎，张雨强. 多元智能化学教与学的新视角［M］. 济南：山东教育出版社，2008：134.
❷ 周群力，钱扬义. 中学化学教育游戏在中国大陆的设计研究进展［J］. 化学教育，2014，(1)：76-80.

则，通过串出、单出、多补、对出等多种出牌方式进行游戏，学生还可根据化学反应规则灵活地制定更多的游戏规则。这款扑克牌既能巩固元素化合物的知识，又能激发学生学习化学的兴趣。

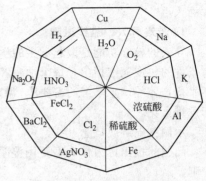

图 3-2　化学转盘游戏

另一类是卡片拼图游戏。例如化学转盘游戏❶（见图 3-2），它是一种以物质间能否发生反应为基础而设计的游戏，在游戏中可以巩固和熟练掌握所学知识。转盘用两层板制作，分为内盘和外盘，使用时将外盘固定在黑板上，内盘可以旋转。游戏时先转动内盘，静止后再判断内、外盘上相应的物质间能否发生反应，并口述反应类型。教师可以向游戏者提出有关问题，比如反应条件、反应现象等。

4. 网络游戏

网络游戏是指一个带有娱乐性质，能够产生漂亮的画面以及动听的音乐，使你玩得痛快的程序。它包含娱乐性、漂亮的画面、动听的音乐等几个要素。化学网络游戏具有快乐学习性、自主探究性、交互开放性、情景虚拟性和虚实兼容性等特征。例如，华南师范大学化学教学与资源研究所设计了化学网络扑克动漫游戏客户端软件和与之配套的官方网站——"我爱你"游戏网。此款多人在线的化学网络扑克动漫游戏，是纸质版化学扑克牌在信息技术平台上的延伸，它可以让不同地域的人们通过网络方便地进行化学扑克牌游戏比赛，玩家还可通过聊天功能交流心得体会。

5. 角色扮演

角色扮演是由表演问题情景和讨论表演过程来探索情感、态度价值、人际关系等问题以及这些问题解决的一种策略。角色扮演融合了认知、技能、情感等领域，是对选定问题进行情景表演的一种方式，是一种不必经过排练的即兴表演。角色扮演过程中，各小组成员在教师的主持下，推选代表对团队讨论的问题解决方案进行提交和展示。在展示过程中，各小组需要体现出自身角色的特点，简明扼要地阐述该小组成员的综合意见，如介绍有几种问题解决方案，分析各种方案的利弊。其他小组成员可以对方案进行补充和完善。教师的作用"从外在于学生情景转向与情景共存，权威也转入情景中，教师是内在于情景的领导者，而不是外在的专制者。"❷例如，合成氨角色扮演活动可以采用如图 3-3 所示的方案。

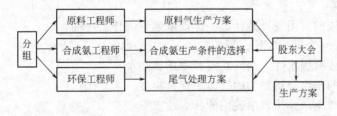

图 3-3　合成氨角色扮演活动方案

四、化学教学游戏艺术的实施

化学课堂教学中，运用教学游戏艺术，激发学生的学习兴趣，使其乐于探究科学奥秘，促进知识的理解和科学素养的提高。按照化学教学进程，化学教学游戏艺术的实施可以从三

❶ 陈洪. 多元智能理论在化学教学中的运用［D］. 昆明：云南师范大学，2006.
❷ 王丽丽，王伟群，武春娟. 角色扮演法在中学化学教学中的应用［J］. 化学教学，2012，（3）：4-7.

方面入手。

1. 游戏导入，悬疑激趣

导入的核心功能是激起学生的学习动机，使学生产生主动学习的心态。学生主动学习是有条件的。皮亚杰指出，每个学习者头脑中都有一认知结构，只有认知结构与外界刺激产生不平衡，才能产生学习的需要❶。游戏的惊异性，会让学生立刻进入角色，激起求知欲，燃起思维火花。

示例：电解质概念

问题的提出：为什么不要用湿手去触摸开关，否则容易触电？让我们进行实验游戏探究吧。

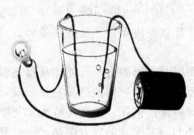

游戏前的准备：9V电池、导线、2根铅笔芯、食盐、1杯纯净水、1把汤匙、1个小灯泡。

游戏步骤：①用导线连接灯泡和电池，分别接上铅笔芯，然后放入杯中的纯净水中，如图3-4所示，灯泡没有发亮；②往杯中的纯净水中加入1汤匙的食盐，搅拌均匀，此时灯泡发出微弱的光。

游戏后的问题：为什么灯泡会发亮呢？

图3-4　食盐水导电实验

上述引人入胜的导入过程，以实验游戏方式，提供概念形成的例证，启发学生的思维，又能使学生在参与的同时拓宽视野，丰富知识体验。

2. 课中穿插，益智增效

化学教学过程中，如何促进知识的理解？将游戏和知识探究结合起来，比空洞的说教多了些情趣，比抽象的理论多了些形象。它可以消除学习疲劳，集中学生注意力，增强学习动机，提高学习效率。

示例：浓硫酸的特性

游戏描述：教师提出，今天我们演示一个魔术，叫"引蛇出洞"。将蔗糖放入大试管中，向其中注入浓硫酸，用玻璃棒搅拌，再用少量水调成糊状，用玻璃棒搅拌并向外牵引。观察蔗糖的颜色、体积变化，让学生闻气味。

学生观察到：注入浓硫酸后，蔗糖变黑，再注入少量水后，体积膨胀，像一条黑蛇一样被玻璃棒引出来。同时放出大量热，产生有酸味、刺激性气味的气体。

游戏后的探究：

① 反应中生成的"黑蛇"是什么？体现浓硫酸的什么特性？

②"黑蛇"为何变粗、变长、膨胀？

③ 既然浓硫酸有脱水性，为何在实验中还要加水？

④ 从化合价的角度分析产生的气体是什么物质。

⑤ 碳与浓硫酸反应，体现浓硫酸的什么性质？

3. 结尾一戏，余音绕梁

如何把握结尾，既能诊断课堂教学目标是否达到，又能给学生留下无穷的回味和思考？一个简单的趣味化学游戏就能实现。

示例：二氧化碳制取的结课

实验游戏设计：鸡蛋的舞蹈

实验用品：去掉上盖的可乐瓶、白醋1瓶、长滴管1支、鸡蛋1个、长玻璃棒1根。

---

❶　朱嘉泰，李俊.化学教学艺术论［M］.南宁：广西教育出版社，2002：62.

　　游戏步骤：小心地将鸡蛋放在去掉上盖的可乐瓶底部，向其中注入自来水，达到 3/5 位置；然后以长滴管吸取盐酸，并在滴管口接近鸡蛋后，慢慢挤压滴管胶头，将盐酸慢慢挤出；抽出滴管后，鸡蛋表面很快生出气泡，并且鸡蛋随气泡浮到液面上；鸡蛋到达液面上后，只要我们用玻璃棒拨它使其旋转将气泡甩掉，鸡蛋便又潜入水溶液中，过一会儿又重新上浮，反复不停。

　　游戏后的问题：产生的气泡是什么？鸡蛋为什么会上下浮沉？

　　这一实验游戏非常有趣，它整合了化学学科和物理学科知识。采用游戏结课方式，学生印象深刻，能产生一种"教学已随时光去，思绪仍在课中游"的情境。

第四章 化学教学组织进程艺术

　　教学组织形式就是根据一定的教学思想、教学目的和教学内容以及教学主客观条件组织安排教学活动的方式。教学组织进程是按照时间的维度，以课堂教学进程为系列，实现序列性与波动性二者的最佳组合，使课堂教学既绵绵有序，又起伏有致，以保证课堂教学的良性运行。化学教学组织进程艺术的设计体现"凤头—驼峰—豹尾"的形式，即由精彩夺人的导课、起伏有致的节奏、引人入胜的高潮以及耐人寻味的结课构成的抛物线式结构。

第一节　化学教学导入艺术

　　导，《辞海》解释为指引、带领，传引、传向，启发；《说文解字》解释为引也；《国语·晋语》中"是以导于民"的"导"是启发、开导的意思；《论语》中"导之以政"的"导"是引诱的意思。入，《辞海》解释为进、由外到内，适合、恰好合适；《说文解字》解释为内也；《诗·小雅·宾之初筵》中"室人入又"的"入"是参加、加入的意思；《史记·楚世家》中"野人莫敢入王"的"入"是接纳、采纳的意思；唐朝王昌龄《芙蓉楼送辛渐》中"寒雨连江夜入吴"的"入"是到达的意思。

　　化学教学导入艺术是教师主动实施的"导"，让学生在教师的积极引导下主动参与和生成的"入"，即是在讲解新的知识或教学活动开始之前，教师有意识、有目的地引导学生进入新的学习时的一种方式，是课堂教学的引起环节。它可以吸引学生的注意力、激发学生的兴趣、启发学生的思维，是引导学生迅速地参与到教学活动中的课堂教学起始环节。也有人称导入为"导课"、"开讲"、"开课""课首"等。教学导入是实施有效教学的重要一步，导入效果的好坏与该次教学教学质量的高低直接相关。

一、化学教学导入艺术的特点及功能

　　化学教学导入艺术实施的基本思路是：集中注意力—引起兴趣—激发思维—明确目的—引入学习课题[1]。其主要特点及功能如下[2]。

1. 新颖性，以集中学生注意力

　　赞科夫认为："不管你花费多少力气给学生解释掌握知识的意义，如果教学工作安排得不能激起学生对知识的渴求，那么这些解释仍将落空。"[3] 一般来说，新颖性的导入是出乎学生意料，学生感觉与众不同的方式。心理学研究表明，令学生耳目一新的新奇刺激，可以有效地强化学生的感知态度，吸引学生的注意。新颖性导课往往能"出奇制胜"。

　　示例：金属的化学活动顺序[4]（《初中化学》九年级下册，人民教育出版社）

---

❶ 孙菊如等. 课堂教学艺术 [M]. 北京：北京大学出版社，2006：90.
❷ 李如密. 教学艺术论 [M]. 济南：山东教育出版社，1995：179-183.
❸ 赞科夫. 和教师的谈话 [M]. 杜殿坤译. 北京：教育科学出版社，1980：48-49.
❹ 何金兰，刘一兵，刘晓塘. 初中化学教学理念与教学示例 [M]. 广州：华南理工大学出版社，2004：80.

教师演示（实物投影）：在培养皿中加入足量稀盐酸，并用自制的塑料十字架隔开，分格加入适量的锌片、铁片、铜片（上罩一个大烧杯，以防溅出）。

学生实验：在盛有足量硫酸铜溶液的试管中放入同学们自备的铁制小刀片，过一会儿，取出观察。

学生满脸好奇："为什么有的很快冒出气泡，有的却没有现象？小铁刀怎么一下子就变成了红色的铜刀？"

学生自主探究，寻找规律。

对于初三学生来说，教师演示实验和学生实验的现象都具有新奇感，学生进行观察，归纳分析，得出结论，得益于实验的新颖性。这种新颖的导入会使学生迫切想知道原因，集中学生的注意力。

2. 趣味性，以激发学生学习兴趣

梁启超在《趣味教育与教育趣味》一文中提出"趣味是活动的源泉"，"是生活的原动力"，丧失趣味，生活便无意义；趣味没了，活动便跟着停止，就好像机器没了燃料，任凭机器多大，也不能运转，而且久而久之还要生锈，产生许多有害的物质[1]。导入的趣味性是指导入的方式和内容学生感觉有趣。兴趣是最好的老师，一旦教师把学生的兴趣激发出来，那么课堂内容会被学生很好地吸收和掌握，课堂教学会达到事半功倍的效果；相反，如果学生对教师所讲解的内容完全没有兴趣，那么即便教师费劲全身力气，也很难产生好的效果，而且往往还是吃力不讨好，甚至学生还会产生厌学或烦躁的情绪。

示例：原电池原理

教师拿出一张漂亮的生日卡，学生立刻被其所吸引，他们感到奇怪，老师为什么给我们展示生日卡？打开生日卡传来了动听的音乐，学生陶醉于音乐之中。这时老师问到："什么使生日卡有这么好听的声音？"同学们不约而同地答道："有电池。""为什么电池能够使生日卡唱歌呢？今天我们要学习的原电池的工作原理就能够回答这个问题。"

这样的导入既生动直观，又有趣，有利于激发学生对原电池的学习兴趣。

教师在上课时，应充分考虑学生的学情，甚至可以适当地投其所好，在学生感兴趣的范围内把课堂内容贯穿进去，从而既完成了教学任务，又让学生感到很愉快和乐学。为此，教师要使学生在课堂教学一开始就被自己所讲解的内容深深吸引，激发学生的学习兴趣，让学生在学习中体验到快乐，而不是被动甚至痛苦地学习。

3. 启发性，以发展学生思维能力

启发一词，源于孔子的著名论断："不愤不启，不悱不发。举一隅不以三隅反，则不复也。"《学记》有言："道而弗牵，强而弗抑，开而弗达。"主张启发学生，引导学生，但不硬牵着他们走；主张增强而不是压抑学生的自主性；主张指明学习的路径，但不代替他们达成结论。启发式教学的核心是启发学生思维。

思维是智力的核心。学生在课堂上只有积极地进行思考，才能进行感知、记忆和想象，知识的获得、能力的提高也都离不开积极的思维。而课堂导入的巧妙设计就是点燃学生思维的火种。

示例：可逆反应的导入（《化学 2》，江苏教育出版社）

已知 $FeCl_3$ 溶液和 KI 溶液能发生如下反应：

$$2Fe^{3+} + 2I^- \rightleftharpoons 2Fe^{2+} + I_2$$

教师提出问题：如何设计实验证明等物质的量的 $FeCl_3$ 和 KI 充分反应之后生成了碘？

❶ 薛小丽. 梁启超的"趣味教育"述评［J］. 课程·教材·教法, 2006, (11): 85-88.

溶液中是否存在 Fe^{3+}？你能得出什么结论？

这个实验问题情境的设计，让学生思考如何设计实验，促进了思与行、想和做的统一。学生能够主动地认识、发现规律：许多反应都是可逆的，在同一条件下既可以向正反应方向进行，又可以向逆反应方向进行。在一定条件下，可逆反应有一定的限度，反应物不能完全转化为生成物。教师在上课伊始，就运用启发性教学来激发学生的思维活动，必能有效地引起学生对新知识强烈的探求欲望。

4. 针对性，以促进学生问题解决

导入的针对性，包括两个方面。一方面是针对教学目标和教学内容，紧扣教学活动的主题，不能仅仅是"擦边而过"，更不能离题万里，导入要与新知识联系紧密，也就是要与教学内容有关系，而不能风马牛不相及。要通过导入，让学生明白将要学习什么，为什么要学，怎么学。另一方面，针对学生不同知识结构、认知水平、情感态度、学习能力等差异，设计符合学生的学习实际、心理特征的导入，体现因材施教的原则。

示例：分子是不断运动的

教师取少量酚酞试液置于试管中，向其中慢慢滴加浓氨水，让学生观察溶液有什么变

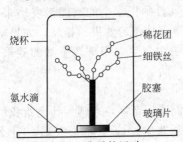

烧杯
棉花团
细铁丝
氨水滴
胶塞
玻璃片

图 4-1 分子的运动

化。接着演示了一个有趣的实验。如图 4-1 所示，取 4 根细铁丝，下端拧在一起，插在胶塞上，将它们放在玻璃片上，上端分开成树形，将浸有酚酞试液的棉花团穿在"树枝"上，在玻璃片上滴一滴浓氨水后，罩上大烧杯。你能观察到什么现象（过了一会儿，发现棉花团由白色变成红色，犹如盛开的桃花）？实验说明了什么问题？

学生此时并不知道酚酞试液遇到碱变红的事实，因此，浓氨水使酚酞变色的实验，考虑了学生的学情，为细铁丝上棉花团变色做好了铺垫，体现了导入的针对性，有助于学生认识后面的趣味实验，从而得出分子是不断运动的结论。

5. 简洁性，以提高学生学习效率

课堂教学过程受到时间的制约，因此导入要注意简洁性。语言大师莎士比亚说："简洁是智慧的灵魂，冗长是肤浅的藻饰。"作为课的导语要精心设计，简洁明快地将学生的注意力引向所学的知识内容。

示例：铁的腐蚀原因

教师拿出两个铁钉，一个是光亮的，另一个是锈迹斑斑的，展示到学生眼前。教师带着好奇的目光说"铁钉生锈的原因是什么呢？"

示例：化学能转化为电能

有位教师这样设计了这节课的导入："今天我为大家准备了几件小礼物，请同学们看这些是什么？"然后一一展示干电池、铅蓄电池、纽扣电池、手机电池等几种电池。"这些电池在日常生活中起着重要的作用，给我们的生活带来了很大的方便。同学们想过没有，电池为什么能够提供电能呢？这其中的化学原理是什么？这节课我们就来探讨有关这方面的问题。"

上述两例导入的方式看起来很普通，但是教师语言的简洁与精炼及所表现出的独特风格很快就把学生带入了课堂。

二、化学教学导入艺术的技巧

人们常说：良好的开头是成功的一半。一个成功的课堂开头，是师生间建立感情的第一座桥梁，可使整节课的教学进行得和谐自然，有如"春色初展，鲜花含露，叫人钟情"。因

此，设计良好的新课导入也就形成了课堂教学的"凤头"，为整个教学任务的圆满完成奠定基础。

常见的化学教学导入艺术的基本形式有：直接导入、温故知新导入、情境导入、悬念导入、化学实验导入、化学史导入、幽默导入和应变导入等等。一线化学教师在教学实践中，创造了许多导入艺术的实例，束长剑老师根据自己的亲身体验总结了中学化学课堂导入艺术中起承转合的经验❶，这一经验可以为化学教学导入艺术提供操作性借鉴。

（一）化学教学导入艺术中起承转合的内涵

如果我们把课堂导入作为课堂教学的一个"微型单元"，那么这一单元则具有相对的独立性和相对完整的结构。起承转合是诗文写作结构章法方面的术语。"起"是起因，文章的开头；"承"是事件的过程；"转"是结果、转折；"合"是对该事件的议论，是结尾。化学教学导入艺术中的起承转合，是教师教学的起始阶段，是按照起承转合结构，创造性地设计导入的艺术活动。理解这一教学结构，可从四方面入手。

"起"是课堂教学中导入的初始环节，是对下面要承接的内容的一个交代。所选取的内容可以是以前学习过的知识，也可以是日常生活中的事例或现象。但无论选取什么，这些内容必须是学生所熟知的并且在大脑中已经处于相对稳定状态的内容。如电能转化为化学能（《化学2》，江苏教育出版社）的导入：在生产、生活实际中，许多化学反应是通过电解的方法来实现的。如电解水，使水转化为氢气和氧气；电解食盐水制得烧碱、氢气和氯气。这些起始的话，是学生分别在初三和高一化学（《化学1》）已经知道的知识。这实际上起着奥苏贝尔所说的先行组织者的作用，它成为发起了在电解过程中被电解的物质是怎样转化为生成物的话题的开始句。选择什么样的"起"，如何陈述"起"，是教师教学艺术的体现。

"承"的作用是承上启下，为转入课堂主题蓄势。课堂导入中渲染气氛、调动兴趣的作用常常也是通过这一步来完成的。"承"是对"起"中所述话题进行展开的过程，形式多种多样，可以是练习、实验，可以是录像，当然最多的还是用语言描述。如电能转化为化学能的"承"可以让学生填写电解反应实例，回答电解水、电解食盐水时的被电解物质、电解产物和各自的化学反应方程式。

"转"其实就是转折的意思，是转折进入主题的过程。没有"转"这一步，"承"中所有的努力都是没有意义的。"转"的过程笔者通常通过这样两个途径来实施：①从学生注意点以外的另一个侧面（即空白区域）进行设问；②从上述学生已认可的知识和经验中推导出与事实不符合的结论，或找出错误或不完善，再通过针对性地展示实物或做实验等手段让学生形成强烈的认知冲突。这样的"转"容易让学生产生一种心理期待感，从而对主题产生探究或学习的兴趣。如上述电能转化为化学能设计的"转"可以为：阳极发生的电极反应、阴极发生的电极反应各是什么？被氧化的物质和被还原的物质各是什么？这一设问使学生的注意点回到电极反应上，从而激发学生探讨被电解物质是如何发生氧化还原反应的。

"合"就是我们常说的点题。"合"这一步是借着"转"形成的势（心理期待）自然生成的。其内容可以是初步回答"转"所提出的问题，可以是提供"转"中问题的解决手段，也可以是呼应"起"中所提出的话题等等。电能转化为化学能设计的"合"可为：被电解的物质如何转化为生成物？电能如何转化为化学能？

❶　束长剑. 浅谈中学化学课堂导入中的起承转合［J］. 化学教学，2013，(11)：38-40.

（二）化学教学导入艺术中起承转合的举例

1. 化学概念建立的导入

示例：化学平衡（《化学反应原理》，江苏教出版社）❶

【起】同学们，我们曾经学过高炉炼铁的相关知识。

【承】我们将铁矿石、焦炭、石灰石等这些固体反应物从高炉的顶端倾倒而入，同时从高炉下方的进风口鼓入大量的空气。固体从高处顺势而下，气体则自底端扶摇直上，在两者擦肩而过的一瞬间，碳与空气首先反应生成二氧化碳，然后二氧化碳继续与碳反应生成一氧化碳，最后铁矿石被一氧化碳还原成铁继续降落下去，而气体则继续上升，从高炉顶端的出口处呼啸而出，这就是高炉煤气。

【转】一百多年前，人们发现高炉煤气中含有大量的一氧化碳，就想是不是因为固体与气体相互接触的时间短，化学反应的时间不够呢（事实上这也的确可能是一种重要的原因）。于是将高炉拔高，发现尾气中还是有大量的一氧化碳，继续拔高，一连拔了多次，气体中的一氧化碳始终不见减少！为什么会是这样呢？

【合】这节课，我们来探讨化学平衡建立的原因和特征。

2. 化学理论形成的导入

示例：杂化轨道理论

【起】在学习杂化轨道理论之前，已经学习了价键理论，能够应用价键理论分析 CH_4 分子的结构。

【承】C原子的价电子构型为 $2s^2 2p^2$，要形成4个C—H键，必须进行激发，价电子排布变为 $2s^1 2p^3$。这样，C原子的1个2s轨道及3个2p轨道与4个H原子的1s轨道重叠，形成4个C—H的σ键。

【转】由于2s轨道与2p轨道不仅形状不同，而且空间取向也不同，所以容易得出结论：所形成的4个C—H的σ键应是不同的。而众所周知，CH_4 分子具有对称的正四面体结构，4个C—H的σ键完全相同。

【合】如何能让本来形态不同的轨道变为形态一致呢？为此我们学习杂化轨道理论。

上述过程可板书如下：

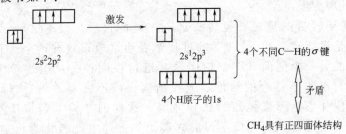

3. 物质性质的导入

示例：二氧化硫的性质

【起】图片展示：两种外貌截然不同的银耳，第一种色泽暗淡、性状干枯；第二种个体丰满、颜色润白。

【承】提问：假如同学们去市场购买银耳，你将会选择图中的哪一种？

【转】展示报道：中央电视台《生活》报道，银耳有"菌中之冠"的美称！不少人把它看作是营养滋补佳品。然而不法生产者为了把银耳变白，用硫黄加以熏蒸，使其个体丰满、

---

❶　束长剑. 浅谈中学化学课堂导入中的起承转合 [J]. 化学教学，2013，(11)：38-40.

颜色润白，满足了消费者银耳越白越好的错误心理。据悉，近日有关部门在上海、北京、福建市场对几十种银耳商品进行检查，无一合格，残留二氧化硫严重超标。

【合】设疑：我们看到颜色润白的银耳是经过硫黄熏蒸处理的，那不法分子是如何用二氧化硫进行食品"美白"的呢？二氧化硫具有哪些化学性质？让我们一起学习本节课的内容来揭开这个疑问吧！

4. 气体制备的导入

示例：二氧化碳实验室制备的原理❶

练习：写出 CO_2 分别和 NaOH 溶液、$Ca(OH)_2$ 溶液反应的化学方程式。

【起】提问：能否利用生成的 Na_2CO_3 和 $CaCO_3$ 制取 CO_2 呢？

讨论：教师提供 Na_2CO_3、$CaCO_3$、HCl 及 H_2SO_4 和若干试管，要求学生设计实验探讨用什么物质可实现上述变化。

【承】实验：① $HCl + Na_2CO_3$；② $HCl + CaCO_3$；③ $H_2SO_4 + Na_2CO_3$；④ $H_2SO_4 + CaCO_3$。

观察：在固体表面可以看到_____；点燃的木条靠近试管口可以看到_____；但实验④很快就出现_____。

【转】提问：为什么实验④的现象和其他实验不一致呢？

【合】比较实验①、②、③、④ 四个化学反应。实验室选用哪个反应制取 CO_2 最适合？

第二节　化学教学节奏艺术

节奏是世界一切事物运动的形式，物质都是按照一定的规律和速度运动着的，哪里有运动，哪里就有节奏。日月星辰的交替、四季的更迭、潮汐的涨落、花开花谢、草木枯荣、生老病死，甚至人的悲欢离合，等等，都有某种韵律及规则。可见，节奏源于物质运动、自然现象及生活节奏，但又不完全是生活节奏的简单模仿，它以更高、更集中、更丰富的形式，阐释人们的思想情感。因此，节奏并不是抽象的东西，而是能具体感觉到的印象，它广泛地存在于人们的生活之中。古希腊哲学家柏拉图曾经说过，人的一生都需要正确的节奏，教学也有其特有的节奏。教学节奏是影响教学效果的重要因素之一，教学节奏艺术是教学生命力和创造力的源泉。

一、化学教学节奏艺术的内涵

1. 节奏艺术

"节奏"一词源于希腊文 PHYTHMOS，原意为匀称、端庄。节奏，最初作为音乐元素，其本意是乐音的停滞和发启。《现代汉语词典》对节奏的解释有：①音乐或诗歌中交替出现的有规律的强弱、长短的现象；②比喻有规律的进程。其中①是基本义，②是比喻义。

从艺术角度看，节奏是一种艺术的形式。正如朱光潜先生提出："节奏是一切艺术的灵魂。"❷ 音乐家以时间流程中乐音交替出现的强弱、长短、有无现象为节奏；舞蹈家以排列方位的变化以及肢体动作的动静、次序、俯卧为节奏；美术家以线条的曲直、浓纤、肥瘦和

❶ 刘一兵，闫立泽. 从创新教育看发现法在化学教学中的应用 [J]. 化学教学，2001，(1)：3-5.

❷ 赫名鉴. 朱光潜美学文集：第二卷 [M]. 上海：上海文艺出版社，1982：110.

色彩的隐显、浓淡、明暗为节奏；书法家以疏密参差、伸缩刚柔为节奏；建筑家以建筑物曲直、方圆的交替栉比为节奏；在诗歌中，平平仄仄，不同的格式和韵律组合产生不同节奏。可见，节奏艺术的表现形式不一，但是"多样统一"是节奏艺术的最终审美诉求。"多样"是指各种因素在进行组构时，有动与静的相替、徐与疾的转化、抑与扬的交叠，其方式是多样且自由的。但是，诸对立因素的组合又必须符合一定的规律，既不能始终急切尖厉，也不能过分地悠闲无度，应是各相异因素统一和谐的发展。实际上，节奏存在于一切艺术之中，它表现为音响、色彩、韵律、形体等艺术因素有规律地运动变化，是人们生理和心理上能具体感觉到的艺术。

2. 化学教学节奏艺术

教学节奏是教学活动过程中各种要素交织于一体时在教学时间和教学空间中呈现出来的有规律的活动。课堂教学的各种要素的交织主要包括：课堂教学的密度（教学内容详与略）；课堂教学的速度（教学速度的快与慢）；课堂教学的难度（教学内容的难与易）；课堂教学的重点度（教学内容的展与收）；课堂教学的强度（教学语调的起与伏）；课堂教学的激情度（教学气氛的浓与淡）。也就是说，教学节奏是一种富有美感的规律性的教学变化形式。教师必须深入了解和准确把握学生的心理和生理特点，同时教师要精心准备教学内容。

就化学学科内容来说，其本身也存在着节奏。例如，不同的化学反应，进行的快慢不同。有的反应进行得比较快，甚至可以瞬间完成，如爆炸反应、中和反应等。有的反应进行得较慢，甚至成千上万年也看不到反应现象，如金属的自然腐蚀、化石的形成、煤和石油的形成等。化学反应节奏不一。化学平衡的达成也有节奏。反应刚开始时，反应物的浓度较大，生成物的浓度为零，所以正反应速率很大，而逆反应速率为零。但是随着反应的不断进行，反应物不断消耗，浓度不断减小，正反应的速率也逐渐减小，同时生成物的浓度逐渐增大，逆反应速率也逐渐增大，当反应进行到一定时间后，正反应速率和逆反应速率相等，反应物、生成物的浓度不再变化，这时反应体系所处的状态称为化学平衡。

化学课堂教学过程是一个艺术的动态过程，其节奏和化学科学特点有关。如化学科学是实验性较强的学科之一，教师可适当调节实验过程的快慢，注意实验的节奏，以显示主要矛盾，回避次要因素，显露关键的化学过程，从而抓住重点，突破难点，达到实验的目的。化学教学活动的张弛、开合、动静、详略、浓淡、断续、虚实等对比、转化、协调，形成了强烈的节奏感，并由此转化为学生的心理节奏，能引起学生的心理共鸣，产生师生的思维共振，从而收到良好的教学效果。

所谓化学教学节奏艺术，是指教学各要素有次序、有节律、富有美感地交替变化，从而达到统一和谐的教学艺术。它体现了教学各要素有序、有节律的交替变化过程。有节律的教学交替运动是教学节奏感的表现。教学节奏与具体的教学内容、教学方法、教学手段、教学语言、教学氛围、教学情感等因素密不可分。化学教学节奏艺术主要表现在教学进程速度的快慢得宜、教学活动外部特征的动静相生、教学活动信息量度的疏密相间、教学过程态势的起伏有致、教学语言调节的抑扬顿挫以及课堂教学的整体和谐等方面。课堂教学的艺术节奏必须根据教学需要综合考虑、巧妙安排、灵活调控、富有变化，使整个课堂教学节奏分明、充满活力，给学生以美妙的艺术享受，使其在身心愉悦中接受深刻的教育。

示例：过氧化钠的教学

在钠的氧化物教学中，教师开始用富有激情的语言引入："我们都向往着和孙悟空一样出地入水，在太空自由翱翔，而我国的现代孙悟空们——杨利伟、费俊龙和聂海胜，更令我们敬佩不已。你们是否知道，神舟五号载人飞船、神舟六号载人飞船在太空飞行时，宇航员们的生活起居怎样？最基本的维持生命所需的 O_2 是怎样携带或产生的？（停顿）产生的

CO_2 又是怎样处理的？（讨论）这与碱金属的一些特殊氧化物有关，如果没有这些神奇的氧化物，太空飞行的难度就要加大了。"精彩的情景设计，生动的语言表述，快慢有序的节奏，迎合学生心理的事例，一下子就抓住了学生的心："哇！太空飞行（这是我们都崇拜的）还与我们化学有关（原来认为只与物理有关），有这样神奇的氧化物？"这就诱发学生急切地去探索这"神奇"。使课堂教学迅即转入了愉快、轻松的探究，既提高了学生学习的积极性，又使学生很容易理解所学内容。

二、化学教学节奏艺术的特征

1. 和谐性

和谐（harmony），一般视为美学范畴，原指事物或现象各方面的协调、配合与多样性的统一❶。而和谐的概念运用已经大大超出了美学范畴，成为哲学、教育学、政治学、社会学和管理学等不同学科个体使用的概念。教学节奏的和谐性是指教学过程中师生针对教材中的载体，情感处于积极的、愉悦的互动状态。

教学节奏是否具有和谐性❷，是衡量教学效果的主要标准之一。化学教学节奏艺术的和谐表现为教学过程中各方面因素的配合和协调、多样化的统一。其中包括教学环节环环相扣，层层深入，张弛有度，起伏有致，动静相生；教学内容详略得当，快慢得宜，疏密相间；教学语言优美，声音抑扬顿挫。如果这些要素及其复杂联系达到了配合协调和多样统一，使其在整个课堂教学过程中穿插得体，衔接有序，融洽统一，最终就可能达成整体节奏的和谐美。而这种和谐犹如一曲优美的、催人向上的旋律，伴随并激励着师生在知识的海洋里遨游。由此可见，这种节奏和谐手法的运用，不能不说具有浓烈的艺术魅力。它与那种讲起课来不是小和尚念经就是老太婆哼催眠曲，或声如洪钟、久鸣不已相比较，教学效果是大相径庭的。教师教学节奏的整体和谐程度，体现着教学艺术的水平，也在一定程度上给学生以美妙的艺术享受，使其在身心愉悦中接受深刻的教育。

2. 多样性

多样性是教学节奏的重要特征。教学节奏的多样性，乃源于课堂教学内容的多样性。一堂课内，教师根据教学需要时而穿插富有启发性的提问，时而运用直观教具加以演示，时而组织活泼热烈的讨论，时而进行饶有趣味的对话，时而指导学生亲手操作，时而开展学生喜爱的小型活动，时而布置形式新颖的练习。教学节奏具有多种多样的表现形式，诸如抑扬顿挫、起承转合、轻重缓急、强弱快慢、高低起伏、张弛疏密、刚柔浓淡、疾徐断续、明隐虚实，使学生感受不同的节奏，保持最佳情绪状态，唤起强烈的寻奥探秘的求知欲望。

教学内容的多样性也要求节奏具有多样性。欢快幽默时用明快的节奏，明丽活泼时用轻柔的节奏，热烈豪迈时用高昂的节奏，怀念悲伤时用低沉的节奏，哀怜同情时用凝缓的节奏，压抑悲慈时用急骤的节奏。这里说的多样性必须是有组织的多样性，如果它是杂乱无章和没有意图的多样性，则其本身就是混乱的，所谓节奏感也就无从谈起了。

3. 愉悦性

节奏的愉悦性与人体细胞本身的节奏有密切的关系。当人体细胞的振动与外部节奏协调时，人就有舒畅、愉悦的感觉。不同节奏的有效组织能够使人感到愉悦，能够达到感情共鸣。节奏的愉悦性是教学节奏的重要品质。当我们耳边响起迷人的乐曲时，思绪就会翩翩起舞。起伏绵延的节奏旋律总令人陶醉，音乐的节奏是动人的，可节奏并非音乐所独有，它存

---

❶ 顾明远. 教育大辞典：增订合编本（上）[M]. 上海：上海教育出版社，1998：562.
❷ 曹婧. 课堂教学节奏的生成与调控探寻 [D]. 南京：南京师范大学，2011.

在于流动的时间中，任何事物只要被赋予时间，就与节奏同在了，课堂教学 45 分钟，怎么会没有节奏呢？不管是字词句章，还是语法修辞，也不管是数理推论，还是历史史实，一切散落在字里行间的知识都只是课堂教学节拍里的一个个音符，把这些因素有效地组织起来便能奏响课堂教学的乐章。那丰富多彩的教学内容就会变得五彩缤纷，变得生机盎然，使一切都活生生的，都带上了灵性，让人于不知不觉中得到净化，于潜移默化中得到陶冶。

教学节奏的愉悦性是指变化有致、和谐流畅的教学能使课堂教学像一首优美的乐章那样，每一个跳动的音符都使人感到身心愉悦。在教学过程中课堂节奏能自始至终牵动学生的注意力，维系学生的热情，使课堂教学跌宕起伏，从而轻松愉快地实现教学目标。

三、化学教学节奏艺术的分类

1. 时间节奏

时间节奏即时间长短的合理交错，亦即教学时间的合理分配。所谓教学时间节奏，是指构成教学时间系统的各个要素之间的比例关系和排列组合的方式。教学中的基本要素包括教师、学生、教学内容和教学手段。因此，教学时间节奏就是教师、学生和教学内容及教学手段交织在一起的随着时间有规律的变化。教学时间既有量的多少，又有质的好坏。同样的学习时间，既可用于记忆和理解等较低认知水平的学习任务，甚至"题海战术"式的学习，也可用于分析、综合、评价、创新等较高认知水平的学习。如果用于低层学习任务的时间过多，则就会出现低效学习的问题。而且，为了掌握知识的完整体系，不同认知水平的教学任务必须达成有机协调，更何况教学任务"认知水平"的高低具有显著的个体差异，对于甲生高难度的学习任务对于乙生可能过易了。所以，教学时间节奏还是要因学定教。

具体化学教学的时间节奏集中于：其一，课时分配，不同内容课时的长短不一，元素化学中物质的内容课时可少些，化学反应原理的内容课时可多些；其二，讲、练时间分配，一般要求精讲，多思，多练、多活动；其三，实验时间，一般要求时间合理，该快则快，该慢还得慢。教学内容较多时，要求快；有的实验稍纵即逝，则要求慢些，能让学生观察清楚现象。当前，实验探究教学得到重视，但实际实施的效果不明显。笔者认为，时间难于控制是重要的原因之一。受课时的限制，探究式教学中，教师可以采取以下方法[1]：①缩短探究的过程，将科学家原来曲折的发现过程加以简化，使之变成发现的捷径；②降低难度，使之与学生的认知结构相匹配；③少走歧途，让学生减少失误的次数，节约时间。

2. 语言节奏

王力先生曾经指出，"节奏不但音乐里有，语言里也有"，语言的节奏美能"引起普遍的趣味和快感"[2] 教学语言的节奏是指教师课堂教学语言快与慢、行与止、抑与扬的变化。四平八稳、冷涩凝滞、缺乏变化的教学语言，往往会影响教学内容的表达，分散学生的注意力，直接影响课堂教学的效果；而疏密相间、张弛有度、抑扬得体、顿挫得当的教学语言，能准确地表情达意，让学生的思维活动紧随教师的语言而跳跃，是成功上好一堂课的重要保证。

一般说来，叙述、描写或表现平稳、沉郁、失望、悲哀等情绪时语速宜慢；表现情绪紧张、热烈、兴奋、慌乱、反抗、申辩时语速宜快。课堂教学中，讲到快乐活泼的地方用明快、轻柔的节奏；讲到哀怜悲伤的地方用凝缓、低沉的节奏；讲到热情豪迈的地方用高亢的节奏；讲到压抑愤懑的地方用急骤的节奏。

---

❶ 刘一兵，闫立泽. 从创新教育看发现法在化学教学中的应用 [J]. 化学教学，2001，(1)：3-5.

❷ 王力. 龙虫并雕斋文集：第一册 [M]. 北京：中华书局，1980：24.

示例：燃烧与灭火

引入新课时，教师先用平缓的语调阐述："在充满神奇变化的物质世界里，燃烧是我们经常接触到的一种化学反应。火来到人间，将愚昧化为文明；火在太空燃起，给黑暗带来光明。这神奇的火，引发了科学家们许多的思考。"说完后，稍稍提高音调，提出以下问题："同学们知道吗？人类利用火已有几十万年的历史了。那么什么是燃烧呢？"最后再用稍高亢的语气引入课题："这节课，我们将共同探讨燃烧和灭火的条件，揭开火的神秘面纱。"

3. 教态节奏

教态自然大方，语言流畅，知识点讲解细致、有条理，是教学节奏的体现。教态是指教师上课时出现在学生面前的整体形象。它包括教师在教学中的举止和表情。

所谓举止节奏就是在教学中的动静搭配。如长时间站着不动地讲解或坐着不动地讲解，则是教学中"静"的过多；若长时间在教室里走动，则是"动"的太多。前者使课堂气氛呆板，无生气；后者使学生容易产生疲惫感，分散学生的注意力。教师如能把与教学内容相匹配的动静相互配合，使学生在这样的节奏中进行学习，定将取得好的教学效果。

所谓表情节奏，是指教师面部表情的适宜变化。老拉着脸、板着面孔如若冰霜地讲解，必定造成课堂心理氛围的紧张和沉重；总是微笑着讲解，缺乏表情变化，同样会产生不良反应。表情的严肃、诙谐、兴奋和赞赏等等，应有机地交替变化。

4. 视听节奏

视听节奏即教师在教的过程中使学生的视觉和听觉发生变化，这种变化是多种教学手段的综合体现。化学教学有丰富的视觉形象，从实验仪器的连接、教师的示范动作，实验的现象，如颜色、气味、发光和状态的变化等；到表征微观特征的原子结构、分子结构的球棍模型、比例模型、费歇尔结构式；再到物质的化学式、化学方程式及离子方程式等符号，综合了化学三重表征的视觉节奏。课堂上只有一种声音同样单调，除了教师语言的变化，课堂对话也有不同的声音，如教师提问，学生回答，教师补充；学生提问，教师的应答。

示例：钠与水的反应

化学实验现象有时候也展现视听节奏的变化。钠与水反应的化学方程式：

$$2Na + 2H_2O = 2NaOH + H_2\uparrow$$

学生首先观察钠与水反应的实验现象：浮、熔、游、红、嘶（视觉）。尝试根据反应现象解释原因（听觉），并对该反应的产物作出推测，即提出假说。然后运用已有知识设计实验方案，收集证据，验证假说，从而获得正确的实验结论。这一示例充分体现了视听节奏的意蕴。

5. 思维节奏

化学课堂上，学生的思维犹如漂浮的音乐，或轻灵，或沉重，或迷途知返，或柳暗花明，而教师在课堂各个不同阶段的问题设置则是沉淀在音乐下方的节奏。只有音乐与节奏相互协调——节奏符合音乐表达的审美要求，音乐感知节奏的铿锵内涵，美好的旋律才会应运而生；同样，只有教师设置的问题所产生的节奏与学生思维奏出的音乐相互协调，所产生的课堂思考才是有效的。

人类的化学思维形式除了化学抽象（逻辑）思维外，还有化学形象（直觉）思维和化学灵感（顿悟）思维。各种思维形式，既有区别又有联系，共存于化学问题解决之中。思维节奏的形式多种多样，有学生交替使用不同的思维形式，还有教师教的思维和学生学的思维产生共振和协同，等等。

示例：乙醛的氧化反应（一位学生的自述）❶

---

❶ 韩庆奎，张雨强. 多元智能化学教与学的新视角［M］. 济南：山东教育出版社，2008：62.

　　根据以前的学习我们知道乙醛分子中含有醛基—CHO，根据醛基的特点，可有两种断键方式：一是加成，碳氧键断裂；二是氧化，碳氢键断裂。在研究许多不饱和的物质时，溴水经常充当"加成剂"，而溴水又是一个较强的氧化剂，所以，我想验证乙醛与溴水的反应到底是哪一种。

　　我把溴水加入乙醛中，振荡后褪色。由于氧化和加成都是溴参加了反应，溶液颜色都应褪去，没有具体证据说明是发生了哪种反应。

　　这时我想，如果发生氧化，则应该有乙酸生成。乙酸有一定酸性，我想用加入石蕊能否变红来证明，但效果不明显。后改用pH试纸，也不行。后来我想，原因可能是乙酸酸性本身就很弱，再由于产物浓度较低，所以，很难检验出pH的变化。我的实验陷入了困境。

　　这时，我想到了硝酸银溶液。猜想：如果发生加成反应，则反应后溶液中无溴离子，滴入硝酸银溶液，不会有淡黄色的沉淀产生。如果发生了氧化反应：

$$CH_3CHO + Br_2 + H_2O === CH_3COOH + 2HBr$$

产物中有溴化氢，滴入硝酸银溶液，则会生成大量淡黄色沉淀。于是，我往有乙醛和溴水反应的试管中滴入了硝酸银溶液，又取了另一试管（往溴水中通入过量的乙烯使之发生加成反应）做对比实验。结果装有乙醛与溴水的试管产生淡黄色沉淀，而对比实验的试管中无现象。

　　由此得出结论：乙醛与溴水发生了氧化反应而不是加成反应。

6. 氛围节奏

　　氛围节奏是指教学中冷与热的交替。知识教学是冷，趣味教学是热；理性分析是冷，激情表达是热[1]。化学科学知识教学容易造成枯燥无味、沉闷窒息的课堂氛围，因而化学教学要合理结合趣味教学，实现良好的氛围状态。

　　示例：$Al(OH)_3$两性的教学[2]

　　教材要求在$Al_2(SO_4)_3$溶液中加入$NH_3 \cdot H_2O$得到$Al(OH)_3$沉淀，然后再分别加入NaOH溶液和HCl溶液后，观察现象，分析$Al(OH)_3$的两性，这样往往不能引起学生求知的欲望。对此，可将实验改为：将0.1mol/L的$AlCl_3$溶液2mL，慢慢加入0.1mol/L NaOH溶液6mL中，然后用相同的量滴加方式相反，比较实验的异同，最后，在上述两个试管中分别加入0.1mol/L的HCl溶液6mL、0.1mol/L的NaOH溶液2mL，至沉淀刚好溶解。该实验体验和探究到相同的反应物，相同的量，得到的结果一样，但滴加方式不同，实验过程中现象却不同。这一方面给学生留下悬念，创设了思维的情景，另一方面超出学生的认知预期，激起了他们探索问题的求知的需要。于是，学生便怀着愉快的情绪去探求$Al(OH)_3$呈两性的原因。这一示例改变了实验设计，使"冰冷"的实验，成为诱发了学生的学习情趣的素材，从而可形成良好的学习氛围。

　　教学节奏还有教学进程节奏、高潮节奏、师生关系和互动节奏，等等，在此不一一赘述。总的说来，教的节奏必须与学的节奏相匹配。

四、化学教学节奏艺术的设计

　　实践证明，凡是课堂教学效率高的教师，必定善于控制教学节奏，或有张有弛，或有密有疏，或有高有低、错落有致，或新颖多变、起伏和谐。因此，要提高化学教学效率，就必须学会调节和控制课堂教学节奏。

---

❶ 纪大海. 论教学节奏［J］. 中国教育学刊，2000，(4)：34-37.

❷ 刘一兵，李景红. 化学教学情感艺术的地位、功能与策略［J］. 化学教育，2005，(2)：13-15.

1. 教学进程，起伏有致

教学进程安排是以学生认知水平为基础的。教学进程包含两个方面的内容：一是教学速度的快慢；二是教学内容的详略取舍。二者的有机结合就形成了课堂教学行进的节奏。教学进程的起始便是教学内容的导入，教学进程的发展便是教学内容的不断深入，教学进程的高潮是教学重点的突破和解决，教学进程的终结便是教学内容的巩固和小结。教学进程慢的时候，便是教学内容详处理的时候；教学进程快的时候，便是教学内容略处理的时候。要科学合理地安排好教学进度，首先要求全面把握教材、突出重点、合理剪裁、主次分明、详略得当。

2. 教学活动，动静相生

教育心理学研究表明，中学阶段学生的思维趋于成熟，思维相当活跃，但是他们思维品质还不稳定性，其思维的过程一般是活跃—疲软—再活跃的短周期运动过程。这样的思维特点就需要教师在课堂上引导学生进行有收有放、有紧张有松弛的周期性思维运动。一个人的思维状态在一定时期内总体上趋向渐强，在不同阶段存在强弱交替的变化。所以教师在课堂教学过程中既要遵循先弱后强的原则，又要遵循思维强弱交替的原则。

所谓"动"是指课堂教学活动中的一种活跃状态。如学生积极参与、踊跃发言和热烈讨论、争辩等；所谓"静"是指课堂教学活动中的一种相对安静的状态，如学生静心倾听、深入思考等。一堂课一直处于亢奋状态，以至于学生兴奋过度，造成课堂处于失控状态；或自始至终静寂，课堂气氛十分沉闷，抑制学生的思维，都不能取得良好的教学效果。符合教学美学的教学节奏，应是动与静的交替与有机结合。

3. 传授信息，疏密相间

所谓"疏"和"密"是指教学信息而言，即单位时间内教学内容的数量多少。"疏可走马，密不通风"，是清代书法家兼篆刻家邓石如的立论，原指金石里的笔画排列。美术家也常将其用于画面的处理，所以中国画是很讲究疏与密的节奏变化的。为了适应学生的认知特点，使其更好地接受教学信息，教师课堂教学信息的密度也应注意疏密相间。因为构成教学节奏的疏和密，将影响学生心理感受的变化。疏（间隔大、频率低、速度慢），给人以徐缓、轻松的感觉；密（间隔小、频率高、速度快），给人以急促、紧张的感觉。疏密相间，则会给学生带来有张有弛的心理节律，保持旺盛的精力。密而不疏，学生精神长时间紧张，容易疲劳；疏而不密，学生情绪则会过于松弛，注意力就难以集中。

4. 教学语言，抑扬顿挫

所谓"抑"和"扬"是就教师教学语言的特点而言的，是指教学语言中节拍的强弱、力度的大小等的交替变换，以及句子长短、语调升降的有规律变化。教学语言的抑扬顿挫可明显增强表达力和感染力，还可引起学生心理的"内摹仿"。当我们听到有节奏的声音运动时，不仅注意力集中于它，而且肢体的肌肉以至循环系统、呼吸系统都会随之发生运动上的变化。人体运动机制的改变又会引起精神上、情绪上的变化。

5. 综合设计，整体和谐

和谐是对立事物之间在一定的条件下，具体、动态、相对、辩证的统一，是不同事物之间相同相成、相辅相成、相反相成、互助合作、互利互惠、互促互补、共同发展的关系。综合设计，整体和谐，就是要考虑教学的展与收，内容的详与略，语调的起与伏，知识的断与续，讲解的明与暗，速度的快与慢，思维的张与弛。

课堂教学的节奏也必须综合考虑，巧妙安排，使各构成要素搭配合理，穿插得体，衔接有序，融合统一，以构成整体结构的和谐美。课堂教学的节奏要有一定的章法，它存在于每一课时自始至终的渐变之中，符合一种有生气的变化规律，正像音乐里的"渐强"、"渐弱"

一样，通过规律性变化，体现出一种流动美，使整个教学节奏分明、充满活力。教学艺术节奏的整体和谐程度，体现着教师教学艺术的水平。教师在讲台上，就犹如乐队指挥，要精心调动每一种乐器，演出节奏和谐、旋律优美的乐曲。

第三节　化学教学高潮生成艺术

一、化学教学高潮的含义

化学教学进程不是平铺直叙的，而是充满节奏和高潮的。李如密认为，所谓教学高潮，是指教师的教学给学生留下最深刻的印象并得到学生最富于感情反应的时刻，这时师生双方的积极性达到最佳的配合状态❶。一般说来，处于教学高潮中，学生对教师反应是敏感而强烈的，或是因急于想知道结果而凝神思考，或是因解决了某一重点难题而释然愉悦，或是为有了新发现而惊奇、欣喜，或是为领悟到知识蕴涵的情理而激动自豪。此时，学生处于异常激动和成功的体验之中，学生的认知与激情互相促进，实现了知、情、意的飞跃与升华。

化学课堂教学中的高潮应是师生在课堂中注意力最集中、思维最紧张、情绪最高涨、课堂气氛最活跃的阶段，也是一堂课诸多教学环节中最精彩、最动人、最有效地完成教学任务的环节。

二、化学教学高潮生成的艺术策略

化学课高潮的有无与处理高潮是否得当决定了整个课堂教学的成败。优秀的化学教师在教学活动中总是十分自然而巧妙地设计、应用教学高潮，使之非常和谐与自然地为教学活动服务。化学教学高潮生成艺术的基本策略，可概括为如下几方面❷。

1. 逼人期待的悬念

悬念在心理学上指人们急切期待的心理状态，或者说是兴趣不断向前延伸和欲知后事如何的迫切要求。有位心理学家说："我们体验到，在那些使人困惑的情境中，我们被引起的动机最为强烈。假如我们完全解答了我们所面临的问题，全部紧张感就消失了。因为没有什么使人感到兴味，我们就不再感兴趣。"可见，悬念可以使学生集中注意力，唤起学生兴趣，激发探究知识的欲望，产生逼人期待的教学魅力。

示例：金属腐蚀的教学

教师联系生活实际，以激趣的"热敷散"作为案例。还原铁粉 30g、炭 2.5g、精盐 1g、水 12g，此混合物一旦遇到空气中的氧，立即发生反应而放热，温度可达到 $40\sim60℃$，并可维持 24h 左右，是一种极为有效的驱寒剂。那么，它的发热原因是什么呢？案例的提出在学生中形成了重重疑问，真可谓"一石激起千层浪"。在学生处于"愤悱"状态之时，教师点拨思路，学生讨论发热的原因：是铁与炭发生化合反应？是铁与盐发生置换反应？水起了什么作用？氧起什么作用？铁、炭、盐、水、空气五者缺一不可，这说明了什么问题呢？对这些悬念的探究就形成了一个气氛热烈、各抒己见的教学高潮。

2. 循循善诱的启导

教学高潮的"胜"境，往往是由教师"引导"而"入"的。善于点拨、启导有方的教

---

❶ 李如密. 教学艺术论［M］. 济南：山东教育出版社，1995：190.

❷ 刘一兵. 化学课堂教学高潮的设计艺术［J］. 化学教育，2003，(4)：22-24.

师，总是能"循循然善诱人"，引导学生进入"曲径通幽"的境界，使学生体验到成功的乐趣，从而达到教学的高潮。

示例：氢气的实验室制法

教师首先提出："用锌和稀硫酸制取氢气，你能设计最简单的装置吗？"学生很容易得出常见单孔胶塞制气装置。教师又问："这种装置有何缺点呢？"师生讨论得出带长颈漏斗的双孔胶塞式装置。教师又提出："这种装置有什么不足呢？"此时，唤起了学生思维的第一个兴奋点。学生亲自试验发现这种装置不能控制反应时间，教师不失时机地提出："如何能使反应停止呢？"师生讨论得出在这种装置的玻璃管胶管上加止水夹。当学生实验发现试管底部仍然残留少量的稀硫酸后，教师又提出："如何使反应完全停止呢？"这时，激起了学生思维的第二个兴奋点。经过学生激烈的讨论、争辩和尝试之后，教师启发引导："要使反应完全停止，必须使锌粒和稀硫酸完全分离。"最后师生讨论得出在长颈漏斗下部配一个塑料孔板的装置。学生验证实验，获得成功的喜悦，将教学推向了高潮。应该说，这节课教学高潮的迭起，得益于教师循循善诱的启导。

3. 认知冲突的巧设

认知冲突是学生已有的知识结构和经验同新知识或新问题之间的矛盾与冲突。现代认知心理学研究表明：没有认知冲突的学习过程，学生对所学知识不会有深刻的体验，学生也很难产生成就感，所学知识易遗忘，更难形成学习能力。同时，认知心理学家认为：当学习者发现不能用头脑已有的知识来解释一个新问题或发现新知识与头脑中已有知识相悖时，就会产生认知失衡，也会产生认知的内驱力。优秀的化学教师总是巧妙地设置认知冲突，产生教学高潮，发展学生的思维能力。

示例：pH 为 8 的 NaOH 溶液与 pH 为 10 的 NaOH 溶液等体积混合后的 pH

教师给出两种解法。

解法 1：

混合前，pH$=8$，$[H^+]=10^{-8}$ mol/L；pH$=10$，$[H^+]=10^{-10}$ mol/L。

混合后，$[H^+]=(10^{-8}/2)$ mol/L$+(10^{-10}/2)$ mol/L$\approx(10^{-8}/2)$ mol/L，pH$=-\lg[H^+]=-\lg(1\times10^{-8}/2)=8.3$。

解法 2：

混合前，pH$=8$，$[OH^-]=10^{-6}$ mol/L；pH$=10$，$[OH^-]=10^{-4}$ mol/L。

混合后，"$[OH^-]=(10^{-6}/2)$ mol/L$+(10^{-4}/2)$ mol/L$\approx(10^{-4}/2)$ mol/L，$[H^+]=2\times10^{-10}$ mol/L，pH$=-\lg[H^+]=-\lg(2\times10^{-10})=9.7$。"

由此，学生提出质疑，许多学生陷入矛盾境地。在学生处于困惑之时，教师引导全体学生进行激烈的讨论，最后得出解法 2 为正确答案。此时，学生豁然开朗，教学高潮顿时形成。在以后的学习中，学生很少再犯类似的错误。

4. 情动心弦的感染

教师在教学过程中，设法使学生入情以获得强烈的情感体验，尽管使学生入情的方式方法因人而异，因内容的不同而不同，但最根本的一条就是教师要动之以情，以情感人。教师亲切的讲授和贴近的内容能带来师生情感的共鸣。情真意切、生动形象、质朴自然、声情并茂的语言可把教学内容化作一股清泉，浸润学生心田，犹如一座洪钟，叩开学生情感之门扉。

示例：$CaCO_3$ 和 $Ca(HCO_3)_2$ 相互转化

教师可列举我国著名的溶洞，引用富含情绪色彩的语句："桂林山水甲天下，你去过桂林吗？你到过溶洞吗？溶洞那争奇斗艳的石笋、石竹，洞顶那垂直倒挂的钟乳石柱，洞内那千姿百态的石猴、石狮的形成过程你知道吗？目睹壮丽的天然景观，你了解其中鬼斧神工的化学原理吗？"充满激情的语言，感染了学生，触动了思绪，激发起学生探索大千世界奥秘的欲望。凝理注情、动人心弦的语言奏出了教学的最强音。

5. 虚实相生的布白

布白艺术是艺术的手法之一。正如一位画家在一张白纸上画一条鱼，则整张纸的空白使人觉得是水。鱼以实出，水自虚生。化学教学布白艺术是唤起学生思维和想象的有效手段，也是教学高潮生成的良好途径。虚实相生的布白艺术可以参阅本书第二章第一节"化学教学布白艺术"。

6. 引人入胜的实验

化学是一门以实验为基础的学科。丰富多彩、魅力无穷的化学实验现象给学生以无限的遐想。通过化学实验，化学知识变得富有魅力，学习化学知识的过程变得生动活泼，引人入胜。有经验的化学教师总是利用实验，联系社会、生活，不失时机地精心制作小高潮，并全力推向大高潮，以使学生达到情绪高涨、智力振奋的积极状态。

示例：氨的性质

氨的喷泉实验产生的美丽喷泉，使学生激动不已，获得化学美的感染，形成了教学的第一个小高潮。浓氨水和浓盐酸反应产生的白烟，使学生感官上获得了又一次刺激，学生的兴奋点得到了又一次提升。当学生学习了 $NH_3 + HCl \Longrightarrow NH_4Cl$ 的反应后，教师拿出两小块猪肉，告诉学生其中一块是刚在市场买回的，另一块则是昨天买下已开始变质的，在提示学生肉类在腐败变质时会产生少量的氨气后，请学生设计实验检验猪肉是否新鲜。学生们对这一有趣而富有挑战性的实验进行了热烈的讨论，提出种种方案。最后，完成了以下演示实验：在盛有爱氏试剂（25％盐酸、96％乙醇与无水乙醚 1∶3∶1 混合液）的锥形瓶中，挂入小块猪肉并塞上胶塞，观察是否有白烟出现。这个实验将教学推向了一个大高潮。在这节课中，化学知识、生活实际、化学实验三者的结合水乳交融，激趣、获知、启思和谐统一，使得教学高潮起伏，美不胜收。

7. 人机交互的可视化

计算机技术目前正在保持强劲的发展势头，它运用于化学教学必将带来一场具有时代特色的教学改革。计算机辅助教学（computer aided instruction，CAI）的特点是它能使教学内容形象化、多样化，有严谨的科学性、统一的实用性和及时的交互性。尤其在揭示化学教学过程的微观实质，展示化学思维的形成途径，描述化学思想的产生、化学概念的形成与发展等方面，CAI 都有其独到之处。因而，CAI 在创设教学高潮方面，具有无可比拟的优越性。

示例：原电池教学

原电池教学中，学生通过动手实验已经看到了利用氧化还原反应产生电流的事实，学生为此兴奋不已。在学生急切渴求解决疑问——电流如何产生时，教师使用计算机仿真，在屏幕上以鲜艳的彩色图像展示铜、锌两种金属的自由电子的浓度不平衡，又以生动的动画效果模拟出自由电子在电位差的作用下，沿着导线从低电位向高电位的定向移动。画面中 H^+ 得电子成为氢原子，2 个氢原子结合为氢分子，H_2 气泡在铜板上升起。逼真的动画效果、听觉效果，使学生的耳、眼、手、脑全部得到调动并聚焦于一点，形成了教学的高潮，达到了教学的最优化。

8. 紧张活跃的竞赛

特级教师魏书生认为，大脑处于竞赛状态的效率要比无竞赛状态的效率高得多，即使对于毫无直接兴趣的智力活动，学生因热望竞赛取胜而产生的间接兴趣，也会使他们忘记事物本身的乏味而兴致勃勃地投入到竞赛中去。

例如，在 SO_2 的性质教学中，当演示完"向滴有酚酞的稀 $NaOH$ 溶液中通入 SO_2 气体，红色褪去"这一实验后，课堂上学生对"红色褪去"的原因产生了歧义，并围绕这个问题展开了对话。一部分学生认为是 SO_2 具有漂白性，与红色的酚酞作用，使其褪色，原理与 SO_2 使品红溶液褪色相同。另一部分学生则认为 SO_2 是酸性氧化物，能与碱反应生成盐和水，碱消耗掉了，所以红色褪去。双方争论热烈，教师没有简单地下结论，而是抓住这一有利时机，安排了一场辩论。把持相同观点的人分在同一小组，形成辩论赛中的正方和反方，要求各组设计方案证明本组的观点是合理的，然后根据自己的方案进行实验，解释褪色的根本原因。

经过这样的一场争论，既使问题得到了解决，又提高了学生分析问题、解决问题的能力。围绕歧义问题展开对话，将会加深思维的深度，拓展对文本的理解，并能将对话不断引向深入。

第四节　化学教学结课艺术

从教学进程来看，如果说好的导入犹如"凤头"，那么教学结课是一节课的最后阶段，犹如"豹尾"。结课又称课堂小结或课堂结尾，是教师在课堂任务终结阶段，引导学生对知识与技能、过程与方法、情感态度与价值观进行再认识、总结、升华的教学行为方式。它既是本节课的总结和延伸，又是后续学习的基础和准备。

一、化学教学结课艺术的意义及原则

1. 化学教学结课艺术的意义

结课的教学意义常常被某些教师所忽视，以至于根本就没有结课余韵。常见的有：课未完而时间已到，匆忙下课；铃已响而课未完，拖延时间；课一完即布置作业，万事大吉。凡此种种，都是不讲究结课的突出表现。

化学教学结课艺术的主要作用有：梳理知识，突出重点；总结规律，画龙点睛；开阔视野，激活思维；启迪智慧，留下悬念；诱发兴趣，鼓励创新。

2. 化学教学结课艺术的基本原则

好的结课能给人以美感和艺术上的享受，但这不是只凭教师灵机一动就能达到的效果，而应在平时的教学中增强对结课的设计意识。从结课这一环节的重要意义来分析，化学教学结课应遵循以下基本原则。

（1）相对完整　在新课导入中，常常设置问题悬念，学生进行猜想和假设，然后制定计划，收集证据，设计实验，证实猜想，最后解释并得出结论，进行反思与评价、表达与交流。按照科学探究过程来看，结课应是反思与评价、表达与交流阶段。它应紧扣教学内容，使其成为整个课堂教学的有机组成部分，做到与导入新课相呼应，而不要游离主题太远。如果导课精心设疑布阵，而讲课和结课都无下文，则在结构或逻辑上让学生感觉不完整。特别有些课的结尾实际上就是对导课设疑的总结性回答或是导课思想内容的进一步延续和升华。

此外，教师的结课还应注意结在横断面上，即讲授内容告一段落或讲完某些问题时，以使这部分内容显得系统连贯，相对完整。结课的另一含义就是阶段知识的小结，形成知识的系统性和结构化。

（2）注重创新　创新是教学艺术的必然要求。教学结课的形式与方法丰富多彩，教师常用的有自然式结课、总结式结课、悬念式结课、回味式结课、激励式结课、延伸式结课、游戏式结课、震颤式结课、幽默式结课等❶。结课有法，而无定法。教师在教学艺术实践中，可根据教学内容、学生情况或课堂临时出现的情况灵活选用，机智应变，更应根据实际需要探索创新，创造出各种有效的结课形式，以收到课停思涌的效果。

二、化学教学结课艺术的基本策略

结课的好坏也是衡量教师教学艺术水平高低的标志之一。许多优秀教师都很讲究恰到好处的结课，或归纳总结、强调重点，或留下悬念、引人遐想，或含蓄深远、回味无穷，或新旧联系、铺路搭桥等，显示出了精湛高超的教学艺术。依据结课意义和原则以及教师们的实践经验，以下结课艺术的基本策略切实可行。

1. 概括总结，深化主题

这是教师较常用的一种结课方式。教师运用准确、精练的语言，对教学内容和重点作提纲挈领的总结和归纳，意在让学生由博返约，纲举目张，反思知识和方法，从而进一步深化知识的理解、方法的掌握、智慧的生成。

示例：维生素和微量元素第一课时（《化学与生活》，人民教育出版社）

小结采用概念图形式，如图4-2所示。维生素的网络结构关系图简洁明了地总结了本节课的知识点，教学目标明确，有助于学生构建本节课的知识体系。

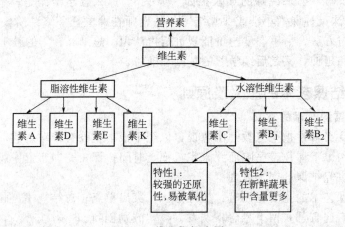

图 4-2　维生素概念图

2. 促进迁移，引来活水

课堂教学内容学习完后，并不意味着教学的结束。教师在引导学生概括知识时，有时候可将课堂内容引向深入，促进知识的迁移和发展。

示例：氨的喷泉实验（《化学1》，江苏教育出版社）

针对本节课的教学难点——氨的喷泉实验原理，结课时，以常规喷泉实验为原型，利用知识迁移，引导学生进行微型实验创新设计，创造性地进行问题解决，这可以大大地激发学生的学习兴趣，体会科学探究的乐趣，同时还能培养学生的创新意识和创新能力。

氨溶于水的喷泉微型实验可设计为如图4-3所示装置❷。在水槽（杯）的水中滴入2滴酚酞试液，把胶管的下端浸在水中。取滴管胶头吸入约1/3体积的水，迅速替换原来U形

❶ 李如密. 教学的导课和结课艺术［J］. 山东教育，1994，（12）：14-15.

❷ 刘一兵，沈戮. 化学实验教学论［M］. 北京：化学工业出版社，2013：136.

管支口上的滴管胶头，将胶头中的水挤进 U 形管里，并立即打开胶管上的止气夹。

3. 设置悬念，激发思维

化学教科书是按照章（或单元）节编写的，有的知识点是分多个课时完成的，因此，在某一节课的结尾处，针对下一课时教学内容，留下学习悬念，提出一些富有启发性的问题，留下学习悬念，以实现承上启下，收到"欲知后事如何，且听下回分解"的布白效果。

示例：分子和原子第一课时（初三化学上册，人民教育出版社）

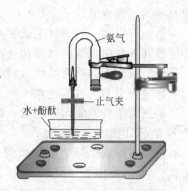

图 4-3　氨气微型喷泉实验

分子和原子第一课时的主要学习内容是：物质是由分子、原子等微小粒子构成的和分子的三大特征。而分子可以分为原子、分子是保持物质化学性质的最小微粒等知识，是第二课时的内容。为此，第一课时的教学结课可以设计如下形式。

提出与生活相关的问题，即用分子的观点分析：

① 为什么墙内开花墙外香？

② 为什么物质都有热胀冷缩的现象？

③ 夏天自行车的气为什么不能打得太足？

④ 为什么铺公路时要分成块状铺，且中间要留有间隙？

结束语：分子是由原子构成的，如 1 个水分子由 2 个氢原子和 1 个氧原子构成（如图 4-4所示），那么，在水的化学变化和物理变化中，水分子会发生变化吗？这一问题，我们留待下一节课探讨。

水分子
(H_2O)

图 4-4　水分子模型

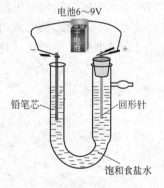

电池6～9V

铅笔芯　　　　回形针

饱和食盐水

图 4-5　电极反接的电解食盐水实验

4. 反弹琵琶，逆向引导

化学教学结课时，有时为了促进、深化对概念、原理及物质合成方法的理解，教师可以通过概念的反例、原理条件的变更、物质合成的反向思维组织学生进行探讨、分析，畅所欲言、各抒己见，在充分讨论的基础上得出正确的结论，统一认识。

示例：电能转化为化学能（《化学反应原理》，人民教育出版社）

通过电解饱和氯化铜溶液探究电解原理后，教师小结电解原理时，可设计成：如果将直流电源反接再电解，如图 4-5 所示❶，则两极的电解产物与反接电源前是不是一样？试解释

❶ 刘一兵，沈戮.化学实验教学论［M］.北京：化学工业出版社，2013：134.

观察到的实验现象。

第一道景观：回形针变成了点"雪"魔棒。连接电源正极的回形针上布满白色絮状物，在回形针下端白色絮状沉淀缓缓下落，犹如漫天飘雪。

第二道景观：当絮状物沉到管底部时，白色逐渐变为翠绿色，随着时间的推移铁极区的絮状物呈现更为优雅的色调——上部雪白色，中部白色和翠绿色交融，底部翠绿色。

第三道景观：关闭电源后，铁极区沉淀继续下移，最终沉至 U 形管底部，此时 U 形管的 U 形部分犹如翡翠玉镯。

第四道景观：将上述如翡翠玉镯般的 U 形管放置至第二天观察，其呈灰绿和翠绿交融状。

原理分析：在原电解池中，回形针作为阴极，该区产生 H_2 和 NaOH，使该区呈现碱性和还原性。反接电源后，回形针作为阳极，电极反应为 $Fe-2e^-\!=\!=\!Fe^{2+}$，亚铁离子与原来产生的 NaOH 结合生成白色絮状的 $Fe(OH)_2$，由于该区中部呈还原性，$Fe(OH)_2$ 絮状物可以保持较长时间不变色。而该区下半部食盐水中，仍含有少量 O_2，$Fe(OH)_2$ 和 O_2 反应生成翠绿色物质。

结课的实验设计起着复习和反馈、诊断的作用。实验"异常"现象有利于学生思维深刻性和灵活性的提高。

5．语言灵动，情感激励

水本无华，相荡而生涟漪；石本无火，相激而发灵光。在化学课堂教学中，一名优秀的教师能从学生心理出发，艺术地运用化学教学语言，使之"相互激荡"，让每一个学生最大限度地发出灵和光。而教师在课堂教学中的积极性评价语言正起着"相荡"、"相激"的语言灵动、情感激励作用。

示例：溶解度的结束语

固体物质在水中的溶解是有限的，物质的溶解要受到其溶解度的限制，与此不同的是，我们的学习潜力、学习能力是无限的。同学们化学学习的道路好似硝酸钾的溶解度曲线，愿同学们沿着这条上坡路，不断挑战自我，不断攀登新高！

第五章　化学教学表达艺术

课堂教学表达主要是指教师把教学内容通过语言、表情动作等可以沟通的信息形式表现出来。化学课堂教学表达艺术主要包括教学语言表达、教学体态语表达和教学板书等艺术。清晰、流畅的教学表达不仅可以使学生明确理解教师所教授的内容，还可以启迪学生的思维，缩短师生间的距离，营造良好的课堂心理气氛，提高教学的质量和效果。

第一节　化学教学语言艺术

语言是人类最重要的交际工具，也是教师进行教育活动的主要手段。原苏联教育家苏霍姆林斯基指出："教师的言语是一种什么也代替不了的影响学生心灵的工具。"教学语言艺术是教师在教学过程中创造性地运用语言进行教学的艺术实践活动。它反映了教师的教学水平和能力，同时，在一定程度上，决定着教学效率。实际上，化学教学语言是一种化学学科、教育学、语言学三者结合形成的语言系统。这一特点决定了其特征。

廖可珍提出化学教学语言艺术的具体特点❶表现为：字斟句酌，准确精练，严格遵守教学语言的科学性；联系实际，深入浅出，高度重视教学语言的通俗性；寓庄于谐，活跃气氛，恰当运用教学语言的趣味性；抑扬顿挫，有声有色，善于把握教学语言的声调；比喻得体，确切传神，正确增强教学语言的直观性；切合时宜，恰到好处，灵活掌握教学语言的时空性；善于激疑，巧于解惑，充分发挥教学语言的启发性；旁敲侧击，留有余地，适当利用教学语言的含蓄性。要掌握化学语言艺术，首先要了解什么是化学语言，其次是了解化学教学语言艺术的两个层次：一是化学教学语言艺术的内部特征，即语义，语言的含义；二是化学教学语言艺术的外部特征，即使人听之有声、感之有气的发声，是语义的物质外壳。

一、化学语言

（一）化学语言概述

化学语言是人们对化学认识成果（包括化学概念、定律、理论等）简洁而规范的表现形式。在化学语言的体系中，化学术语与化学符号语言（化学用语）是其中一个重要的组成部分，它们是为解决化学认识成果的存在形式和描述化学对象而建立的，是学习化学重要的、有效的思维工具和认识工具，也是化学认识成果交流和传播的工具。

化学语言不等于化学用语。化学用语是国际化学界统一规定用来表示物质组成、结构、性质、变化规律的一种符号系统，是具有国际性、科学性和准确性的书面语言，是进行化学教育和科学研究的重要工具。化学用语的含义大家公认为是化学符号、化学式、化学方程式、化学图式等内容。化学语言包括化学用语，化学用语是化学语言的重要组成部分。不同的语言种系（如汉语）还产生了与化学密切相关的大量化学术语和化学习惯用语。就汉语来

---

❶　廖可珍. 中学化学教学艺术 [M]. 南昌：江西教育出版社，1988：86-104.

讲，化学中的术语非常丰富，它与化学用语一起构建了中文化学世界。所谓"术语"，辞海中是这样定义的：各门学科中的专门用语。每一术语都有在各自学科中严格规定的意义。如政治经济学中的"商品"、"商品生产"，化学中的"分子"、"分子式"等。化学术语中有一部分是化学用语的名称，这部分化学术语与化学用语的关系是"读作"与"写作"的关系，如：写作 $O\!=\!C\!=\!O$，读作二氧化碳的结构式。另外一部分是关于各种概念、原理、反应、物质、实验操作的术语或名称，如化学概念中的氧化剂、还原剂，反应原理中的氧化还原反应、离子反应，实验操作中的蒸馏、萃取、分液等。这些术语、名称掌握的情况直接影响化学知识的学习与表达。

此外，为了使表达准确、简洁、通畅，化学在发展过程中还产生了大量化学习惯用语。化学习惯用语是一种约定俗成的词汇、短语，它不如化学用语和化学术语那么严谨，在其他领域也可以应用。如化学上叫"玻璃棒"而不叫"玻璃棍"，"澄清的石灰水"不说成"清澈的石灰水"，向试管中加入"适量"的水不说成加入"适当"或"刚好"的水，等等。

（二）化学语言的分类

化学语言没有统一的分类标准，彭辉从物质的构成与分类、物质的性质与变化、化学实验、化学计算和有机化学五个板块分别较为系统地归纳出化学用语、化学术语和化学习惯用语三类化学语言[1]。

1. 物质的构成与分类

（1）化学用语　元素符号、离子符号、化学式、实验式、分子式、结构式、结构简式、电子式、配位键形成表示式、氢键表示式、原子及离子结构示意图、核素符号、原子及离子轨道表示式、原子的电子排布式、电子云图等。

（2）化学术语　微观术语：原子、分子、离子、电子、电子云、电子层、电子亚层、轨道、轨道表示式、能级、主量子数、角量子数、磁量子数、自旋磁量子数、电子的自旋、电离能、电负性、原子半径、离子半径、原子团、化学键、离子键、共价键、极性键、非极性键、配位键、孤电子对、键长、键能、键角、金属键、稳定结构、离子化合物、共价化合物、氢键、分子间作用力、范德华力、极性分子、非极性分子、晶体、离子晶体、原子晶体、分子晶体、金属晶体等。类别术语：元素、同位素、元素周期表、原子序数、周期、族、游离态、化合态、混合物、纯净物、有机物、无机物、单质、非金属、金属、合金、氢化物、氧化物、两性氧化物、过氧化物、超氧化物、臭氧化物、酸、酸根、碱、强碱、弱碱、盐、正盐、酸式盐、碱式盐等。化学量术语：相对原子质量、质量数、相对分子质量、式量、物质的量、摩尔、摩尔质量、气体摩尔体积、阿伏加德罗定律、阿伏加德罗常数等。

（3）化学习惯用语　强酸、弱酸、强氧化性酸、强碱、弱碱、最高价氧化物对应的水化物、强酸强碱盐、强酸弱碱盐、强碱弱酸盐、弱酸弱碱盐，物质的俗名苏打、小苏打，发烟硝酸、挥发性酸、难挥发性酸等。

2. 物质的性质与变化

（1）化学用语　化学方程式、可逆反应方程式、热化学方程式、氧化还原方程式、电离方程式、离子反应方程式、水解方程式、电极反应方程式等。

（2）化学术语　物质的性质：酸性、强酸性、弱酸性、碱性、强碱性、弱碱性、金属性、非金属性、金属活动性、氧化性、还原性、吸水性、脱水性、强氧化性、稳定性、不稳定性、漂白性等。变化的条件：标准状态、加热、灼烧、高温、高压、催化剂、光、通电、

---

❶ 彭辉. 中学化学语言的初步研究［D］. 南京：南京师范大学，2007.

放电等。变化的名称：物理变化、化学变化、物理性质、化学性质、化合反应、分解反应、置换反应、复分解反应、中和反应、水解反应、离子反应、氧化反应、还原反应、氧化-还原反应等。变化的物质：氧化剂、还原剂、电解质、非电解质、强电解质、弱电解质等。变化的速率和限度：化学反应速率、有效碰撞、活化分子、活化能、催化剂、催化作用、可逆反应、化学平衡、平衡的移动、勒沙特列原理、平衡常数、转化率等。

（3）化学习惯用语　被氧化、被还原、氧化产物、还原产物、最高价、最低价、中间价等。

此外，还有化学实验、化学计算和有机化学中的化学用语、化学术语和化学习惯用语，在此不一一举例。

（三）化学语言的特殊性

不同学科知识各具有一定的特殊性，而学科知识的特殊性决定了传递和表达知识的方式必然具有其独特性。化学作为在分子和原子层次上研究物质的组成、结构、性质以及变化规律的学科，既研究物质宏观上的性质及其变化，又研究物质微观上的组成及结构，化学符号则是化学研究和交流的工具。1982 年苏格兰格拉斯哥大学科学教育中心的约翰斯顿教授（1991）首先提出化学学习的三重表征，用三角形描述学生学习的这三种水平[1]，如图 5-1 所示，即宏观表征、微观表征和符号表征。张丙香、毕华林（2013）认为可将化学三重表征分为三重外部表征和三重内部表征[2]。其中三重外部表征指的是化学宏观知识、微观知识和符号知识外在的呈现方式，化学中常见的外部表征形式有文本、图表、动画模拟等，是静态的。三重内部表征指的是化学宏观知识、微观知识和符号知识在学习者头脑中的加工和呈现方式，

图 5-1　约翰斯顿的三重表征
三角形模型

既有动态表征过程的含义，如信息的输入、编码、转换、存储和提取等，又有作为表征结果的静态含义，如概念、命题、认知结构、心智模型等。因此，化学三重表征指的是宏观知识、微观知识及符号知识的外在呈现形式和在头脑中的加工与呈现形式。我们认为，无论是内部表征还是外部表征，其最终结果都可用化学语言来描述。

宏观表征是指对人类感知器官可以直接感知到的物质及其性质的外部和内部表征，如物质的形状、颜色、气味等，具有生动、直观、可以再现等特点；微观表征是指对构成物质的微观粒子及其性质进行的外部和内部表征，微观粒子包括分子、离子、原子、质子、电子、中子等；符号表征是指对表示化学物质组成、结构、性质、变化、状态、数量、单位等的符号进行外部和内部表征，如分子式、方程式等。相对应的化学语言是宏观表征语言、微观表征语言及符号表征语言（化学用语），简称宏观语言、微观语言和符号语言，图 5-2 所示为关于水的宏观语言、微观语言和符号语言。

图 5-2　关于水的宏观语言、微观语言和符号语言

---

❶ Johnstone A H. Why is science difficult to learn? Things are seldom what they seem. Journal of Computer Assisted Learning，1991，7：75-83.

❷ 张丙香，毕华林. 化学三重表征的含义及教学策略 [J]. 中国教育学刊，2013，（2）：73-76.

又如，原电池示意图如图 5-3 所示。宏观表征为：观察到的现象，可以描述为锌片溶解，铜片有气泡。微观表征为：每个锌原子失去 2 个电子，每个氢原子得到 1 个电子形成 1 个氢原子，2 个氢原子形成 1 个氢分子。符号表征则为电极反应：

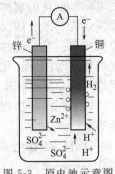

图 5-3　原电池示意图

负极　　　　　　　$Zn - 2e^- === Zn^{2+}$

正极　　　　　　　$2H^+ + 2e^- === H_2\uparrow$

三重表征是从不同的角度来理解、认识化学的，它是各个角度的联系与融合，是一个有机的整体。这种表征方式对形成学生良好的知识结构和化学科学观念，具有重要的作用。

二、化学教学语言艺术的特征

教学语言艺术是指教师创造性地运用语言进行教学的艺术实践活动。它是教师教学表达艺术最重要的组成部分。其意义主要表现为[1]：教学语言艺术是教师最主要的教学手段；教学语言艺术制约着教学的效果和效率；教学语言艺术影响到学生多方面能力的发展，等等。化学教学语言艺术的特征多种多样，见仁见智，我们认为化学教学语言艺术的特征分为内部特征和外部特征。

（一）化学教学语言艺术的内部特征

1. 教学语言的准确性

准确性，或称之为科学性，是教学语言的基本特征，也是化学教学语言最基本的要求。教师是传授科学知识的，如果自己用词不准确，表达不科学，则容易造成学生理解的错误或产生新的疑问。准确是化学教学语言的生命，也是化学教学语言艺术的前提。

对于化学实验现象或者化学反应历程，应根据自己的观察，准确地运用化学用语实事求是地进行记录和描述，在描述中有七忌。[2]

（1）忌照本宣科　对实验现象的描述，必须符合事实，遇到与书上（或教师传授）的结论不同时，应实事求是地记录下来，然后再分析、查找原因，切忌照本宣科。

例如，点燃用玻璃导管导出的氢气时，火焰是"黄色的"、这里就不能将实验现象描述成课本上的结论"淡蓝色"。因为书上的结论是由点燃用金属导管导出的氢气而得到的。

（2）忌夹带生成物的名称　生成物的名称是通过实验现象，经过分析、推断得出的。故在描述实验现象时，不可夹带生成物的名称。

例如，不能将氢气还原氧化铜的实验现象叙述成："黑色的氧化铜粉末逐渐变成红色的铜，同时试管口有水生成。"而应叙述为："黑色的氧化铜粉末逐渐变成红色固体，同时试管口内壁出现无色液珠。"因为黑色的氧化铜是已知的，这一变化中明显的外观现象是颜色的改变和有液珠出现。生成物是水和金属铜要根据反应物和实验现象经逻辑推理才能得出，因此不能作为实验现象来描述。

（3）忌夹带生成物的化学性质　生成物的化学性质在生成它的化学反应中，一般是不可能表现出来的。所以，在描述其实验现象时，若将生成物的化学性质叙述进去，则犯了缺乏根据的错误。

例如，在观察加热氯酸钾的实验时，不能说："生成一种无色无味的能使带火星的木条

❶ 李如密. 教学艺术论［M］. 北京：人民教育出版社，2011：251-255.

❷ 于浩. 中学化学创新教法·实验改革指导［M］. 北京：学苑出版社，1999：51-54.

重新燃烧的气体。"而应将其中的"能使带火星的木条重新燃烧"去掉，因为生成的气体是否具有这种性质，在这个实验中是看不出来的，在下一步实验中才能得知。正确的描述应是"产生了一种无色无味的气体"。当然在做过实验后总结时可以说："加热氯酸钾能产生一种无色无味的能使余烬的木条复燃的气体。"

（4）忌与作结论混淆　描述实验现象与作结论是两码事，在说法上是完全不同的，故不能混为一谈。

例如，在无色的氢氧化钠溶液中滴入无色的酚酞试液后，如果说："氢氧化钠溶液能使酚酞试液变红"或"酚酞试液遇到氢氧化钠溶液变红"，那都是在作结论，而不是描述实验现象，正确的描述是"无色溶液变成了红色"或"酚酞滴入碱中变红色。"同理，如果将锌与稀硫酸反应的现象描述为"有氢气产生"，也是错误的，因为锌与稀硫酸反应的现象是"锌粒不断溶解，并不断有气泡放出"，产生氢气是结论。

（5）忌"烟"、"雾"不分　在化学中，"烟"是指固体小颗粒分散在空气中，"雾"是指小液滴分散在空气中。

例如，磷在氧气中燃烧生成五氧化二磷时，其实验现象不能称"白雾"或"白气"，而应说是"白烟"，因为此时生成的五氧化二磷是白色固体颗粒。

再如，打开浓盐酸瓶塞时的实验现象不能称"白烟"，而应称"白雾"，因为此时从盐酸里挥发出来的氯化氢气体又跟空气里的水蒸气接触形成了盐酸小液滴。

（6）忌"发光"和"火焰"混用　物质燃烧时的反应现象是比较复杂的，一般是产生火焰或发光，同时伴有热量变化。尽管"发光"与"火焰"都是化学反应中常常伴生的实验现象，但两者有所不同，只有正确加以区分，才能准确描述实验现象，不至于"张冠李戴"。

"发光"是固体被灼热的结果。例如，下面的实验现象描述：①点燃镁带，耀眼白光；②铁丝在氧气中燃烧，火星四射；③木炭在氧气中燃烧，发出白光。以上三个实验中，都只是发光而没有产生火焰。

"火焰"是气体燃烧时的伴生现象。例如，下面的实验现象描述：①硫在氧气中燃烧，明亮的蓝紫色火焰（硫蒸气燃烧）；②氢气在氯气中燃烧，苍白色火焰；③一氧化碳在空气中燃烧，淡蓝色火焰。其他可燃物如石油、蜡烛、木材等，因燃烧时有可燃性气体产生，所以也有火焰。

（7）忌用词不当　描述化学实验现象时用词不当，也不能准确描述实验现象。

例如，描述某实验用"看到有无色、无味的透明气体生成"，这句话就很不妥当，因为无色无味的透明气体是不可能直接"看到"或是"发现"到的。再如，"在澄清的石灰水中通入二氧化碳后，出现白色的沉淀"，这样描述也不准确，因为此时看到的只是"澄清的石灰水变浑浊"而不是"出现白色的沉淀"。

此外，化学命名中的易混字、难辨字，教师也应该明确，以下举例说明之。

①"氨"、"胺"与"铵"。氨，读音 ān，分子式 NH_3，常用例词有合成氨、氨水、液氨、氨基等。

胺，读音 àn，是氨分子 NH_3 里的氢部分或全部被烃基取代后的衍生物，其通式分别为 $R-NH_2$、$R-NH-R$、$R_2=N-R$，分别称为伯胺、仲胺和叔胺。胺根据结构还可分为脂肪胺、环烷胺和芳香胺。

铵，读音 ān，以 NH_4^+ 形式存在，如硝酸铵、氯化铵等。

②"脂"与"酯"。

脂，读音 zhī，原指动植物所含的油质。常用例词有油脂、脂肪、脂肪酸、脂肪胺等。

酯，读音 zhǐ，是通式为 $R-COO-R'$ 的羧酸衍生物。酯是动植物油脂的主要成分。常用的例词有乙酸乙酯、酯化等。

③"碳"与"炭"。"碳"指的是碳元素，是"看不见，摸不着的"，涉及化学元素 C 的名词均用"碳"，包括含碳化合物，也包括某些高级纯碳和原子级碳。

"炭"多指一些含多种杂质且以碳为主的具体物质，多数是"看得见，摸得着的"。

化学教学语言的准确性基于教师深厚的化学专业知识水平，这是语言科学性的支柱。中学化学的内容，从整个学科来看，并不算深，但这些内容其实都是化学的精髓和基础，它联系和支撑着丰富厚实的化学科学的全部，而后者理应理解并存储于化学教师的胸中。这一点，只有用"心"读懂化学这门学科而又认真研究中学化学教材和教学之后才能领会得到的。

2. 教学语言的形象生动性

形象的语言可以将抽象的概念具体化，使深奥的理论通俗化。教师形象的语言能使学生产生"如见其人"、"如闻其声"、"身临其境"的感觉。化学教学内容固然有不少本身就具有丰富的形象，但更多的知识却是抽象的，如物质的结构、核外电子的排布、化学反应机理等，都不能直接接触，学生不易理解和认识。高明的教师总是善于运用形象的语言、化远为近、化静为动、化抽象为具体、化艰深为浅易。

形象的语言也必定是生动的语言。形象生动的语言便于在学生大脑中形成表象，有利于他们将这种表象与自己对教材的感知进行联想，达到深刻理解教材的目的。枯燥乏味的语言则会导致学生听觉感受性的减弱和学习效率的降低。如果教师能够形象地进行描述或比喻，学生就会借助形象思维的桥梁，去想象和领悟知识。

教师可根据化学教学内容和听课对象的不同，运用一些形象性的语言来增强讲解语言的感染力。如高中化学陶瓷工业的讲解，当讲到我国古代瓷器誉满全球时，教师引用"薄如纸、青如天、明如镜、声如磬"来形容当时瓷器的工艺水平，使学生产生如见其物、如闻其声之感，从中受到了爱国主义教育。另外，有些化学知识，由于受知识结构和认知结构的局限，学生一时难于理解和认识。如高一电子云概念的建立，这就需要借助于教师的语言，采用形象化的比喻来完成。有的教师通过照相的方法来解释电子云的形状，有的教师利用蜜蜂采蜜在花蕊出现机会多少的比喻来加以阐释。这样，可以使深奥的理论形象化，抽象的知识具体化，复杂的东西简单化，便于学生理解和认识。再如，二氧化碳与石灰水的反应现象描述为"清澈透明的石灰水顿时呈现乳白色浑浊"；钠与水反应的现象描述为"剧烈反应，霎时间，白雾升腾，熔球四处游动，同时发出清脆的沙沙声。将无色酚酞滴入溶液中，无色溶液立即泛起桃红色。"这样可以强化对知识的理解和记忆，收到事半功倍的效果。"见风使舵的行家，灵活多变的舵手"，这则比喻能激发起学生观察指示剂和变色实验的兴趣，增强他们记忆酸碱指示剂变色情况的效果。

在教学中，教师可以根据教学内容巧妙运用双关、借代、反语、比喻（可参阅本书第二章第四节"化学教学比喻艺术"）等修辞方法，创造轻松活泼的课堂氛围，达到良好的教学效果。

3. 教学语言的情感性

白居易说："感人心者莫失情。"教师要想使自己的语言产生感染力，就要将自己丰富的感情贯穿于其中。著名特级教师于漪在总结自己的教学经验时，曾深有体会地说："教学语言要做到优美生动，除了知识素养、语言技巧之外，还必须倾注充沛、真挚的感情。情动于衷而溢于言表，只有对所教学科、所教对象倾注满腔深情，教学语言才能充分显示其生命力，熠熠放光彩，打动学生的心，使学生产生强烈的共鸣，受到强烈的感染。"教师的教学语言饱含了自己诚挚的思想感情，就能激起学生相应的情绪体验，并使学生感受到教师语言的力量和美。

教师化学教学语言情感性的创设策略，可参阅本书第七章第一节"化学教学情感艺术"。

4. 教学语言的幽默风趣性

教学语言的幽默是指运用各种奇妙的、出人意料而又引人发笑的语言，引发学生积极思考，直接或间接向学生传授知识和经验。但凡善于运用幽默的教师，都能使学生轻松愉快地领会到知识的内涵，在谈笑风生中实现教学目标。教育实践证明，一般的正面教育未必能达到预期的目的，而恰到好处的幽默却能使学生在愉快的笑声中受到启迪、接受教诲。

如讲复分解反应发生的条件时，指导学生分析 $HCl + Na_2SO_4$ 是否反应，因为生成物中既没有沉淀也没有气体或水，所以我们称其为"三无产品"，既然是"三无产品"，就不允许生产，即该复分解反应不能进行。判断 $2NaOH + CO_2 \Longrightarrow Na_2CO_3 + H_2O$ 的基本反应类型时，因为它不属于四种基本反应类型中的任何一种，所以称它是一个"四不像"反应。在教学过程中，教师有时会发现学生常犯同样的错误，再三纠正但收效甚微。有的教师在处理此类问题时，别出心裁。学习电解的内容时，一位同学在写电解食盐水方程式时忘了写条件：$2NaCl + 2H_2O \Longrightarrow 2NaOH + Cl_2\uparrow + H_2\uparrow$。教师幽默地说："我们每天都吃食盐也喝水，那么人人不都是一台生产烧碱的化工厂吗？且还得到副产品 Cl_2 和 H_2！"学生们开始莫名其妙，继而恍然大悟，哄堂大笑。此时，教师提醒同学们书写化学方程式要耐心，不要漏写反应条件，并引导学生复习并巧记中学化学常见电解反应的条件，巩固、充实了电化学知识。还比如在讲述王水的成分时，教师说文解字，将王拆成三横一竖（王水中主要成分比例为3：1），谁为"一"呢？巧用"一笔勾销"这个成语中"销"的谐音"硝"（硝酸为1）。这样一来，学生在轻松愉快的氛围中记忆更牢固，学习兴趣更浓厚。

5. 教学语言的时空性

教师的教学语言特别是课堂教学语言更是受着较严格的时间和空间的限制，一般是在规定的时间内，于指定地点完成教学计划预定的教学内容，因此，研究教学语言就不能忽视它与时间和空间的关系。化学教学语言的时空性是指切合时宜，注意语言和实物、模型直观相结合的形式。同样一句话，先说与后说所起的作用大不一样。在演示实验的准备过程中，教师就应该统筹好语言的配合，什么时候应该说，说什么，怎么说。在演示实验中，语言配合有三种形式：①语言在先。这主要是指演示实验前，教师向学生讲清实验的目的、观察的内容及要点，以激发学生的观察动机，并产生期待心境，使注意力有指向性地集中。也可以用启迪学生思维的语言，启发学生思维。②语言在后。是对实验的总结、强化；是对思维的演绎，使思想得以延伸，增强思维的深刻性。③语言与实验同步，有时实验变化迅速，现象易被忽略，教师应及时提示。如 $FeCl_2$ 溶液与 $NaOH$ 溶液的反应，$Fe(OH)_2$ 的出现易被忽略。而有的实验反应过缓，容易分散学生的注意力，如 $Fe(OH)_3$ 胶体的电泳现象，教师应作恰当的"补白"，以牵引学生注意的指向。

6. 教学语言的哲理性

富有哲理的语言，能给人以凝练、深远和理性的美，令人回味，启人思考。化学学科本身蕴藏着丰富的哲理性，如物质的结构与性能、研究手段与思维方法、分析综合与综合分析、归纳与演绎、精确与模糊。体现了矛盾论、实践论、对立统一规律等哲学范畴。例如，分析 $Al(OH)_3$ 两性的原因时，教师运用辩证唯物主义内因和外因的原理进行讲解。从内因看，$Al(OH)_3$ 具有两性是因为其具有如下特殊的电离方程式：

$$H_2O + AlO_2^- + H^+ \Longrightarrow Al(OH)_3 \Longrightarrow Al^{3+} + 3OH^-$$

酸式电离　　　　　　　　　　碱式电离

从外因看，在酸性条件下，$Al(OH)_3$ 的酸式电离受到抑制，促使电离平衡向碱式电离方向移动，使 $Al(OH)_3$ 呈现碱性；在碱性条件下，$Al(OH)_3$ 的碱式电离受到抑制，促使电离平衡向酸式电离方向移动，使 $Al(OH)_3$ 呈现酸性。

在教学中，围绕内因、外因两个核心，结合实验进行剖析，阐述内因、外因间的辩证关系，学生就较容易接受、理解和掌握 $Al(OH)_3$ 的两性。化学科学本身就是唯物辩证法的雄辩例证，应用辩证法思想学习化学会使学生的理性思维水平得到提高。

7. 教学语言的暗示性

化学教学语言的暗示艺术是指教师运用含蓄、幽默、委婉的语言影响学生的心理和行为的活动。在师生之间的信息交流中，化学教学语言的暗示艺术具有鲜明的"意会性"特点，它不仅是化学教学语言艺术的一种基本方法，同时也是一种艺术。化学教学语言的暗示性的具体体现于含蓄性语言、幽默性语言、模糊性语言、激励性语言等。

弗洛伊德曾说过，心理活动的意识好比冰山上的小小山尖，而无意识则是海洋下面看不见的巨大部分。所以化学教学语言暗示艺术的心理机制是教师的教学语言刺激了学生的无意识心理活动，学生产生了特定的心理反应，即有意识的、清醒的、理性的心理活动。它充分调动和发掘了学生大脑无意识领域的潜能，使学生的无意识和意识活动交织在一起，在愉快的气氛中，不知不觉地完成学习任务。

8. 教学语言的亲和性

"亲其师，信其道。"要取得好的教学效果，教师就必须取得学生的敬佩和信赖，除了靠教师自身渊博的知识和完美的人格外，教学语言的亲和力也至关重要。

现代教师不能再以长者的口气、权威的训示、命令的方式去要求学生，而要用亲切和蔼富有感召性和感染力的语言去教育、感化学生。要使自己的教学语言富有亲和性，教师需做到如下三点。一是教学语言要充满情感。捷克教育学家夸美纽斯说："一个能够动听地、明晰地教学的教师，他的声音应该像油一样浸入学生心里，把知识一道带进去。"[1] 因此教师的语言要做到以情感人，课堂上要善于与学生进行情感的交流与沟通，措辞恰当，语调柔和，充满亲情、友情、真情，让学生在课堂中真正感受到暖暖春意、浓浓师情。在这样的氛围中，学生将受到鞭策、鼓舞和感化，从而积极主动地参与到教学活动中去，进而达成共识、共享、共进，实现真正意义上的教学相长。二是教学语言要贴近学生，与学生进行心灵沟通。教师要善于俯下身子倾听学生心声，充分发扬教学民主，不急于用评判语言作断定。如当学生回答问题不全面、不正确时，可以说，"这些意见都是同学们经过一番深入思考得出的结论，我们不妨比较一下，谁的想法更合理、更科学？"这样让学生通过分析、思考、推理，从而自己否定自己的意见，寻求新的思维方向。另外教师还要善于与学生交流思想，拉近师生距离，对学生要充分尊重、信任、理解和包容，要用语言欣赏学生，用渴望的目光期待学生，从而增强学生的自信心和成就感，体现自身的价值。三是教学语言不能居高临下，要体现平等、民主、和谐的意识。如在二氧化碳一节的教学中，师："同学们，今天我们一起研究二氧化碳的性质。""一起研究"这样的语言体现了师生平等，形成了一种人文精神，充满了人文关怀，凸显了学生的主体地位，有效地拉近了师生距离，调动了学生的积极参与意识。

9. 教学语言的激励性

激励性语言在教学中往往能起到意想不到的作用，恰当地运用可以激发学生的学习内驱力，保护学生的个性及创新意识。德国教育家第斯多惠说："教育的艺术不在于传授本领，而在于激励、唤醒和鼓舞。"[2] 罗森塔尔效应也充分说明了激励在教学中的地位和作用。因

❶ 果淑芳. 浅谈职业中专学校语文教学中情商的开发与调动 [J]. 中等职业教育，2009，(7)：21-23.
❷ 张焕庭. 西方资产阶级教育论著选 [M]. 北京：人民教育出版社，1979：367.

此我们的教学语言要多一些表扬、肯定和鼓励，少一些批评、否定和责怪。如何才能使我们的教学语言富有激励性和鞭策功能呢？首先，要乐于接受学生的观点，鼓励学生大胆发表自己的想法和见解，在学生回答问题时，要给予激励性评价。即使学生的回答有些偏颇，教师也要给以鼓励，"你能自己思考并勇于回答问题，值得大家学习。""你差不多找到了解决问题的办法，请继续努力！"切莫批评否定、讽刺挖苦，以防伤害学生自尊，摧残学生自信。其次，要善于换位思考。教师要学会从学生的角度思考问题，善于发现学生思维过程中的闪光点，并给予鼓励和肯定。教师要用自己的真情去唤起学生的学习兴趣和学习热情，保护学生学习的创新意识。再次，要用激励性语言，如"你的答案很有个性、很独特！""你发现了科学家没有发现的问题！""你的答案有创意，连我都没想到！""你确实有很大的进步！"等。激励性语言能使学生兴趣盎然，跃跃欲试，完全沉浸在无拘无束的宽松环境中。在这样的氛围中，学生思路开阔、思维开放、心智开启、智能得到开发、创新意识得到培养。

10. 教学语言的开放性

一堂好课，应该是课前充分预设、课中关注生成、课后批判反思，师生具有课程生成意识。课堂教学是一种开放、动态、多元、多变的交流与对话，课堂教学不再是单一的教师行为模式化的场所，而是师生思想与智慧交流展现的场所。教学过程不再是简单的传授知识的过程，而是课程内容持续生成与转化、建构和提升的过程。

要使课堂有精彩的生成，首先，要用教学机智调控课堂教学，活用开放性语言。所谓教学机智，是指教师在教学中善于根据施教情况创造性地进行教学的才能。而教学机智更多地体现在教学语言的机智上，它是构成教师教学艺术的主要因素之一。在教学中教师要及时捕捉教学中创生的有效信息，包括在课堂中师生、生生思维碰撞而生发出来的新见解、新思维，瞬间灵感，个性解读，甚至包括学生的错误答案及课堂中的偶发事件。教师要能见机行事，随机应变，灵活地调整教学方案，巧妙地运用开放性语言，给学生以引导、启示和教育，这样往往会有意外的收获。例如，"这个问题老师也没想到，大家一块儿出出主意，看看该怎么办呢？""这种现象使我们联想到什么？"在教学中可使用此类语言，从而较好地调控课堂节奏，取得精彩的课堂生成效果。

其次，有效拓宽学生思维空间，活用开放性语言。在教学中要关注学生已有的知识经验，关注学生的学习需求，巧妙地创设学习情景，强化教学语言的开放性，开放学生学习的时空，引导学生自己去发现问题、提出问题，激励学生主动参与、自主学习。如课堂上我们可以进行以下提问："通过观察，你发现了什么？""你认为应该怎么做？""你的思路正确吗？你的猜想正确吗？""有什么方法验证这些结论是否正确？"这些教学语言给予学生质疑的多个方向，给予学生更大的思维空间，激励学生共同参与、共同研究、共同思考、共同感悟，各自发表自己独特的见解，展示自己的个性。同时面对学生的奇思妙想与真知灼见，教师要尊重并灵活处置这些新生成的教学资源，使课堂教学真正成为课程内容持续生成与转化的动态生成性课程。

以上，从不同角度、不同侧面论述了化学教学语言艺术的特征，有些特征难免存在着一定的交叉和重叠，教师要追求教学语言艺术的境界，必须综合考虑，将各特征有机地结合起来，形成美的教学语言，以寻求教学语言艺术的整体效果。

（二）化学教学语言艺术的外部特征

1. 语音

除应用普通话进行教学外还应注意以下两点。一是正确清晰。语音正确是化学教学语言的第一要义，有的教师将氯（lù）气读成氯（lù）气，将重（chóng）铬酸钾读成重（zhòng）铬酸钾。语言的含糊或错误，必然影响化学知识的正确传授。语音正确也就是音准的问题，即普通话吐字要清晰准确。二是柔和优美，即音质优美。音质，是指语言的音色，是声音的一个物理属性，是声音的质量，是一个音区别于其他音的依据和标志，主要是由声道的共鸣形状和发音部位与方法的不同决定的。每个人的发音体和发音习惯都有自己的特征，这就形成了音质的个性差异。音质的好坏有先天的因素，但音色的圆润更多的是依靠后天的美化——共鸣，这里主要是指口腔共鸣。教师平时要注意保护自己的嗓子，掌握正确的发音技巧，使自己的声音悦耳动听。

2. 语调

语调是指利用声音的高低、升降、明暗、快慢所形成的音调变化，用以加强语言表情达意的效果。心理学研究表明：变化的刺激比不变的刺激更能引起注意。如果教师的语调呆板，其结果必然是枯燥无味，催人欲睡。实践证明：多变的语调不仅能吸引学生的注意力，而且能在大脑皮层上留下较深的印痕，记忆也就能巩固而持久。语调变化的基本要素是轻重、快慢和停顿。如果没有轻重不同的重音、长短不等的停顿和时缓时急的语速变化，语言就失去了节奏感，学生就抓不住语义的中心，更谈不上语言的感情色彩了。有时教学语言的声调就可能藏有丰富的潜台词，而每一种语调都可以使对方获得某种附加的信息。例如，在学习乙醇分子内脱水生成乙烯的机理之后，许多学生产生了思维定势，此时，教师故意停顿，（拖长声音）问："是不是所有的醇都可以脱水生成烯烃呢？"这就给学生暗示可能还有例外。学生通过讨论得出只有在相邻碳原子上有氢原子的醇才能脱水生成烯烃，而 CH_3OH、$(CH_3)_3CCH_2OH$ 等就不能在分子内脱水生成相应的烯烃。

3. 语气

语气是指教师讲课时的态度和感情。化学教学语言的语气要配合教学内容而自然起伏，带有强烈的感情色彩。教师用不同语气说的话，表现出的思想感情就有很大不同。

比如，教师提问时，若没有学生回答，教师则可用较轻的略微上升的语调问学生："难道真没有同学能回答吗？""难道同学们一点都不了解吗？"这样就能激发学生对老师的提问有所回应。但如果教师语气较重的话，教师的亲和力将大打折扣。如果教师不善于运用语气、声音呆板、平淡、缺乏变化，就会使学生产生厌倦。在讲课过程中，随表情达意的需要，不时变换语气，使其有起伏变化，可以表达出不同的思想感情。

4. 语速

语速即说话速度，在单位时间里说出的字数（或音节）。太慢或太快，都不是合适的速度。一般情况下，日常说话的语速过快，而表演艺术或演讲的语速稍慢。语速的快慢受说话场合的影响，也受说话人情绪的影响。语速是经常变化的，有时快，有时慢，但每个人都有一个惯常使用的语速，惯常使用的语速形成一个人的说话习惯。语速与思维关系密切，思维敏捷，语速则快；思维迟钝，语速则慢。语速还与说话中的停顿有关。停顿过多或过长，语速则慢。

教师在课堂教学中的语速要稍慢于讲话速度，而且要有快慢的变化。对教师语速的要求是❶：以语速适中为主，间或有超常语速（特快或特慢语速）。教师的语速和学生接收、处理信息的速度同步，就是合理的语速。一般情况下，教师采用正常语速教学，在强调重点、难点时则有意使用慢语速。教师使用超常语速主要是吸引学生的注意力，或造成一种幽默风

---

❶ 金开字. 教师教学中的语言艺术 [M]. 北京：中国社会科学出版社，2012：208.

趣的生动效果，故意渲染一种心情，营造一种氛围。语速的变化能够让声音富有吸引力，更好地塑造声音形象。

5. 音量

音量是指声音响度的大小。教师在课堂上讲话，要把音量控制在适当的程度，也就是通常人们所说的合理响度，具体标准是让坐在每个位置上的学生都能毫不费力地听清楚教师讲的每句话，而且耳感舒适。如果达不到或超过这个合理响度，则就会阻碍信息传递，影响听课效果。

总之，作为化学教师，必须正确地运用语音、语调、语气、语速和音量，而且特别要注意它们之间的"合力"作用。语言技巧的综合运用包含了教师对所表达事物的评价和态度，是语言表情达意和渲染强调的重要手段，必须根据化学教学内容和表达需要来确定。

三、化学教师的教学语言风格

"风格"一词，最早见于我国晋代葛洪的《抱朴子·行品篇》，"士有行己高简，风格峻峭"，指人的风神标格、气度作风。人心如面，各有不同，不同的人就自然有不同的个性特征，就有不同的风格。

"教如其人"、"课如其人"，即教师的教学风格。许多学者从不同的视角给教学风格下定义，其中，李如密（1986）认为："教学风格，是指教师在长期教学实践中逐步形成的、富有成效的、一贯的教学观点、教学技巧和教学作风的独特结合和表现，是教学艺术个性化的稳定状态之标志。"[1] 可见，教学风格是教学艺术个性化的稳定表现。教学语言风格是教学风格的重要组成部分，教学风格应该是教学语言风格的上位概念。

化学教学语言风格，即化学教师在教学过程中运用教学语言的风度和格调的综合表现，是教学语言艺术个性化的特质。这种特质是教学语言在语音、词语、句式和修辞等方面的综合反映。理科教学语言风格和文科教学语言风格有较大的差异。化学教学语言涉及概念、定律、原理和实验等因素，有其特定的内涵和特点，要求教师具有较强的逻辑思维，科学实证的态度。化学语言教学风格主要可分为精炼简约的语言风格、平实质朴的语言风格和幽默风趣的语言风格。

1. 精炼简约的语言风格

所谓精炼简约，就是用简练、扼要的语言，反映纷繁的课堂生活，表达丰富的思想感情，没有多余的词句，而且有深刻的内涵。《学记》中"约而达，微而藏，罕譬而喻"，表达的就是这样的一种语言风格。

示例：溶解度概念的教学片断[2]

言演示实验：取两支试管，分别加入 10mL 水后，各加入 1g KNO_3 固体和 1g 食盐，充分溶解后食盐全部溶解了，KNO_3 固体有剩余。

师：哪种溶液是饱和溶液？

生1：硝酸钾溶液。

生2：食盐溶液可能是饱和溶液，也可能是不饱和溶液。

师：饱和溶液还是不饱和溶液，如何证明？

生3：加入少量食盐，若能溶解，则说明是不饱和溶液；不能溶解，则说明是饱和溶液。

❶ 李如密. 教学语言风格初探 [J]. 教育研究, 1986, (9): 51-54.

❷ 何如涛. 初中化学"溶解度概念"的教学与反思 [J]. 化学教学, 2013, (3): 37-39.

师：两种物质的溶解能力哪种大？

生4：食盐大。

继续实验：向食盐溶液中再加入5g食盐，充分溶解后，食盐有剩余（让学生看清剩余的晶体）。

师：为什么不能溶解？

生1：饱和。

师：如果要从数量上表示物质的溶解能力，你们觉得哪种溶液比较合适？为什么？

生2：饱和溶液。溶解到极限了，可以度量了。

师：用什么量来度量较合适？

生3：溶解的食盐的质量。

师：如何才能让剩余的食盐继续溶解？

生1：加热。

生2：加水。

师：看来物质的溶解能力除与本身的性质有关外，还与温度有关。究竟如何准确地度量溶解的食盐质量？

生1：需规定温度。温度不同，溶解能力不同。

生2：还需规定水的质量。一杯水和一盆水中溶解的食盐的质量是不同的。

师：一般规定用100g水作标准。

师：现在你们综合一下，要从量上表示物质的溶解能力，需规定哪些条件？

生1：100g水。

生2：规定温度。

生3：到饱和。

生4：溶解的溶质的质量。

师：请你们用自己的话写下自己头脑中的概念。

这位教师用言简意赅的语言，建构了学生思维发展的阶梯。学生在原有的知识基础上，通过独立思考建构了溶解度的概念。

2. 平实质朴的语言风格

平实质朴的语言是指选用确切的字眼直接陈述，或用白描，不加修饰，显得真切深刻，平易近人。语言力求平淡，不追求辞藻的华丽，显现出质朴无华的特点，但于平淡中蕴涵着深意。

示例：量子概念与楼梯台阶❶

教师："我们上楼梯，每次能上一个台阶、两个台阶……每次只能上一个台阶的整数倍，而不可以上一个台阶的0.5倍、0.6倍。同理下楼梯也一样。总之，我们上楼、下楼每一步上升、下降的高度只能是一个台阶高度的整数倍，这每一个台阶的高度，不就是上、下楼梯这个问题中的'量子'吗？"

借助楼梯这个司空见惯的生活现象，竟然很容易地帮助学生建立了量子化观念。学生建立量子概念是非常困难的事情，但是这位教师用宏观的类比建构量子概念。在这一物理事实的启发下，学生对带电体电量的量子化（电量一定是电子所带电量的整数倍）、爱因斯坦光子学说中的光量子、玻尔原子模型中的轨道（能量）量子化等问题都有了深刻的理解。

这一示例中，教师的教学语言用了楼梯、台阶、上楼、下楼、整数倍等日常用语，可谓

---

❶ 吴晗清. 论走向真实过程的科学：高中生科学方法能力研究 [D]. 北京：北京师范大学，2011.

朴实无华，却蕴涵了深刻的寓意，突破了理解量子化的教学难点。

正如列夫·托尔斯泰所说："如果世界上有优点的话，那么质朴就是最大、最难达到的一种优点。"惠特曼说："艺术的艺术，表达的光泽和文学的光彩，都在于质朴。没有什么比质朴更好的了。"❶ 具备这种优点是很困难的，它要求教师用事物原本的色彩彰显一种自然的、质朴的美。这种语言风格的形成途径可考虑：在词语的选择上，大量使用常用词语；在句子成分上，较少使用修饰成分；在修辞方法的运用上，主要选择常用辞格，如比喻、借代、比拟等；在引语的使用上可适当选用俗语。

3. 幽默风趣的语言风格

如前文所述，幽默风趣性是教师教学语言艺术的特征之一。幽默风趣的语言风格是指教师运用各种奇妙的、出人意料而又引人发笑的语言，引发学生积极思考，直接或间接地向学生传授知识和经验。

在讲授初中化学分子的特点时，山东化学特级教师曹洪昌联系人们日常生活中的现象对教学进行了如下的讲解。

示例：分子的特点❷

师："同学们！大家到食堂吃饭闻到什么气味？"

生："香味！"（异口同声）

师："为什么会闻到香味？"

生：（一时语塞）……

师："是油的分子长腿跑进你的鼻子里去了？噢！是长了翅膀飞进你的鼻子里去了。"（故做幽默状，神气地）

此时，学生哄堂大笑，课堂气氛活跃到顶点。

在教师幽默性语言的点拨下，学生极易理解和掌握"物质的分子在不停地运动"的知识。在运用幽默性语言进行启发性讲解时，教师应把握其最佳时机，可以采用说笑话、引典故、插歇后语和说俏皮话等多种形式，灵活进行。

第二节　化学教学体态语艺术

体态语是一种非口头的交流（nonverbal communication），即不用语言的交际方式。它是用身体动作来表达情感、交流信息、说明意向的沟通手段，包括姿态、手势、面部表情和其他非语言手段，如点头、摇头、挥手、瞪眼等。也是由人的面部表情、身体姿势、肢体动作和体位变化而构成的一个图像符号系统，常被认为是辨别说话人内心世界的主要根据，是人们在长期交际中形成的一种约定俗成的自然符号。但又与文化背景有一定的关系，如在印度部分地区，点头表示不同意，摇头表示同意。

一、化学教学体态语的基本类型

美国人类学家非言语交际的带头人之一，莱伊·L·伯德克斯戴尔认为，在两人的对话中，通过语言传达的信息，只不过占整体的 35%，剩下的 65% 则通过风度、动作、姿势、

---

❶ 金开宇.教师教学中的语言艺术［M］.北京：中国社会科学出版社，2012：117.
❷ 曹洪昌.幽默在化学教学中的运用［J］.山东教育，2002，（2）：53-54.

眼神等言语以外的手段传达❶。在交际的过程中，最普遍的非言语行为就是体态语。

化学教师体态语是指在化学教学过程中，伴随着教师语言出现的，以与学生交流为目的与化学教学相关的身体态势。化学教学体态语艺术是指化学教师在教学过程中创造性地借助于一些表情、手势、动作等无声语言的表达艺术。化学教师体态语有以下几种基本类型❷。

（一）象征性体态语

象征性动作是指教师在课堂教学活动中发出明确的信息，能够让大多数学生理解的、有固定含义的体态语。象征性体态语包括以下几方面。

1. 指势

教师在课堂上的象征性动作比较集中的区域之一就是手指，手指起到了重要的作用，比如指引学生理解教学内容、组织课堂秩序等。指势一般分为跷拇指、伸食指、若干手指组合表示数字。

跷拇指：攥拢拳头，拇指向上。表示肯定、表扬性的积极含义，赞扬学生的突出表现，是一种高度的称赞，绝对的首屈一指。在课堂上，教师不经常使用这一手势，除非学生圆满、正确地回答了有难度的问题，或者学生的回答超出了教师的预料，连教师也没有想到这个答案时，教师用它来表达一种满意和欣喜的心情。

伸食指：攥拢拳头，伸出食指。这一动作因位置不同、运用方式不同以及指向的变化，而表示不同的意思。比如，食指与嘴唇垂直并靠近嘴唇或者与嘴唇接触，组织课堂秩序，表示请安静、请不要出声等意思，这时嘴唇通常呈呶起状。

2. 掌势

掌势是教师做得最多的伴随言语的动作，在教师讲解教学内容的时候，不自觉地有一些掌势动作，表现了教师的态度、性格和情感，也可用来组织课堂教学和协调师生关系。典型的掌势动作一般包括抬手、手掌下按、鼓掌。

抬手：掌心向上，轻柔掀起一次或几次。单手上抬，表示起立，请同学回答问题等，表示对学生的尊重，给学生一种平等感，但如果教师用食指点学生起立，则有种强制的性质，让学生潜意识里产生一种被审问的感觉。

手掌下按：手掌平放，掌心向下按动一次或几次。动作方向和抬手相反，力度和幅度适中。一般，单手下按多指要求某位学生坐下，双手下按，针对的是全体同学，比如同学讨论某一问题时，可能口头说明的同时伴随着双手手掌下按的动作。

鼓掌：手掌自然伸出，两掌相击，保持一定的节奏。可以表示赞许和肯定，学生也会跟随教师一起鼓掌，形成鼓励的氛围，激发学生的自信心和主动参与课堂的意识；还可表示欢迎或者感谢，例如来班级听课的老师或者新同学；在组织课堂秩序中，一两声清脆的鼓掌表示提醒，起到提醒学生注意和组织课堂教学的目的。

3. 头势

教师的象征性头势动作大致分为三种情况：点头、侧头和摇头。

点头：颈部使头部垂直上下运动一次或两次以上，表示同意或赞同。在课堂上，学生回答问题正确，教师点头表示赞同；学生回答完毕，教师点头表示请他坐下；学生向教师提出某一请求或者征求教师意见时，教师用点头表示同意。

侧头：将头从一侧略略倾斜到另一侧。这一头势的基本含义是关注，具体运用时依据面

❶ 方展画. 非智力因素的影响机制——非言语交流 [J]. 教育研究，1988，(4)：45-50.
❷ 李赢. 高中物理教师体态语研究 [D]. 长春：东北师范大学，2011.

部表情的不同分为感兴趣和怀疑两种意思。

摇头：颈部把头从一边转到另一边两次或两次以上，向两边转动的幅度相等，表达否定的含义。如对学生的要求给以拒绝，表示对某一观点不赞同或者对某件事情不相信的态度。

（二）说明性体态语

说明性动作是教师在课堂教学中用于解释、说明或描述某些内容和事物的身体动作或姿势。它是为了帮助说明口头语言难以表达清楚的某些内容，是对口头表达的重复、强调和直观的演示，让学生通过动作可以更好地理解语言传授的教学内容，但不宜过多。说明性动作没有固定的动作模式，它完全是为言语行为服务的，伴随着言语的变化而改变。说明性动作中头势所占的比例比较小，化学教学中说明性体态语主要由手势语构成。例如，学生实验教学中，教师可以用恰当、适时、准确的手势提示学生注意安全和关键操作：拇指与食指相对运动要求学生旋紧铁架台或铁夹；食指转动表示要求学生边实验边搅拌；手指自然弯曲手掌朝上随手腕左右平移表示要预热等。

（三）表露性体态语

表露性动作是教师在课堂教学中主要通过眼睛和面部表情表现内心情绪、显示情感倾向的细微的身体动作。主要的表现形式是眼睛动作和面部表情，有时候还伴随着身体态势的变化。面部表情属于微表情类，较难掌握。

教师常用的眼睛动作有环视和注视两种。

环视：目光在较大的范围内作环状扫描。环视是课堂教学活动中非常重要的眼睛动作，环视可以使教师的面部表情看起来自然灵活，有效地调动起全班同学的学习情绪。但环视时需要按一定的路线，照顾到教室的每个地方，根据教学环节的不同，控制环视的速度，同时在一堂课中，不能过于频繁地进行环视。

环视可以分为以下几种情况：上课前教师环视全班同学，用目光给予鼓励，使学生情绪稳定，奠定一个良好的心理基础；在教学过程中，教师提出一个有难度的问题后，如果暂时没有学生能回答，教师就会运用环视调动全体同学的积极性，鼓励学生深入地思考这个问题得到自己的答案，同时可以发现可能知道答案的同学，鼓励其回答问题；在同学们做练习或者做实验的时候，通过环视来观察学生的情况等。

注视：目光较长时间固定于某人或某物。注视辅以不同的视线、视角和不同的表情，可以表达不同的情感。在课堂教学中，教师一般在提出问题后，会短时间地注视某个同学，同时留有教学空白给学生思考的时间；当学生起立回答问题的时候，教师用自然亲切的面部表情注视该同学，与授课语言紧密符合，"再考虑一下"，"慢慢想"，激发学生思考，同时学生也可以通过教师的表情来判断自己答案的准确性，使课堂能顺利进行下去。

（四）距离性体态语

化学教师的距离性动作是指在课堂教学中为了达到某种教学目的而做出的身体移动动作。距离性动作可分为扩大距离和缩小距离，距离的扩大可视为教师走上讲台，距离的缩小可视为教师走下讲台做出的身体移动。人际间的距离也有信息意义，也是一种无声的体态语言。课堂教学中，教师在课堂所处的位置不同，与学生的远近不一，会给学生不同的心里感觉，产生不同的效应。有研究表明，教师站在距学生 $2\sim3.5m$ 的地方，就会产生一种控制效应。某个学生不注意听讲或出现行为不当的时候，只要教师表露出开始向这个学生走去的意向，就会使这个学生不当的行为迅速地改变。

此外，教师的穿戴也具有表达意义，限于篇幅，此不赘述。

二、化学教学体态语的艺术技巧

1. 眼神语言表达艺术

教师不同的眼神，可以传递出内心深处丰富多彩的思想感情。教师与学生进行目光接触应注意以下几个方面的问题。

首先，要扩大目视范围，要做到能够关注每一个学生。教师讲课目光不能老盯着某几个学生，而应不断变换、扩大视区，使所有的学生都感受到教师的关怀。当然，教师在注意到全体学生的同时还要通过不同的目光来教育学生。例如：对注意力不集中的学生，教师的目光应具有暗示性；对听讲认真的学生具有赞许性，等等。

其次，教师应通过目光来捕捉学生的内心世界。例如，当教师向学生提问时，对于那些想回答问题却又不敢回答问题的学生应投以信任的目光，鼓励他们举手回答；当学生回答得不准确或者不到位时，教师不应该流露出不满和责备的目光，而应该投以鼓励的目光或谅解的目光。教学时，教师要把目光平均分配给每一个学生，巧妙地使用目光，练就一双"会说话的眼睛"。

再次，教师的目光要具有神韵美且方式得当。眼神真诚自然、亲切热情，当学生接触到教师亲切的眼神时，就会从中体会到老师的关怀与期望。教师若斜视学生，则会令学生觉得教师严厉；教师若扫视学生，动作显得过快，也难以达到理想的教育效果。因此，教师应正视学生，通过和学生目光的直接接触来表达对学生的真挚情感。

2. 面部语言表达艺术

面部语言是指由脸的颜色、光泽、肌肉的收与展以及脸面的纹路和脸部各器官的动作所组成的表情。它以最灵敏的特点，把具有各种复杂变化的内心世界最迅速、最敏捷、最充分地反映出来。事实证明，《内经》中所概括的人的七情喜、怒、忧、思、悲、恐、惊都能在面部表现出来。

教师的面部语言体现了教师的思想、素养、风格和能力以及对学生的情感投入。教师的面部表情要亲切和蔼、平易近人，这是对教师面部表情的基本要求。无论在课堂内还是课堂外，教师都应该保持这种面部表情。当学生犯错误时，教师用微笑的方式来教育学生要比"横眉冷对"地对学生大发雷霆效果好得多。当学生取得成绩时，教师向学生报以微笑，好像在暗示学生："做得好，继续努力。"而当学生缺少勇气时，教师将微笑传递给学生，则会给学生以勇气和力量。教师将感情变化展示完后，表情就应当慢慢地回到平和的状态中。

教师面部表情是人内心情绪的晴雨表。教师要学会控制和运用表情来教育学生，同时又要善于察言观色以获得学生的反馈信息。教师的表情应在稳定中有变化。稳定时应像孔子"温而厉，威而不猛，恭而安"；变化时应根据具体情况灵活调节。教师的面部表情变化应注意分寸和场合，过多过频的表情变化会使自己显得挤眉弄眼，缺少庄重。

3. 手势语言表达艺术

手势在体态语中是动作变化最快、最多、最大的，而且具有很丰富的表达力。通常情况下，人们通过手的接触或手的动作可以解读出对方的心理活动或心理状态，同时还可将自己的意图传达给对方。

化学课堂教学中准确适度地运用手势，既可以传递思想，又可以表达感情，还可以增强有声语言的说服力和感染力。手势按其构成方式和功能可分为象征性手势、指示性手势、强调性手势、描述性手势和评价性手势。

高中化学物质结构与性质模块中，关于共价键模型和分子构型的两部分教学内容比较抽象，理论性强，是所在章节乃至本模块的教学难点之一。教师在教学实践中发现利用手势语能很好地突破教学难点。

示例：手势语在物质结构与性质模块教学中的运用❶

① 原子价电子排布空间构型。

以氮元素原子为例，N 的核外电子排布式为 $1s^2 2s^2 2p^3$。根据洪特规则可知，其中 2p 能级上的 3 个 p 电子分别处于相互垂直的 $2p_x$、$2p_y$ 和 $2p_z$ 轨道上，即沿相互垂直的 x 轴、y 轴和 z 轴上各有 1 个未成对电子所形成的纺锤形电子云。

手势表示如下：伸出右手，拇指指向上，食指指向前，中指指向左。此时三个手指两两相互垂直。拇指、食指和中指指尖各代表 $2p_x$、$2p_y$ 和 $2p_z$ 轨道上的一个未成对电子。根据手势可见氮原子 2p 能级上的 3 个 p 电子分别排布在相互垂直的 $2p_x$、$2p_y$ 和 $2p_z$ 轨道上。这便是氮原子的价电子排布空间构型。

② 氮分子的空间构型。

当两个氮原子相互靠近形成氮分子时，两个氮原子中存在孤对电子的 2p 能级上的未成对电子将以自旋方向相反的方式重叠成键。重叠过程中，两个氮原子的 $2p_x$ 或 $2p_y$ 或 $2p_z$ 轨道中的各任一个轨道将会以"头碰头"的方式重叠形成 σ 键，而另两个轨道将会以"肩并肩"的方式重叠形成 π 键。

手势表示如下：伸出双手，握拳，拳心相对，拳眼向上。同时伸出双手的拇指指向上，食指指向前，中指相对，使双手各自的三个手指两两相互垂直，保持两拇指、两食指分别各处于同一平面的情况下使两中指相互靠近。双手的拇指、食指、中指依次代表两个原子的 $2p_x$、$2p_y$ 和 $2p_z$ 轨道。由手势可见，两中指表示两个氮原子的 $2p_z$ 轨道以"头碰头"的方式重叠形成 σ 键，而平行的两拇指和两食指则分别表示两个氮原子的 $2p_x$ 和 $2p_y$ 轨道以"肩并肩"的方式重叠形成 π 键。根据手势我们可以明显地看出，氮分子形成的共价键有三个：一个 σ 键，两个 π 键。

化学教学实践中，手势语往往和其他体态语结合在一起，发挥其作用。例如，讲对映异构的 R、S 命名，费歇尔投影式所表达的四面体构型时，教师可利用自己的身体来模拟费歇尔投影式中横向的两个基团是指向前的（伸出两个胳膊），纵向的两个基团则是指向后的（上面的是脑袋，下面的是脚）。教师的身体态势和手势变化协同完成体态语。

4. 身姿语言表达艺术

身姿语言分为站姿与走姿。站姿是课堂教学使用持续时间较长的姿态语。它集中体现教师的自信与能力。课堂中站姿又分为自然式和前进式。自然式表现为双脚基本平行，相距与肩同宽。前进式，两脚略呈丁字步，双腿前后交叉相距适中，使相对静止的姿态幽雅舒适。走姿，教师应以生气勃勃的步姿给学生以孜孜不倦和气宇昂然的美感。教师在课堂上走动是必不可少的。但是，要注意与教学内容和课堂气氛相一致，频繁走动会造成学生视觉的疲劳，分散学生的注意力。一般而言，这种走动脚步应该放轻放慢，步幅适中，身正腰直，目光巡视，适当停留，次数不要过频，速度不能过快，力度不能过重，幅度不能过大。

5. 空间距离语言表达艺术

教师与学生之间的距离，也是一种无声的体态语言，它在教学的不同阶段传达着不同的信息。教师走上讲台，面向全体学生，可以达到控制全班学生的目的。如果教学过程中绝大部分学生听讲认真、积极思考，而这时恰好出现个别违纪学生，若停顿下来组织教学将会影响其他同学听讲，打断思路。这时教师边讲边走下讲台，走到同学附近，引起该同学注意。虽然教师未说一句话，但可以达到维持课堂教学秩序、组织教学的目的。

讲授新课与上学生实验课，教师与学生的距离是不同的。讲授新课时教师的活动范围是以讲台及讲台附近为主，因为教师的活动是面向全体学生的。而上学生实验课时教师应走下讲台，以在学生之间活动为主。二者不能反之。试想，教师在讲授新课时，不在讲台，而在部分学生附近，则将使另一部分学生感到教师离我很远，不是面向我们而是面对别人，在学生中产生松懈的感觉，教师难以控制全局。而如果上学生实验课时，教师一直站在讲台上，则学生会感到教师离我很远，不管我们，将出现学生违反操作规定的现象。此时，教师应走到学生中去，使每个学生都能感受到老师的关注，而产生成功的希望，同时注意不应长时间地在1～2个学生的实验桌旁，而应经常走动以弥补不能照顾全班的缺点。

　　总之，体态语是眼神、表情、手势、姿态等的综合运用，在课堂教学中配合使用辅助口语教学，可以使整个教学过程显得丰富多彩，学生可以在愉悦中获取知识，提高了课堂教学效果，也增强了课堂教学的魅力。需要注意的是体态语不像口语那样规范易懂，其含义较模糊，传递的信息有相当大的不确定性。所以教师在使用体态语时要力求动作简练利落，清晰鲜明，目的明确，让学生一目了然。

第三节　化学教学板书艺术

　　化学课堂教学板书艺术是教学表达艺术的重要组成部分，是教学的书面语表达之一，被称为教学内容的"镜子"，引导教学进程的"导游图"。精美的板书，不仅让人赏心悦目，更重要的是能激发学生思维，拓展联想空间，充分发挥视觉的记忆功能，提高知识的概括能力，使学生全面系统地掌握知识结构，提高课堂教学效果。

一、化学教学板书艺术的功能

　　板书是教师利用黑板以凝练的文字语言、图表语言传递教学信息，使学生更好地感知教学内容的一种教学表达方式。在化学教学中，板书的内容大致包括化学概念和原理、化学符号、计算公式及其推导、例题和解答、实验装置图与实验现象以及各类知识之间的关系等方面，其基本功能可概括为如下几方面。

1. 结构功能

　　化学学科知识有其内在的逻辑性和规律性，每一课时教学内容中的知识点之间有内在联系和层级结构。若完全用多媒体代替，由于内容分散于各个幻灯片之中，且幻灯片的内容经常变化，则不利于学生从整体上去把握学习内容；再者，幻灯片的内容只能预设，化学课程

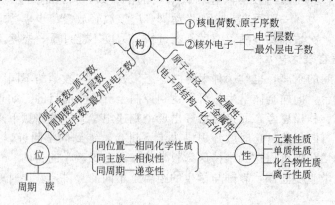

图 5-4　元素在周期表中的位置、结构和性质的关系板书

倡导充分利用师生交流中生成的教学资源，而生成的过程充满了变化，用预设的幻灯片完全替代动态生成的板书，势必束缚师生的手脚，无法及时调整教学内容。条理清晰、层次分明、重点突出的板书具有突出教学重点、体现知识结构和教学程序的功能。元素在周期表中的位置、结构和性质的关系板书如图5-4所示。

2. 启迪功能

板书通过一定的方式呈现教学内容的逻辑联系和教学过程的程序，反映了思维方法与过程，能起到启发、调节学生思路的作用。由于板书具有一定的持久性，学生可反复感知，所以它能不断刺激学生的视觉注意，使学生清晰地意识到实际的学习过程，能让学生的思维随着学习进程而发展。例如，在进行二氧化碳实验室制法教学时，板书呈现如下：

实验室制取氧气		实验室制取二氧化碳
①所需药品		①所需药品
②发生装置	板书迁移 →	②发生装置
③收集装置		③收集装置
④气体验满		④气体验满
⑤气体检验		⑤气体检验

3. 示范功能

板书对教学内容进行由表及里、由浅入深的提炼加工，揭示知识之间内在的、本质的、必然的联系，其中蕴涵着丰富的思维科学和学习心理学知识及技能，对学生也是很好的示范，如书写化学用语的示范、解题格式的示范和绘图的示范等。

4. 美育功能

布局合理、构思新颖、行款巧妙、字迹工整秀美的板书，本身就是一种精美的艺术品，能使人赏心悦目，也容易激发学生的学习兴趣，给学生美的享受，对学生审美观的形成有着潜移默化的作用。例如，电负性的板书，如图5-5所示，创造了一定的美的视觉形象，可促进学生对概念的直觉感悟和理解。

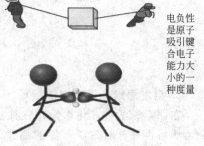

电负性是原子吸引键合电子能力大小的一种度量

图5-5　对电负性理解的板书

二、化学教学板书艺术的技巧

化学教学板书的基本形式有：提纲式、表格式、网络式、图示式及其组合。其特点表现为：直观性、简洁性、趣味性、示范性、审美性和形象性。结合化学教学板书艺术的作用和特点，教学板书设计的技巧包括以下要素❶。

1. 精心构思，整体设计

教师自觉增强教学板书的设计意识，提高教学板书设计的艺术水平，可以有效地克服教学板书的盲目性和随意性带来的低质量、低效率的弊病，达到较好的教学效果。一是要注意教学板书设计的目的性，要根据教学的实际需要确定是否采用板书、用何种形式的板书以及怎样运用板书等。二是要注意教学板书设计的整体性，注意从整体上反映教学内容的特点和结构，同时注意使教学板书自身也形成一个相对完美的整体。三是要注意教学板书设计的制约性，在设计教学板书时要注意学科特点、学生程度和时空条件等制约因素，避免因板书设计不合理而在运用时费时、费力，完不成教学任务，影响教学的质量和效果。

---

❶ 李如密. 教学艺术论［M］. 济南：山东教育出版社，1995：332-342.

电解原理的板书设计如图 5-6 所示，以电解装置示意图为中心，将通电前的电离、通电后离子的定向迁移、阴阳两极离子的竞争与放电、电极反应式、电解反应方程式、电解过程中的能量转化等知识点按一定时间、空间和因果关系的逻辑顺序展现出来，形成一个有机的思维过程。副板书辨析了电离与电解的概念差异。整个板书思维层次清晰、富有启发性，有利于学生深层次理解电解原理，顺利实现从形象思维到抽象思维的转化。画面活泼新颖、布局合理，让学生受到整体美的陶冶。

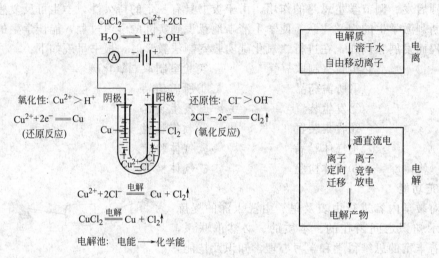

图 5-6 电解原理的板书设计

2. 启发思维，揭示方法

在课堂教学中，化学教师往往在导入新课的过程中，首先将本课所要讲的课题板书出来，然后再展开对教学事件的描述，或对问题进行讲解，或进行演绎推理，或组织小组活动。通常教师边讲解边板书，或先讲解后板书，或先板书后讲解，无论采用何种方式，具有教学艺术的板书都应该启发学生思维，既影响学生的"学会"，又影响学生的"会学"。例如，三氧化二铝的教学中，教师板书从铝土矿制备铝的过程如图 5-7 所示。然后提出："请根据铝土矿（主要成分 Al_2O_3）制备铝的工艺流程图，考虑为什么要通入过量二氧化碳？用盐酸或硫酸来代替二氧化碳酸化是否合适？"

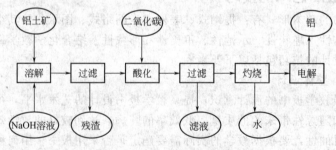

图 5-7 从铝土矿制备铝板书

3. 合理布局，虚实相生

教学板书的合理布局是指对在黑板上要书写的文字、图表、线条，做出严密周到的安排，既符合书写规范要求，格式行款十分讲究，又能充分利用黑板的有限空间，使整个板书紧凑、匀称、协调、完整、美观、大方。合理布局可以增加内容的条理性和清晰度，避免引起学生视觉疲劳，获得良好的教学效果，也有助于培养学生的审美能力等。常见的教学板书布局有中心板、两分板、三分板等。据研究，人们对处于不同位置内容的观察频率是不同的。对位于左上方内容的观察频率最高，其次是左下方，右下方最低。所以，如果系统板书不多，则应放在中间偏左的位置；如果系统板书较多，根据板书各部分的重要程度，依次安排在左上、左下、右上、右下的位置上是适宜的。但无论如何进行板书布局，都应力求主次分明。图 5-8 所示的钠及其化合物的性质的板书属于中心板，隐去了各物质转化的化学方程式，让学生完成化学方程式，这是体现虚实相生的布白式板书。

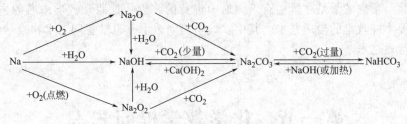

图 5-8　钠及其化合物的性质板书

4. 配合讲解，展现适时

因为多数教学板书都是在课堂上当着学生的面逐步完成的，板书过程体现着教学活动的流程，反映着师生考虑问题的思路，因此，板书内容展现的次序和时间须着意考虑。板书不适当地提前或滞后均会破坏正常的教学节奏，干扰师生共同的思维过程，造成学生注意力分散，甚至引发学生的问题行为。一般说来，教师的板书要跟讲授的语言和体态有机地配合起来，要边讲边写，以达顺理成章、水到渠成之效。只有这样才能起到控制作用，吸引学生的注意力，激发学生的学习兴趣，才能更好地表达所讲述内容的逻辑性和事物间的内在联系，使教师思路和学生思路合拍共振。当然，有时根据教学的特殊需要，也可以先讲后写或先写后讲。

5. 对称设计，体现美感

对称式板书形式整齐、对称和谐，具有很高的美学价值和实用价值，深受学生青睐。对称式板书一般分为左右对称、上下对称、上下左右对称三大类。对称式设计的板书体现了化学教学板书的艺术性。例如，硫酸型酸雨的形成、防治与危害的板书如图 5-9 所示，属于左右对称式。图 5-10 所示为单质、氧化物、酸、碱、盐之间的转化关系板书，是左右上下对称式，这种方式简明、扼要、精美，使知识结构化和系统化。

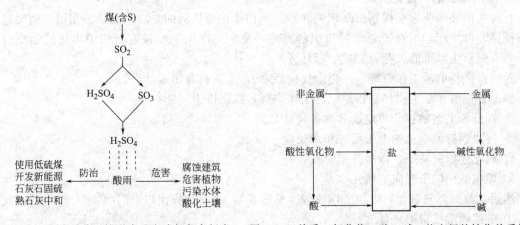

图 5-9　硫酸型酸雨的形成、防治与危害板书　　图 5-10　单质、氧化物、酸、碱、盐之间的转化关系板书

总之，板书要在亲切的教态、启发的语言、情感的共鸣中适时展开，要在质疑、探究、生成的循环里逐步完成，一定不能脱离教学活动而孤立地呈现板书。

第六章　化学教学沟通艺术

教师的教与学生的学是在师生有效沟通中进行的。教师是课堂教学沟通的主要设计者，因此教师需要掌握教学的沟通艺术。其中，教学提问艺术、教学答问艺术和教学倾听艺术是基本的教学沟通艺术。

第一节　化学教学提问艺术

教育家陶行知说："发明千千万，起点是一问。禽兽不如人，过在不会问。智者问得巧，愚者问得笨。人力胜天工，只在每事问。"课堂提问是一门艺术，运用得好，能帮助学生走进课程，使他们真正成为学习的主人，能开发学生潜能，培养学生创新精神，优化教学效果。

一、化学教学中提问的时机

课堂提问是教师教学的重要手段和最常用的方式。运用提问能有目的、有计划地引导学生进行科学探究活动，形成科学假设；能及时收到反馈信息，适时调控教学；可以增进师生交流；启迪学生思维，锻炼学生表达能力等。无论教师或学生，每一次提问都是一个生命向另一个生命敞开，每一次提问都是"一朵云推动另一朵云，一棵树摇动另一棵树，一个灵魂唤醒另一个灵魂"（雅斯贝尔斯语）。课堂教学中，提问促成了沟通与交流的智慧闪亮、心灵共振。因此，教师在备课中应重视提问的设计，其中问的时机的把握，是实现问的价值的关键，时机把握不当，往往会使提问失去应有的作用。

1. 新旧知识的衔接处提问

有经验的教师非常重视新旧知识的联系，他们往往用提问的方法，在新旧知识之间架起一座桥梁，激发起学生对所要学习知识的兴趣，使学生产生一种探索新知识奥秘的强烈愿望，并点燃学生思维的火花，完成学习任务。

示例：燃料电池工作原理（《化学反应原理》，人民教育出版社）

教师首先引导学生回忆铜锌原电池工作原理，提出以下问题：

① 铜锌原电池的正、负电极名称各是什么？

② 写出铜锌原电池的电极反应和总反应。

③ 氧化还原的特征、本质各是什么？

④ 原电池的电子流向如何？

然后，教师以氢氧燃料电池工作原理（见图6-1）为基础提出以下问题：

① 电解质溶液指的是什么？

② 燃料电池的电极材料是什么？

③ 通氢气、氧气电极，何者为正极？何者为负极？

④ 写出燃料电池在酸性介质和碱性介质中的电极反应和总反应。

这一设计从复习原电池的提问，延伸到燃料电池原理的提问，起着先行组织者的作用。它能激活学生的原有思维和知识经验，促进新知识的学习，起到温故而知新的作用。

2. 学生疑惑处提问

提问，是为了启发学生通过自己的思考来获取知识、培养能力。孔子的"不愤不启，不悱不发"强调了在教学中教师要善于调动学生进入"愤悱"状态，引导学生"释疑"，培养他们发现问题、分析问题和解决问题的能力。学生有了疑问，就会产生求知欲望，就非要弄个水落石出不可。所谓的疑惑处就是指学生不能很好地展开思考，想说又说不出来，或思路混乱、思维受阻、无从下手、困难重重时，通常为教学难点处，这时教师可通

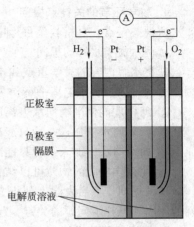

图 6-1 氢氧燃料电池工作原理

过巧妙、合适的提问一语道破天机，牵引学生朝正确的方向思考，解决疑难，打开思路，获得问题的解决。

示例：Al 的化学性质（《化学 1》，江苏教育出版社）

教材在"活动与探究"栏目中要求：将几小块用砂纸打磨过的铝条分别放入四支洁净的试管中，再向试管中分别加入浓硝酸、浓硫酸、6mol/L 盐酸、6mol/L 氢氧化钠溶液各 3mL，观察实验现象。学生能够观察到铝分别与盐酸、氢氧化钠溶液反应产生气泡，并能得出结论，写出化学方程式。但是铝和浓硝酸、浓硫酸接触时，不能看到明显的实验现象，学生困惑于二者是否发生了化学反应时，教师可以提出问题："请你设计实验证明常温下铝分别与浓硝酸、浓硫酸是否发生了化学反应。"

3. 观察实验现象时提问

化学实验观察是人们有目的、有计划地通过感官或观察仪器对化学实验进行感知的过程。化学实验观察可以帮助学生获得丰富的感性材料，形成感性认识，但是观察的现象不会自动地上升为概念和理论，需要学生自主建构，形成理性认识。此时，教师的提问起着指导作用，学生通过抽象思维可以促进概念和理论的形成。

示例：原电池原理

学生实验：

① 将稀硫酸倒入 100mL 烧杯中（至半烧杯）。

② 将铜片插入硫酸中，观察现象。

③ 将锌片插入硫酸中，观察现象。

④ 将锌片和铜片在稀硫酸中接触，观察现象。

⑤ 将锌片和铜片平行插入稀硫酸中，外接电流计，观察现象。

学生观察并记录实验现象后，教师提问：

① 锌片为什么会溶解？

② 铜片上的气泡是什么？是如何产生的？

③ 电子是怎样流动的？

④ 溶液中的离子是怎样运动的？

⑤ 原电池构成的条件是什么？

学生学习原电池原理时，通过实验操作活动观察和感知实验现象，而要认识和把握现象的本质，则需要教师的启发和引导，启发式提问是有效的教学方式。

4. 教学环节的关键点提问

所谓关键点，是指教学目标中的重点、难点，牵一发而动全身的关节点。

示例：盐类水解的提问

盐类水解内容的教学重点和难点，是理解盐溶液呈现不同酸碱性的原因，能够解释其原因。教师可以分析水电离平衡作为出发点进行发问引导：

① 怎样才能使平衡向水电离的方向移动？

② 如果向水中加入一种只能减小 H^+ 浓度的微粒，平衡如何移动？

③ 如果向水中加入一种只能减小 OH^- 浓度的微粒，平衡又将如何移动？

④ 什么样性质的物质可以结合水中的两种离子？可以用实验验证吗？

这种提问，可启发学生分析 NH_4Cl、CH_3COONa 和 CH_3COONH_4 溶液呈现不同酸碱性的原因，抓住了问题的关键，起着突破难点的效果。

5. 知识迁移处提问

知识迁移是指先前的学习对后继学习的影响，已有的知识结构对新学习的影响。

在培养学生应用知识分析问题、解决实际问题的能力，树立学以致用的观点时，教师可以提出相关问题，促进学生知识迁移能力的提高。

示例：乙烯的化学性质（《化学 2》，人民教育出版社）

当学生学习了乙烯可以与溴单质发生加成反应后，教师提出："在一定条件下，乙烯还可以与 H_2O、HCl、H_2 等物质发生加成反应吗？结合乙烯与溴反应方程式的书写特点，你能写出有关反应方程式吗？"请学生进一步归纳加成反应的特点。

$CH_2\!=\!\!CH_2 + H_2O \longrightarrow$ _____

$CH_2\!=\!\!CH_2 + HCl \longrightarrow$ _____

$CH_2\!=\!\!CH_2 + H_2 \longrightarrow$ _____

教师还可以进一步提出："工厂制备 CH_3CH_2Cl 时，选用乙烯和 HCl 作为反应物好，还是选择乙烷和 HCl 作为反应物好？为什么？"

这两个问题的解决，不但巩固了学生对乙烯性质的理解，同时也回答了乙烯的用途，使学生体会到课堂上学习的化学知识在实际生产中的应用。通过知识的迁移与应用进一步加深学生对本节课重点内容的理解和进行发散思维能力的训练。

6. 认知冲突处提问

认知冲突是指学习者原有认知结构与新知识、新情境之间出现矛盾的现象。建构主义认为，学习者在学习新知识或遇到新情境之前，头脑中已经存在了一定的认知结构。在学习新知识或遇到新情境时，他们总是试图以这种原有的认知结构来同化新知识或解释新情境。如果学习者原有的认知结构能顺利同化新知识或解释新情境，则处于认知平衡状态；反之，学习者就会产生认知冲突了。化学教学中可以在学生认知冲突时，提出问题，寻找优化认知结构的增长点。

示例：元素周期律和周期表（《化学 2》，江苏教育出版社）

在进行元素周期表和周期律教学的时候，讲到周期表中从上到下元素的非金属性逐渐减弱、金属性逐渐增强的规律时，教师可提出："在常温下，单质硅比较稳定，与氧气、氯气、硝酸、硫酸等都很难发生反应，但是在自然界中，没有游离态的硅，只有化合态的硅存在。而根据元素周期律，与硅元素处于同一主族且活泼性相对较强的碳元素反而能在自然界中以游离态（金刚石、石墨）稳定存在。这是为什么呢？"

教师把新问题呈现在学生面前，在学生原有的元素化合物知识与新接触的元素周期律知识之间产生了认知上的强烈冲突，打破了原有的认知平衡，激发学生强烈的自主探究意识，

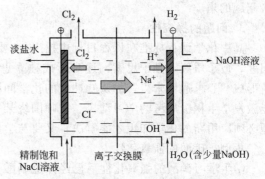

继而引发学生逐步完成对新知识的建构。

7. 学生不易发现问题处提问

化学课堂教学中，有些问题不易被学生发现，或常被忽视，教师提出此问题，常常容易引发学生的好奇并深入思考，提高学生思维的深刻性。

示例：工业上电解食盐水的疑问

在电解饱和食盐水的教学中，当学生学习其原理后，教师根据图 6-2 提出："从电解槽出口流出的电解液中还有不少食盐，为什么不把食盐电解完呢？那样不是可以不用分离而直接得到浓度较高的氢氧化钠吗？"

图 6-2　离子交换膜电解原理示意图

在上述离子交换膜电解原理中，电解到一定程度时必须让浓度降低的食盐水流出去，输进浓度较高的食盐水。一般学生没有注意到这一事实，教师提出此问题可以引导学生对电解原理探究的深化。

二、化学教学提问艺术中问题设计的原则

化学课堂教学中究竟要提出什么样的问题？化学特级教师王中荣（2011）在对高中化学教学课堂提问有效性的研究中，认为化学课堂教学中的有效提问应具有下列特征：较高的知识关联度，较好的目的预设性，较广的信息传递性及较深的思维创造性[1]。为此，笔者认为化学教学提问艺术中问题的设计要考虑以下几个方面。

1. 问题的开放性

教师在设计问题时，要考虑具有开放性，让学生可以从不同的角度去思考教师提出的问题，让学生产生尽可能多、新，甚至前所未有的独创想法。

示例：乙醇化学性质的复习

在复习有机化学时，教师以 CH_3CH_2OH（乙醇）与浓 H_2SO_4 加热时在不同的条件下可生成 $CH_2\!=\!CH_2$（乙烯）或 $CH_3CH_2OCH_2CH_3$（乙醚）等不同物质为基础，提出了这样一个发散性的问题："$CH_3CH(OH)COOH$（乳酸）在浓 H_2SO_4 存在的条件下加热，生成物又有哪些呢？"学生经过充分的合作、探究、讨论后，得出结论：可能有烯、醚、酯等多种物质。

这种开放性问题的设计，能促进学生全面地观察问题、深入地思考问题，逐步引导学生从直接形象思维向抽象逻辑思维过渡，培养创造性的思维能力，并用独特的思维方法去探索、发现、归纳问题。学生良好认知结构的形成、灵活思维方式的发展，都得益于创新问题的开放性。

2. 问题的趣味性

兴趣是最好的老师，学生的好奇心理是学习的最好动机。对于常规的化学问题，增加趣味性是有效提问的策略之一。只有来自生活中富有趣味性的问题，才能激发学生思考，唤起学生探索知识的兴趣。例如：为什么银元、银首饰是银白色的而硝酸银试剂瓶口分解得到的银是黑色的？为什么镁条在空气中燃烧得到的氧化镁是白色粉末，而镁条在空气中缓慢氧化得到的氧化镁呈灰黑色？这样的提问，让学生沉浸在思考的涟漪之中，在探索顿悟中感受思

❶　王中荣. 高中化学教学中课堂提问的有效性及思考 ［J］. 课程·教材·教法，2011，(3)：84-88.

考问题的乐趣。

3. 问题的探究性

高中化学课程标准在课程目标中提出："要有问题意识，能够发现和提出有价值的化学问题，敢于质疑，勤于思索，逐步形成独立思考的能力。"[1] 只有那些难易适度、有助于学生形成"心求通而未得"的认知冲突的化学问题或事物，才是构成问题情境的最佳素材，才能激发学生积极思考的学习动机。教师围绕某一主题构思一个问题、任务或者议题，这个问题必须应用新的化学知识才能解决，又要与学生先前的经验密切相关，具有可探究性。

示例：硝酸的强氧化性

学生学习硝酸的强氧化性后已经知道硝酸是一种强酸，可以完全电离，具有酸的通性，由此可以判断硝酸能使紫色的石蕊溶液变红。然后做实验，在浓硝酸中滴入两滴紫色石蕊试液，溶液的确变为红色，说明硝酸具有酸性。但过一会儿颜色变淡，直至由红色逐渐变为无色。这时要想使探究起步，就可提出如下问题：

① 浓硝酸能使石蕊试液变红是什么离子起的作用？

② 浓硝酸中滴入两滴紫色的石蕊试液先变红后逐渐褪为无色，使红色褪去的是什么离子？

③ 在浓的硝酸钠溶液中也滴入两滴紫色的石蕊试液，又会有什么现象？

这一科学问题，最终转化为"氧化剂的氧化性与介质的酸碱性的关系"这一抽象的探究性问题。通过一系列的探究实验，得到介质的酸性越强，氧化剂的浓度越大，物质的氧化性越强的结论。

4. 问题的区分度

提出的问题要有区分度。赞可夫认为，教学内容对学生来说应具有区分度。如果教师提问过于简单，学生不动脑筋即可回答，则不能引起学生的兴趣，达不到启发的目的；如果教师提问内容太难，使学生无从下手，则只会打击学生的学习兴趣和积极性。课堂提问的问题最好要让学生跳一跳摘得到，使学生的求知欲得到满足，提高学生的信心。根据"最近发展区"理论，符合学生"最近发展区"的问题才能够促进学生进行积极思考。因此，教师要用生活中直观新颖的化学现象，用富有情趣、生动、和谐的语气，提出有效问题来激起学生的学习兴趣，提高思维的积极性。

三、化学教学提问艺术的基本技巧

课堂提问是一门学问，是一种艺术。是学问，就有探索不完的奥秘；是艺术，就有多姿多彩的表现。课堂教学中不仅有"问什么"的问题，还有"如何问"的问题。提问艺术的基本策略，就是要求教师精心设计提问的方式和技巧。王德勋（2008）概述的以下几种提问方式[2]，值得化学课堂教学借鉴。

1. 直接诱导式

直接诱导式是指教师在提问中不拐弯抹角，而是直截了当地指向学生学习内容中存在的疑难问题，使学生克服学习的困难。在学生容易出错或易忽视的问题处，教师直接提出相关问题，引导学生思维，促进问题解决。例如，学习电解质概念时，教师可提出反例："Cu 能导电，是电解质吗？CO_2 是化合物，在水溶液中能导电，是电解质吗？"这一提问可以让学生较为深刻地理解电解质概念的内涵和外延。

---

[1]   中华人民共和国教育部. 普通高中化学课程标准 [S]. 北京：人民教育出版社，2003：7.
[2]   王德勋. 课堂提问时机和提问方式的研究 [J]. 中国教育学刊，2008，(8)：50-53.

2. 刨根溯源式

课堂讨论交流中，学生有时只认识到事物的表象，不够深刻，浅尝辄止，没有把握其本质。这时就需要教师引导学生对问题进行追本溯源、刨根究底的反思，从正反多问几个为什么，让学生知其然，又知其所以然。

示例：现有 KCl 和 KNO_3 混合物 50g，其中 KCl 的质量分数为 10%，根据图 6-3 所示的溶解度曲线，以小组为单位，设计实验方案从该混合物中提纯 KNO_3。

提纯含有 KCl 的 KNO_3 启发式提问设计如下。

【引子】

从题目中可知：KNO_3 有 45g，KCl 有 5g。

【第一步】

问：从溶解度曲线图观察，分离提纯 KNO_3 的主要方法是什么？

答：结晶法。

问：具体应包括哪些步骤和操作？

答：加热溶解、冷却结晶、过滤等。

【第二步】

问：实际操作要考虑的问题很多，比如加热升温溶解的温度是多少？取 60℃、80℃ 还是 100℃？

答：取 100℃。

问：为什么取 100℃ 而不取 60℃？

答：因为不同温度下溶解同质量的物质时温度低用水量较多。

问：水量的多少会影响实验结果吗？

答：会。当降至同一温度进行结晶时，溶剂水量越多，无法析出的 KNO_3 就越多。

问：既然如此，将温度升高到 120℃ 是否更好呢？

答：不是。100℃ 以上水会剧烈沸腾挥发，应控制在 100℃ 以下。

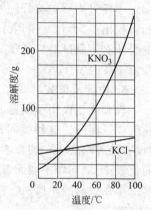

图 6-3　KCl 和 KNO_3 的溶解度曲线

【第三步】

问：在 100℃ 时，应加入多少毫升的水进行溶解？依据是什么？

答：恰好使 KNO_3 固体溶解为宜。通过溶解度曲线，计算确定为 19mL 水。

【第四步】

问：对冷却结晶的温度有什么要求？

答：越低越好，选择 0℃。

本例中提纯含有 KCl 的 KNO_3 的实验设计，涉及定性和定量分析，教师将一个复杂问题按照一定的逻辑顺序分解为一系列要素和步骤，通过环环相扣的问题，学生不仅知道了如何设计，同时明确了为什么如此设计。

3. 无中生有式

在学习化学基础知识和基本技能时，学生似乎没有问题，有时候教师可以采用揭疑式提问，对自明性问题的分析，可以促进学生思考和探究。在化学教学中，教师于无疑中设疑，有利于激发学生的学习兴趣，培养学生的创新思维和创新意识。关于钠与水反应实验现象的描述，教师概括为"浮、熔、响、红"四个字，对应的结论分别是：钠的密度比水小、钠熔点低、有气体产生和有碱生成。当学生对这些结论没有疑问时，教师可提出："钠浮在水面上，产生的气体有没有起作用呢？钠熔成小球一定能得出钠的熔点比较低的结论吗？"（铁熔点很高，但铝热反应放出来的热量也能使铁粉变成铁水。）这种提问会生成一种过程开放、动态生成的课堂教学，促进学生创新意识的产生。

4. 反弹琵琶式

这即是平常所说的"唱反调"。对现成的结论反过来进行思考，提出问题，这类问题的提出常常能引发学生的创造性思维。它可以开阔学生的思路，引发学生的逆向思维，有利于促使学生突破思维定势，产生新颖、独特的想法，这也是发展学生的创造性思维所必需的。这种提问常常使用"不"、"无"、"反"等词语，比如："不这样可以吗？""为什么不那样呢？""反过来会怎么样呢？"。例如，学习氯气的实验室制备时，为让学生认识发生装置，教师可提出："为什么使用分液漏斗而不使用长颈漏斗？滴加浓盐酸速度为什么要慢？加热温度为什么不宜过高（低于 90℃）？"当没有净化装置时，教师又可问："这样收集到的氯气纯净而干燥吗？"

5. 由此及彼式

教师不正面揭示问题的实质，而是迂回地指向问题，即问在此而意在彼，也就是常说的曲问或迂回问。这种提问富于启发性，吸引学生探究和发现，激起学生思维的浪花，产生"投石击破水底天"的教学效果。例如教师提问："卤族元素的原子结构和性质呈现什么样的变化规律？"问题平淡无奇，没有思考性，不如曲问："卤族元素中为什么排在前面的单质能够把排在后面的单质从它们的卤化物中置换出来？"

四、教师对学生回答问题的回应

如何对学生在课堂上的回答作出恰当、有效的回应，是课堂提问的一个后续工作，直接决定了课堂提问的效果。对于一个完美的师生对话过程，教师的精彩回应起着十分重要的推动作用。化学课堂是动态的，每个学生的思考和回答都是活生生的，该用怎样的方法来有效地回应学生呢？通常对于学生非常完满的答案，教师可直截了当地使用"对"、"是的"、"归纳得正确"等来肯定，并辅之以赞许的表情。化学教学实践中，有以下经验值得总结❶。

1. 留白中的等待

针对学生的回答，有时教师并不一定有答必应，而可以采取延时、留白的策略，让更多的学生有回答的机会。

示例：一氧化碳还原氧化铁实验❷

一氧化碳还原氧化铁演示实验后，教师提问："黑色物质是什么呢？"有的学生认为是铁，一个学生提出质疑，认为生成的黑色粉末可能是四氧化三铁，学生的眼睛都盯向老师，等待教师的否定或肯定。然而，教师在肯定这个学生积极思考、敢于怀疑后说："这是我在以往教学中不曾遇到过的问题，你们看怎么办呢？"学生你一言我一语地讨论，决定把黑色粉末加入到稀盐酸或者硫酸铜溶液中，根据实验现象最终确定黑色粉末确实是铁粉。最后，教师肯定了问题解决的方法，得出了正确结论。

教师对学生的回答没有进行直接的肯定和否定，即对学生的回答不予以及时的评价，而是把评价的时间适当地向后拖延，给学生留下一定的时间和自由思考的空间，即留下布白，让学生对问题进行发现和研究，关注了学生学习的全过程。

2. 引导中的提升

围绕问题师生展开对话，这样的对话更多的是动态的。引导中的提升就是指教师的回应要循循善诱，给人以不断的启示，针对学生的回答可以采用反问式、提炼式、接球式和追问

❶ 劳丽浓. 语文课堂教师应答的方法［J］. 教学月刊：小学版，2011，(4)：25-26.
❷ 邢建立. 动态的课堂　生成的天地［J］. 化学教学，2011，(4)：26-27.

式的回应方式。

反问式回应。例如，有位教师在教初中化学反应概念时，设计了如下的活动探究。

示例：化学反应概念❶

仪器准备：每个实验小组三个研钵，白色颗粒 $Pb(NO_3)_2$、KI 各一小包。

操作要求：先将 $Pb(NO_3)_2$、KI 颗粒分别在两个研钵中研细，再各取一半细粉放入第三个研钵中混合研磨。

提问：第三个研钵中的黄色东西是哪儿来的？学生面对亮黄色的出现发出惊叹，思考异常活跃，猜想也无奇不有。有的小组竟说开始的两种白色颗粒就好像是一个个的小蛋，蛋中有黄，研细时研破了蛋壳，流出了蛋黄，所以出现了黄色的物质。此时，教师反问："分别研细时为什么没有黄色物质出现呢？"又把学生推向思考之中。最后，终于有一个小组的学生说出了黄色的物质一定是原来两种物质一起研磨的过程中新变出来的。学生在体验中抓住了化学变化的本质属性。

提炼式回应，是根据学生的回答，教师作一个小结、提升，以"你的理解和感悟给我们一种很好的学习启示"等使知识得到提炼。

接球式回应，是顺势接住学生的回答，巧接绣球、顺藤摸瓜、因势而导，启发学生共同参与学习。

追问式回应，是发现学生的回答有一定价值但又没有完全展开，教师以"你为什么这样认为？能说说你的想法吗？"来激发学生深入思考或调整自己的理解和感受。

3. 反馈中的纠"错"

其一，回答有错，委婉告知。学生在学习过程中难免会出现一些知识性的错误，如写错字、读错音、混淆了知识等。面对学生错误的回答，教师不应急于否定，而应委婉地告知"其实不是这样的，而是……"这样能让学生体会到教师尊重的态度、亲近的口吻，让学生始终以良好的学习状态投入学习。

其二，回答不深，倾听引导。在师生对话过程中，学生或由于急于回答，或由于语言一时表达不清等原因，而出现理解不到位、感悟不深刻的现象。此时，教师应仔细倾听，在倾听中继续鼓励学生，找出原因所在，并以灵活的教学机智帮助学生调整思路，以"思"促"思"，努力做到对问题的理解全面而透彻。

其三，回答偏颇，调整问题。学生有时会对问题的意思揣摩不透，出现误解，有时甚至会"答非所问"或"不求甚解"。此时，教师可以适时调整问题的视角，让学生重新思考和回答。

第二节 化学教学答问艺术

课堂中师生之间语言交流的基本形式为提问-回答，它是课堂互动外显行为的表现。随着基础教育课程改革的深入，学生自主、合作、探究学习的意识增强，课堂中的困惑和问题增多，教师如何解惑？不同的回答方式和水平，对学生的帮助和影响是不一样的。正如教师的提问是一门艺术，教师回答学生的问题，即答问，也是一种艺术。

---

❶ 刘辉波，秦自云. 中学化学课堂教学"生成"的价值例谈 [J]. 化学教育，2009，(8)：28-29.

一、化学教学答问艺术的内涵

韩愈在《师说》中曾说道："师者，所以传道授业解惑也。"可以看出，古代教师的职责是传授道理，讲授学业，解答疑惑问题。现代教师的职责已经超越了传统"传道、授业、解惑"狭隘的观念。化学教学的课程总目标是提高学生的科学素养。化学教师不仅是知识的传授者，而且是知识的引导者和促进者。教师角色可以用下述比喻描述：我无法送你到对岸，只能送给你一叶小舟；我无法送你上山顶，只能指给你上山之路；我无法送给你智慧，只能教给你获取的方法。

化学课堂教学中，学生提出的问题多种多样，教师非"一切倾倒说出"，"授人以鱼不如授人以渔"，教师要答得巧妙、有效，贵在引导，这是由学生所提问题的特征及学生已有的知识和经验决定的。

化学课堂教学实践中，学生提出的问题，从内容维度看，有的与学习主题相关，有的与学习主题不相关。从价值维度看，有的是可利用的有效问题，有的是不可利用的无效问题。由此，学生提出的问题主要可分为：与学习主题相关的有效问题、与学习主题相关的无效问题、与学习主题不相关的有效问题及与学习主题不相关的无效问题。

答问，就是回答他人提出的问题。由于学生问题类型的多样性，教师的答问绝不是简单地回答学生的提问，而是一个巧妙导答的过程。

所谓化学教学答问艺术，是指教师针对学生提出的疑问，根据问题的特征，运用不同的方式，巧妙、灵活、有效地对学生的提问予以解决和处理的艺术。化学教学答问艺术可以化解学生的疑惑和激活学生的思维，它具有以下一些基本特征。

科学性。它是指教师回答学生问题时，要力求严格符合科学事实和科学理论，实事求是，不主观臆断。

针对性。它是指教师回答学生问题时，要诊断学生的"病因"，找出其不解之源，而后方能切中学生"疑惑"的要害。

及时性。它是指教师回答学生问题时，要及时回应，能够当堂解决的要当堂解决，不能当堂解决的也要尽快给出方案。

启发性。它是指教师回答学生问题时，一般不要直接给其以"鱼"，而是要给其以"渔"，让学生在探索中成长。

灵活性。它是指教师回答学生问题时，没有固定的模式，要根据问题类型、特点及学生已有的知识基础，灵活地加以处理。

二、化学教学答问艺术的基本方式

学生在化学学习活动中产生困惑，能够提出问题，是一种质疑能力的表现。此时，学生需要教师积极的引导。教师可以根据不同的学生、不同的问题，选择最佳方式给予处理而展现高超的化学教学答问艺术。借鉴孔子教育的答问艺术[1]，化学教学答问艺术的基本方式可以分为下述五种。

1. 启发式的答问艺术

孔子说："不愤不启，不悱不发。举一隅而不以三隅反，则不复也。"其中蕴涵着启发式教学的时机、举一反三的重要性。启发式的答问艺术是指教师为应对学生的提问，适时而巧妙地启发引导学生的学习活动，以启发学生的思维能力。启发式答问艺术可以根据学生所提问题，将一个大的问题分解为一个个小的问题，即将问题的目标状态分解为几个次一级的子

❶　陈水德. 孔子教育的答问艺术 [J]. 安徽教育学院学报，1995，(1)：79-82.

目标，形成问题链进行启发，也可以以实验的逻辑链进行化学事实性的启发，等等。

示例：泡沫灭火器原理

学生提问泡沫灭火器原理时，教师可以将此问题设计成以下几个问题：

① 硫酸铝属于哪种类型的盐？其溶液存在怎样的平衡？

② 碳酸氢钠属于哪种类型的盐？其溶液存在怎样的平衡？

③ 两种盐溶液混合后，原来的平衡是否受到影响？

④ 原平衡相互影响的结果怎样？

上述示例中，答问艺术在于把一个大的问题分解为一系列较小的问题，从而向着终极目标前进。

2. 因材施教式的答问艺术

人心之不同如其面焉，人的个性是有差异的。孔门弟子有问政、问仁、问孝、问德、问礼和问如何为士等，同一问题，孔子常因问者不同而给予不同回答。当然，贯穿其间的基本思想是一致的。这说明由于学生个性有差异，答问就要体现因材施教的艺术性。

示例：因材施教同问异答❶

初中化学教学中，不同班级都有十几位学生先后问一位教师同一个问题："$2Na + CuSO_4 == Na_2SO_4 + Cu$，这个化学方程式为什么不对？"这位教师采取同问异答取得了满意的效果。

对于基础知识较差班级的学生，先为他们演示实验，即将一小块钠投入到装有硫酸铜溶液的烧杯中，让学生观察实验现象，提问："实验中是否有铜生成？"学生答后，进一步启发："钠投入到硫酸铜溶液中后，为什么钠在溶液表面游动并有气体产生，而溶液中却出现蓝色沉淀呢？"在学生思考后答不上又急切想知道的心理状态下，给予解释。对于基础知识较好班级的学生，教师只演示钠和水的反应，然后讨论其产物，此时，让学生回答这些产物遇到硫酸铜后，有什么变化，最后由学生写出化学方程式。

这一案例体现了教师从学生实际出发，同问异答，对于基础差的学生着重于学习方法和基础知识上的帮助；对于基础知识较好、学有余力的学生，重点是启发其思维，开发他们的智力。回答方式不一，但殊途同归，都是促进学生对这一问题的理解。

3. 循循善诱式的答问艺术

孔子的循循善诱式体现了教学艺术之境。其循循善诱的答问艺术，是有步骤、有顺序地，由浅入深，启发诱导，逐层解答，不断理解，给人以不断启示的教学艺术。循循善诱需要教师知识渊博和教学机智，同时体现民主平等的师生关系以及师生之间心灵的沟通。

示例：有盐桥的原电池（《化学反应原理》，人民教育出版社）❷

学习化学反应原理时，学生经常有两个疑问：①为什么要用盐桥？②"原电池输出电能的能力取决于组成原电池的反应物的氧化还原能力"，证据何在？

江西南昌的张秀球老师考察上述问题，引导学生思考单液原电池的弊端，理解通过使用盐桥双液原电池可以解决其弊端，为此，可以设计实验引发学生进行思考。

实验1：利用 Zn 片、Cu 片和稀 H_2SO_4 溶液构成单液原电池，发现负极也放出氢气。

实验2：利用 Zn 片、Cu 片、$ZnSO_4$ 溶液、稀 H_2SO_4 溶液和盐桥构成双液原电池，发现负极没有氢气产生。

实验3：用双液原电池测试不同反应物形成原电池的电压，并发现其规律。

❶ 朱伟. 因材施教同问异答 [J]. 化学教学，1995，(9)：9-15.

❷ 张秀球. 追问——化学实验的活力所在 [J]. 化学教学，2011，(6)：28-29.

通过上述实验，步步深入，引导学生进行比较，通过思考可以很好地说明双液原电池的技术价值，深入理解教材引入双液原电池的意图，测试不同反应物形成的原电池电压的稳定性，为上述疑问提供有较强说服力的证据，使问题得到明晰的解答。

4. 无言之教式的答问艺术

无言之教式的答问艺术是指对于学生提出的问题，有时教师不用言语进行解释，而让学生澄清问题，以达到事实胜于雄辩之效应。例如，学生提出二氧化碳究竟能不能用排水法收集呢？教师不作解释，要学生动手做实验。学生实验时可以发现：二氧化碳气体不仅可以用排水集气法进行收集，而且该方法收集的速度还比较快、纯度比较高、不用验满。这完全颠覆了教材中所写的二氧化碳气体只能用向上排空气法收集而不能用排水集气法收集的结论。这种无言之教，给人以更深刻的印象，可培养学生的批判性意识。无言之教式的答问艺术通常教师可让学生独立实验，或者教师保持沉默，或者一个微笑，给学生更深的影响，达到问题解决的奇妙效果。

5. 教学相长式的答问艺术

教师在回答学生的问题中，其引导方式主要有两种，一种是帮助学生分析问题的实质，促进学生对问题的解决，另一种是与学生一起对疑难问题进行研究，获得问题的解决。

爱因斯坦说过，发现一个问题比解决一个问题更重要。问题是创新之源。在化学教学中，确有学生喜欢刨根究底、追本溯源地追问"为什么"，没有哪个老师能保证及时准确地回答学生提出的每一个问题。因此，教师每解答一个没有现成答案的"为什么"，就是一次创新。在化学教学实践中，有的化学教师正是通过课堂教学中，学生提出的有价值的问题，共同探讨、研究，最后，完成教学研究并发表相关论文，实现教学相长。例如，湖北的吴孙富老师，不放弃学生提出的疑难问题，发表了论文《臭氧为什么不下落》、《硫酸根离子一般不会干扰氯离子的定性检验》、《石墨的碳碳键长比金刚石的短的原因》等❶，得益于他的学生提出的相关问题。解答疑难问题的过程就是意义建构的过程，且此建构过程是师生双方的意义建构。

三、化学教学答问艺术的基本策略

教师的答问艺术，对学生问题意识的培养、问题解决能力的提高、生成性课堂的构建和有效教学都起着十分重要的作用。总结和归纳教师答问艺术的经验，可以升华出以下具体策略❷。

1. 正面应答

学生提出的问题，有的很抽象，难度很大，超越学生已有的知识和经验；有的较为简单属于事实性的知识，且只需要简单记忆，这些内容并非都需经过教师引导，有时，教师可以直接回答。教师要根据学生提出问题的大小，学生接受能力的高低，给予恰当回答。正如《学记》中所说："善待问题者如撞钟，叩之以小则小鸣，叩之以大而大鸣，待其从容，然后尽其声。"意思就是说，善于回答学生提出问题的老师，对于学生的提问像撞钟一样，撞的劲大，响的声音就大，撞的劲小，响的声音就小。有的教师讲的太多，超过学生的接受能力，学生不但听不懂，而且越来越糊涂。所以教师的讲解一定要恰到好处，正面应对，这是一种较常用的策略。对于化学中"碳"和"炭"使用的区别、红宝石和蓝宝石的主要成分，教师只要直截了当地讲解，这样既可节省教学时间，又解决了学习的困惑。又如常有学生

❶ 吴孙富. 不要放弃学生提出的疑难问题 [J]. 化学教育，2012，(12)：28-29.
❷ 李如密，刘文娟. 课堂教学答问艺术探讨 [J]. 教育科学研究，2009，(4)：47-50.

问："在潮湿的空气中，钢铁是发生吸氧腐蚀还是析氢腐蚀？铁钉浸在海水中发生的是吸氧腐蚀还是析氢腐蚀？"教师可以直接告知学生，只有在酸性溶液中，才有可能发生析氢腐蚀，在弱酸或碱性溶液中就是吸氧腐蚀，由此，让学生进一步去分析电化学腐蚀的本质。

2. 顺水推舟

顺水推舟策略就是在化学教学中找准某个教学突破口后，加以点拨，顺应事物发展的趋势而加以引导的方式。教师可以借学生的提问因势利导，趁学生学习兴趣渐浓之时，将智慧的火花燃成创新之焰，引导学生发现新知。化学教学中经常会出现一些不确定性和生成性的因素，这往往能够成为因势利导、顺水推舟的出发点。

示例：可口可乐与层析的故事❶

高三年级某学生正在做一道练习题时问道："老师，什么叫层析？"当王老师正在考虑如何从科学原理到操作方法上回答这个问题时，看见学生的桌面上有一瓶已经所剩无几的可口可乐饮料。于是，王老师灵机一动，放弃了原来的想法，决定顺"水"推舟，让学生就地利用自己的资源、自己动手探究自己提出的问题。王老师让这位学生取下可口可乐瓶盖，将少量饮料倒入瓶盖中，再从讲台上拿一根白色粉笔，将较大的一头向下，垂直放入饮料中。这一过程也吸引了其他同学前来"围观"。约3min后，粉笔吸收的可口可乐从上到下被分成了3层：最上一层呈湿润状但几乎无色，中间一层呈淡黄色，下面一层呈较深的棕褐色。然后让该学生用自己的文具小刀按不同颜色的分界线将粉笔切开，分为不同颜色的几段，并展示给其他同学一起看。

王老师说："这就是层析。大家想想，根据粉笔上的颜色段，说明可口可乐饮料主要含有几种成分？从这些成分所在粉笔的不同位置来看，它们的相对分子质量大小关系是什么？当然还有许多进行层析的不同方法，我们随处可以找到粉笔这类吸水性材料，如日常生活中使用的纸巾、棉花、灯芯草等，大家可以自己动手去做探究实验。"

这一示例中，教师抓住教学场景中的可口可乐饮料课程资源，作为突破口，顺其所"势"，顺"水"推舟，实现了课堂教学的生成性目标。

3. 绕道迂回

化学反应大多发生在一个复杂的化学环境中，反应会受到复杂的反应机理、试剂的质量和纯度、溶液的浓度、仪器装置的选择、反应条件的调控、实验操作等多种因素的影响，往往会出现一些实验"异常"现象，即与书本上结论不一致的情况。此时，学生会产生一些疑问，教师回答这些问题，若开门见山、单刀直入，有时未必能够促进学生的理解。如果教师引导学生，曲径通幽、绕道迂回进行科学探究，那么在学生内心深处，会起到真正的教学意义。

绕道迂回策略就是在答问中不直接说出心中所想的答案，而是采取曲径通幽、迂回曲折的答话形式表达同一问题的探究技巧。之所以采用"绕道迂回"策略，是因为学生对知识的获取、能力的提升，需要经过体验、反思和科学实践的过程；也是因为"美"可能源于这回转之间，弯弯曲曲的小路通往风景优美的地方。

示例：Al(OH)$_3$性质的讨论（《化学1》，江苏教育出版社）❷

实验1：将2～3mL 2mol/L氯化铝溶液分别注入两支试管中，逐滴加入6mol/L的氨水，观察现象。

实验2：向实验1的一支试管中加入6mol/L的盐酸，向另一支试管中加入6mol/L氢

❶ 王开科. 化学探究教学中的拓扑变换智慧 [J]. 化学教育, 2012, (2): 19-21.
❷ 郑文昌. 因势利导 顺水推舟——课堂"意外"绽放异彩 [J]. 化学教与学, 2013, (1): 40-41.

氧化钠溶液，观察实验现象。

往实验 1 的一支试管中加入盐酸时，有部分学生议论起来，有的同学说："怎么有白烟呢？另一学生说："不是白烟，是白雾吧。"有的学生说："你的白雾那么多，我的白雾怎么那么少？""麻烦了，我滴加盐酸，白色沉淀好像不溶解。"看到学生"意外"的实验现象，看到学生在"交头接耳，脸露疑惑"，教师让学生们安静下来，提出问题："有的同学说是水蒸气，你能证明是水蒸气吗？有的同学说不是水蒸气，是白烟，你能说出不是水蒸气的理由吗？"教师引导学生设计实验证明不是"白雾"，又提出"白烟"是什么呢？进一步引导学生设计实验证明"白烟"的成分。最后，得出结论：出现不同实验现象的原因是加入氨水的量不同，有的同学加入的氨水量不足，有的同学加入的氨水量过多。

这一案例通过"意外"的实验现象——"白烟"进行探究，经过对比验证的探究方法，使学生尝试到成功的喜悦，体会到量变引起质变的辩证关系，认识到化学实验中控制反应物量的重要性，这是难能可贵的。

4. 巧抛绣球

巧抛绣球策略是指当学生提出问题时，教师并不急于给出答案，而是善于肯定学生的提问，并将问题巧妙地抛给学生，让学生试着解答。

示例：乙醇的性质教学❶

在乙醇的性质教学中，教师演示乙醇和浓硫酸在加热时发生反应，用生成的气体能使酸性高锰酸钾溶液褪色来证明产物是乙烯。有学生提出异议：浓硫酸可能生成二氧化硫，而二氧化硫也能使酸性高锰酸钾溶液褪色。还有人怀疑乙醇、乙醚也能使酸性高锰酸钾溶液褪色……教师"欲擒故纵"，佯装不得其解说："那我们如何用实验证明有乙烯生成，而且是乙烯使酸性高锰酸钾溶液褪色的呢？"组织学生讨论进行实验探究。

这一实例正是教师运用的化学教学"糊涂"艺术，不亲自回答学生的问题，而是让其他学生代替教师回答问题，把绣球抛给学生，学生讨论，最后，教师归纳总结。通过这种巧妙的方式，去唤醒学生的学习潜能，激活学生双向或多向信息的传输，引发思维火花的碰撞和情感的交流。

第三节　化学教学倾听艺术

教学是一个师生互动的过程。它是教师和学生两个主体参与交往的过程，也是师生进行交流和沟通，促进彼此理解，彰显人的主体价值，弘扬真、善、美，共同获得生命意义的过程。传统课堂教学，往往要求学生上课认真听讲，这意味着十分强调"学生倾听教师"，却忽视了"教师倾听学生"的理念，这是一种单向度的倾听。倾听不仅是一种方法和手段，更是一种艺术，化学教师在教学中运用倾听艺术，创造性地教学，可提高教学质量。

一、化学教学倾听艺术的内涵

倾听属于有效沟通的必要组成部分，以求思想达成一致和情感的通畅。《现代汉语词典》（第 5 版）对倾听的解释：倾听就是凭借听觉器官接受言语信息，进而通过思维活动达到认知、理解的全过程。这是狭义的倾听。广义的倾听包括文字交流等方式。其主体者是听者，

---

❶　张礼聪. 化学课堂教学中动态生成性资源的评价与利用 [J]. 化学教学，2012，(5)：10-13.

而倾诉的主体者是诉说者。两者一唱一和有排解矛盾或者宣泄情感等优点。倾听者作为真挚的朋友或者辅导者，要虚心、耐心、诚心和善意地为倾诉者排忧解难。

　　倾听的表述多种多样，倾听的定义可以表达为：倾听是听者用听觉器官，听说话者的言辞，通过感知觉器官和思维活动，理解对方谈话过程中表达的语言信息和非语言信息以及对此做出反应的过程。倾听中接受的信息包括语言信息和非语言信息两部分。我们听到的语言信息只是倾听的一部分，我们还通过非语言的方式来获得信息，非语言信息主要表现为面部表情、声音、神态、眼神、动作等，以及在不同时间、地点、环境中所表现出来的特定氛围和信息。没有理解的纯粹倾听是不存在的，也不存在某种没有倾听的理解。听者必须在倾听中理解，言说是在倾听的无声回答中被接受。笔者参考梅耶提出的信息处理系统❶，提出倾听信息发生的心理机制如图 6-4 所示。这一过程包括：信息的注意、信息的感知、信息的记忆编码、信息的提取和反馈。

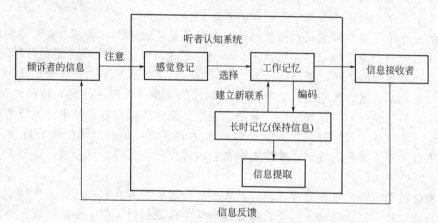

图 6-4　倾听信息发生的心理机制

　　听者对信息的长时记忆和反馈，是与信息的价值和自己的情感和经验相关的。倾听者不仅要跟上说话者的言语、思想内涵，还要用眼睛跟上体态语的变化及情感因素，同时伴随着提问、解释，使交流步步深入下去。倾听什么、如何倾听，既是一种态度，也是一门艺术。作为一种生活态度，它强调平等、尊重、移情。作为一种艺术，它需要等待、鼓励和支持。

　　长期以来，人们对教学本质观的研究集中于：认识说、发展说、层次类型说、传递说、学习说、统一说、实践说、认识实践说、交往说、价值增值说、和谐说和育人说等❷。这是学者从不同视角对教学本质观进行的探讨，但无论何种教学本质观，教学都是教师的教与学生的学的活动。有效的教学包含着教师的倾听和学生的倾听。教师不仅是一个讲授者，也是一名倾听者。教师的教学倾听是指教师敞开心扉、虚心接纳学生所表达的观点，并主动地通过听去捕捉学生的情感、认知、态度、思维等方面的信息活动。以下是一位化学教师倾听到了学生的诉说后，促进学生科学探究活动的实例。

　　示例：化学反应速率与限度（《化学 2》，江苏教育出版社）❸

　　"活动与探究"实验设计：取 5mL 0.1mol/L KI 溶液，滴加 0.1mol/L $FeCl_3$ 溶液 5～6滴，继续加入 2mL CCl_4 溶液，充分振荡。静置后观察到什么现象？取上层溶液，用 KSCN溶液检验是否还存在 Fe^{3+}。该实验说明了什么？

❶　施良方. 学习论 [M]. 北京：人民教育出版社，1992：271.
❷　张广君. 教学本体论 [M]. 兰州：甘肃教育出版社，2002：236.
❸　林森. 从教学中对一次"意外"的处理说起 [J]. 化学教学，2012，(5)：28-29.

教师在滴加 KSCN 溶液时，立即出现血红色，此时，教师问："为什么出现血红色？说明了什么？"学生回答："说明还有 Fe^{3+}，没有完全反应。"本来，课堂教学到此也就顺利完成了预设的教学任务。但是，有一位学生提出："有 Fe^{3+}，不一定就没有完全反应吧。Fe^{3+} 被 I^- 还原产生的 Fe^{2+} 很容易被氧化，在实验振荡的步骤中，Fe^{2+} 与空气接触会不断被氧化成 Fe^{3+}，我认为这个实验缺乏足够的说服力。"教师倾听学生提出的另类解释后，当即表扬他敢于质疑和勤于思考，肯定他的观点是有道理的，课后，让学生们进一步探究、改进、完善这个实验。

上述示例，教师敏锐地倾听到了学生的不同观点，发现了具有很大教学价值的问题，并把它作为教学资源及时地转化为一个随机生成的教学环节，进一步让学生们进行科学探究，体验了科学探究的过程，发展了学生探究的潜能。

学生的有效倾听从广义上说就是认真获取讲话者所表达的信息。学生在学校中的学习主要包括课堂上听课和讨论中听取学习同伴的发言。

听课的效率除了跟教师的讲授有关外，最主要的是依赖于学习者的语言知觉和语言理解能力以及化学知识经验基础等。在听课时，学生除了进行听觉感知外，还要进行语义分析、理解含义，观看教师的表情、手势、板书、实验演示、样品和标本以及模型展示等，常常还要配合进行记笔记、做思考题、讨论等活动，学会在听课时合理地分配和转移注意，使耳、目、手、口、脑互相协调，达到听好、看好、记好、说（或问）好，是十分重要的。

在讨论中能倾听学习同伴的发言，抓住其表达的要点，是一个学生良好的学习品质之一。只有明确了别人发言的要点，才能根据自己的观点作出反应，或反驳，或补充，或重新立论。

化学教师教学倾听艺术是教师在教学过程中应用倾听的方式和技巧，完成接纳、欣赏和反馈信息的独特教学艺术活动。化学教师在倾听学生言说的过程中，要能够敏锐地发现学生理解上的偏差、情感中的疑惑、知识背景中拥有或缺少的东西，还要感悟到学生思维的灵光和创新的萌芽。通过倾听，教师能准确地判断学生的理解程度，从而果断地决定教师是否介入与何时介入。

二、化学教学倾听艺术的价值

1. 转变教师角色

传统化学教学，以教师为中心，教学关系是：教师讲，学生听；教师问，学生答；教师写，学生抄；教师演示，学生观察。基础教育新课程改革，关注学生，以人为本。课堂教学促使教师角色发生转变，即教师角色从传统的知识传授者转变为学生学习的合作者、引导者和参与者。倾听要求教师运用感官、心灵，认真主动地认知并理解学生的想法和需求，封闭独白式教学，打开"对话"之路。教师的倾听贴近了学生，融入了学生的生活，与其共同参与教学活动，体现了师生之间的平等和尊重，促进了教师角色的成功转型。

2. 促进师生交流与沟通

教师与学生交流与沟通的方式很多，但都离不开倾听。教师在倾听的同时也开启了学生的心灵，使学生不管在学习或生活中都有意贴近教师，遇到问题时也会主动征求教师的意见，主动寻求教师的指导。教师的倾听是真诚的接纳，教师意愿倾听和乐于倾听，有益于知道学生的真实想法，明白学生的心声。倾听是交流的先决条件，教师的倾听是对学生表达的无形鼓励。当学生意识到教师对自己的表述是关注的、是认真对待的，认为自己的思想是有价值的、被认同的时候，这种肯定就能激发学生进一步表达的欲望，于是师生交流与沟通得到进一步发展。

倾听是沟通师生间心灵的桥梁，更能折射出一个优秀化学教师的教学智慧。良好的课堂交流系统是师生相互应答、有效交往的基础，它可以将师生的心智融为一体，将那些化学课堂中偶发的问题延展为必然的精彩，从而推动课堂教学的优化。有了化学课堂中教师智慧的倾听，才会有专注和警觉、鉴赏和学习、参与和体验的化学优质课堂。

3. 诊断学生学习状况

教师通过倾听，可以了解学生要传达的信息，将其澄清不明之处，使其获取有用的信息。教师在倾听学生的诉说时，可以获得很多有价值的信息，有时常常是说话人一时的灵感，甚至于他自己都没有意识到，但对听者来说却有启发。当教师倾听了学生的思想、观点，掌握了尽可能多的学生学习信息之后，就可以准确地诊断采纳不同的意见，为下一步教学策略提供依据。教师的倾听既要是全方位的，又要是分层次的。全方位的倾听主要关注课堂"学情"的发展，通过扫描式"全景倾听"了解学生的整体学习进度、理解状况，这类倾听主要用于诊断课堂教学预设的落实情况，通过倾听可以"触摸"到学生成长的阶梯。同时，倾听还必须关注到不同层次的学生个体，可通过雷达式"定向倾听"来了解不同类型学生的发言。

三、化学教学倾听艺术的策略

1. 耐心等待

每一个学生都是一朵会开的花，或迟或早，或长或短；或迎风招展，潇潇洒洒；或含苞欲放，羞羞答答……需要我们用爱去呵护。尤其是学生们犯错误时，教师要怀有一颗爱心，耐心地等待。送一缕阳光温暖他们，化一丝春风爱抚他们，教师就一定会听到世界上最美的声音——花开的声音！

"没有耐心的倾听，就不可能有慧心去发现一颗颗独特、鲜明、美丽的心。"[1] 化学课堂教学中，当出现与教师意见不同的声音时，教师不必马上制止，因为教师武断、随意的评判，会将学生好奇的火花瞬间熄灭，压制学生表达的欲望。教师多一些耐心，认真倾听，明白学生的真正想法，这样才可以找出正确的判断及解决问题的方法，得到学生的认同，拉近师生间的距离。当没有得到满意的答案时不必急着说出，多问几个为什么，努力引导学生独立思考。当学生"高谈阔论"时，是其在表达对所受教育和所学知识的理解和疑惑，这是教师了解学生对知识掌握程度的最佳时机。

2. 善于理解

教师的倾听是为了理解学生的诉说，培养学生的自主性和独立性，而不是为了评价和获得标准答案。教师在倾听学生讲话时，要无我地进入学生的内心世界，对所有内容进行认真分析，对对方的主要观点加以深层次的理解，并把其简要地概括出来，必要的话，可把对方的几种观点归纳和总结成一种主要的观点。

教师理解学生，是在心理上重新体验学生的心理、精神和内心世界，即"将心比心"、"设身处地"地替学生思考。教师理解了学生，就意味着教师面对的不仅仅是学生，而是富有个性和活力的生命个体。这种理解表明了教师对学生人格的尊重，只有这样，师生之间的沟通才是平等的，教师的倾听才能得以实现。

3. 适当回应

教师的倾听是抱着尊重学生的态度进行的，所以专心是教师倾听的必备条件。教学的倾听并不是单方面的，而是一种互动。教师在倾听学生发言时并不是一味地听，一语不发，应

---

❶ 李如密.中学课堂教学艺术［M］.北京：高等教育出版社，2009：187.

在必要时给予回应，如用"还有吗"、"讲下去"等鼓励学生。同时，教师对学生的情感反馈也十分重要，要及时准确地捕捉学生瞬间的情感体验，并及时进行反馈，使学生深切感觉到被理解，这时谈话才可能朝着更深入的境界迈进，进一步增加学生对教师的信任。

4. 积极参与

教师应在参与中倾听。他的倾听不是对学生声音的被动地听，而是主动地听，这种主动性在倾听与精神生命的发展之间建立起实质性的联系。这意味着倾听者不仅是旁观者，而且是行动者、创造者。他将通过倾听去参与学生的成长、参与学生的创造。这种参与的目的不是主宰学生的声音，不是从外部施行控制和干预，更不是对学生发展的替代，而是一种引导和促进，目的是帮助学生从已有的单调、混乱和僵化的声音变为复调、有序和充满活力的声音，这种参与因此而具有了创造性。

第七章　化学教学调控艺术

化学课堂教学中，教师的主导作用在很大程度上体现在对教学的有效调控。化学教学调控艺术是指教师调节、控制教学系统各要素及其之间的关系，或教学内部系统与环境的相互关系，以实现教学过程最优化的过程。化学教学调控艺术主要包括化学教学情感艺术、化学变式教学艺术和化学教学应变艺术等。

第一节　化学教学情感艺术

徐悲鸿曾说过："凡美之所以感动人心者，决不能离乎人之意想。意深者动人深，意浅者动人浅。"这里所说的"意想"就是艺术家的思想感情。音乐艺术是音乐家通过音符所抒发出来的流动的情感，绘画艺术是画家情感在平面上的凝结。因此，艺术具有浓厚的感情色彩。以情感人，是艺术的要求；同样，也是教学艺术的要求。优秀化学教师的教学艺术，都是以情传理、喻理于情和情理交融。

一、化学教学情感艺术的地位

所谓化学教学情感艺术是指师生在完成创造性教学的过程中对教与学行为各要素所表现出来的积极的情感态度[❶]。课堂教学的情感性表现在师生情感的相互交流和相互激荡，形成一种和谐、明快、向上的氛围或情境。教师可通过引起学生思维活跃、情绪振奋、情感共鸣的讲授、谈话、讨论，也可通过娴熟、精湛的实验演示和多媒体技术等，激发和鼓励学生进行主动、积极的智力活动，此时，师生双方的情感获得最佳的融合状态。

美国当代著名教育心理学家奥苏贝尔曾提出意义学习的两个内在条件：学习者有同化新材料的认知结构和有意义学习的心向。前者涉及教学中的认知因素，与学生对新学习材料的可接受性有关；后者则涉及教学中的情感因素，与学生对新学习材料的乐接受性有关。化学教师向学生呈现教学内容的过程中，从情感角度着手，对教学内容进行必要的加工处理，使之能充分发挥情感因素的积极作用，表现出高超的化学教学艺术。这对于创设化学教学中情知交融的教学气氛、陶冶学生情操、提高学习效率，具有重要的作用。人本主义心理学家罗杰斯（Carl R. Rogers）认为，不管是在学习活动的准备阶段，还是在进行阶段、结束阶段，学生的认知过程与情感过程都是交织在一起的整体过程。所以，化学教学情感艺术是化学教学的必要条件，它和教学认知艺术是一个整体。

情感既是学习化学的目的之一，又是学习化学的手段。以情感人、以情动人是教学艺术的力量所在。情感既是教学的目标，又是教学信息传递的手段。国家初中、高中化学课程标准全面阐述了化学课程改革的理念，强调从知识与技能、过程与方法、情感态度与价值观三个维度来阐述初中化学课程的目标。情感也影响学生学习方式的选择。比如，在积极情感背

---

❶　刘一兵，李景红. 化学教学情感艺术的地位、功能与策略 [J]. 化学教育，2005，(2)：13-15.

景下，学生的认知活动多采用交替、网络式策略，注意范围广，对学习有较多的归纳、整理，对学习内容的记忆也表现出更多的再编辑和精细加工。因此，化学教学情感艺术是实现课程目标的手段，是目的与手段、本体与工具的统一。

二、化学教学情感艺术的功能

1. 动力功能

化学教学情感艺术的动力功能是指情感作为行为动力，对学生学习活动具有增力或减力的效能。

现代心理学研究表明，情感不只是人类实践活动中所产生的一种态度体验，而且对人类行为动力施予直接的影响。化学教学中，积极的情感有助于启动课堂教学。苏霍姆林斯基认为，"如果教师不想办法使学生产生情绪高昂和智力振奋的内心状态，就急于传授知识，那么这种知识只能使人产生冷漠的态度，而使不动感情的脑力劳动带来疲劳"。优秀化学教师总是在引入新课时就使学生处于积极的情感准备状态，产生对实现教学目标的渴望。在学习金属的置换反应时，教师引用沈括《梦溪笔谈》所记载的"信州铅山具有苦泉，流以为涧。挹其水熬之，则成胆矾，……熬胆矾铁壶，久之亦化为铜。"教师故作神秘地说"铁壶为什么会化为铜呢?"如此引入新课，调动了学生的认知情感，产生了探究问题的渴望。

课堂教学中，若学生的情感处于亢奋状态，则所授知识易于被学生接受掌握。当学生的情感逐渐低落影响听课效果时，教师应把握时机、激励情感，让他们的情感火花迸发出来，以提高课堂教学效果。

示例：原子核结课

在学习原子核这一节内容时，教师讲到放射性物质的时候，专门介绍了居里夫人是怎样历尽千辛万苦，克服了在物质上、精神上、身体上为常人难以想象的困难和煎熬，最后成功提炼出 1g 纯镭，两度获得诺贝尔奖的事迹。教师还讲述了一件轶事，有人愿意出 5 万英镑的巨款购买她的 1g 镭，但被她拒绝了。她宁可不取分文无私地将这 1g 镭献给人类。她说："镭乃仁慈之工具，故为世界所有。"学生听了无不为之动情，学习有关内容倍加努力。

2. 调节功能

化学教学情感艺术的调节功能是指情感对学生的认知操作活动具有组织和瓦解的效能。一般说，快乐、兴趣、喜悦之类的积极情感有助于促进学生的认知操作活动，而恐惧、愤怒、悲哀之类的消极情感则会抑制或干扰学生的认知操作活动。所以，教师在学生情感被启动之后，还要注意发挥情感对整个课堂教学过程的维持和调节作用，使一堂课自始至终都建立在愉快稳定的情感体验基础之上。

示例：氨（《化学 1》，人民教育出版社）

在学生形成了有关氮肥的生产、氨和铵盐的性质的知识结构后，教师可以进一步有针对性地设计变式延伸问题和应用问题，着眼于教学目标的正迁移，鼓励学生求新求异，增强其创新学习能力。

问题 1：有一农民看到买回的装氮肥的袋子有些脏，于是拿抹布蘸水擦了擦，过了一天发现化肥有些发潮，于是将其放到太阳底下晒，晒过之后，发现化肥没有人偷盗却少了很多。同学们，你们能从化学的角度替他找出原因吗?

问题 2：在村子里住着老李和老刘两位农民，他们都种了几亩水稻。勤劳的老李不仅买了氮肥硝酸铵，还同时施用了自己烧制的草木灰（呈碱性），老刘只施用了氮肥硝酸铵。老李心想自己施的肥料多，收成一定更好。结果到了秋收时却发现自己田地的产量远不及老刘的。为什么会这样呢?

通过这两个问题的解决，不但巩固了学生对铵盐性质的理解，同时也回答了铵态氮肥的科学使用方法。

针对本节课的教学难点——氨的喷泉实验原理，教师进一步提出问题让学生思考与讨论。问题：喷泉实验装置如图 7-1 所示，烧瓶内充满 NH_3，橡皮塞上没有胶头滴管，应如何引发喷泉呢？

这样，在学生积极讨论的氛围当中，引导学生创新性地解决问题，培养学生的创新思维。

在这节课中，化学知识、生活实际、实验三者的结合水乳交融，激趣、激疑、获知、启思和谐统一，使得情感活动始终围绕教学目标而对学生的认知给以支持、激励，并使教学高潮起伏、美不胜收。

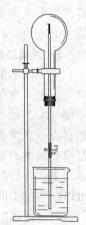

图 7-1　氨的
喷泉实验

3. 迁移功能

人类情感有一种发生迁移的现象，即一个人对某物或他人的情感会迁移到与之有关的对象上去，这称为情感的迁移功能。"爱屋及乌"便是这种现象的典型表现。化学教学情感迁移的艺术，就是指教师在教学过程中，巧妙地引发学生的某种积极情感，将它迁移到有关化学教学内容上，使之具有相应的情感色彩。

示例：二氧化硅的学习

一位教师在展示各种由硅及其化合物制成的材料图片后，问同学们："你们知道'硅谷'、'中国芯'么？"学生们很兴奋，你一言、我一语地说起来。说得差不多时，这位教师告诉他们：在美国硅谷，知识就是财富，1999 年人均年薪就超过 10 万美元。一夜之间成为百万、千万富翁是很平常的事，但就在这年在硅谷已成功创业的邓中翰应邀回国，指挥"中国芯"的研发。他有句话特别发人深省："我在硅谷的时候也做研发，也做芯片，但是感觉是完全不一样的，因为做出来任何结果都是别人的。回到祖国之后，我们所做的任何一个"中国芯"的自主知识产权是属于我们国家的。每当想起把自己的青春和自己的知识与国家的发展相结合，我就感到浑身有使不完的力。（教师用幻灯片将这段话呈现出来，找了一位声音特别洪亮、有气势的同学朗读。）朗读完之后，班内鸦雀无声，过了几秒，同学们热烈地鼓起掌来。教师也和学生一块儿激动着，教学内容牵系着学生情感，令他们激动和神往。

这正是学生对"中国芯"的积极情感转移到对硅和二氧化硅的学习上的情感迁移。

4. 感染功能

化学教学情感艺术的感染功能是指教师的情感具有对学生情感施予影响的效果。当一个人产生情绪时，不仅自身能感受到产生相应的主观体验，而且还能通过表情外显，为他人所觉察，并引起他人响应的情绪反应。郭沫若曾说："文学的本质是始于感情终于感情的。文学家把自己的感情表现出来，而他的目的——不管是有意识的或无意识的——总是要在读者的心中引起同样的感情作用，那么作家感情愈强烈、愈普遍，那作品的效果也就愈强烈、愈普遍。"尽管使学生入情的方式方法因人而异，因内容的不同而不同，但最根本的一条就是教师要动之以情，以情感人。教师亲切的讲授和贴近的内容能带来师生情感的共鸣。情真意切、生动形象、质朴自然、声情并茂的语言可把教学内容化作一股清泉，浸润学生心田，犹如一座洪钟，叩开学生情感的门扉。

示例：环境保护

在学习环境保护等有关科学与人文内容时，教师讲述 DDT 从兴起到被取缔无不与生态系统的平衡有关时，引用美国生物学家卡尔松《寂静的春天》中的"天空无鸟飞，河中无鱼虾，……"

教师抑扬顿挫的语言表达、严肃认真的表情，都显示出他对大自然的深厚情感和无限热爱。学生从优美的文字和语言里感受到春天的盎然生机，为由 DDT 污染环境带来的"死寂的春天"而痛心，从而提高环境保护意识，对环境多了一份地球公民的人文关怀。

5. 创新功能

化学教学情感艺术的创新功能是指教师通过营造自由和谐的创新情感，使学生创造性地学习。创造性学习是化学学习的最高境界。创造力（IC）与智力（I）、个性品质（P）、社会环境（S）、投入时间（Tm）的函数关系式为 $IC=F(I, P, S, Tm)$，其中个性品质即为情感意志、态度和价值观，即创造活动的主体必须使自己的认知、情感、意志等多种心理因素都投入其中。爱因斯坦也曾指出，感情和愿望是人类一切努力和创造背后的动力。因此，情感是主体创造机制系统中不可或缺的因素，是形成创新意识和创新能力的重要心理条件，它可以调动学生的各种潜能，使之进行创造性思维，尤其是它能激发学生灵感的产生，运用探究学习等使化学学习本身成为一种创造活动。

三、化学教学内容情感性处理的艺术策略

化学知识是人们在认识世界和改造世界的实践活动中形成的经验总结的一个侧面，其直接或间接地反映了人类科学实践活动在社会实践中积累起来的经验，是客观事物的属性和内在联系在人脑中的主观反映。这里所说的化学教学内容主要是指教材内容，它是教学活动的三个基本要素之一，是师生传递、加工、转化信息的主要来源。从梅耶用实验证明的对教材内容设计符号标志的策略，到加涅提出的同化教材学习的指导策略，直至奥苏贝尔提出的"先行组织者"策略等，已有的教材处理策略的研究都囿于认知范畴，缺乏情感维度上的考虑。当从情感视角审视化学教学时，人们往往将目光转向充满生命活力的教师和学生，而对化学教材中教学内容的情感因素关注不够。上海师范大学的卢家楣教授提出了按教材内容中所含的情感因素将教材内容分为四大类，即蕴涵显性情感因素的教材内容、蕴涵隐性情感因素的教材内容、蕴涵悟性情感因素的教材内容和蕴涵中性情感因素的教材内容❶。化学教材编写者虽然按照化学课程标准对化学教学内容进行了精心的选择，在相当程度上体现了教育者的意志，也会流露出相应的情感，但是化学科学本身具有严密的逻辑体系，化学事实、概念、原理、定律等知识具有一定的因果联系。这种联系是客观的，情感因素有时表现并不明显，尤其是蕴涵显性情感因素的教材内容往往缺乏。从情感维度优化化学教学，其中就包括对教学内容的情感性处理。所谓化学教学内容情感性处理的艺术策略，是指化学教师向学生呈现教学内容的过程中，从情感角度着手，对教学内容进行必要的加工处理，创设化学教学中情知交融的教学气氛，陶冶学生情操，提高学习效率的策略❷。从情感维度出发，实现知识与技能、过程与方法、情感态度与价值观课程目标的整合，显示了化学教师高超的化学教学技巧。

（一）巧妙组织教学内容调节学生学习心向

学习心向是指学生进行学习活动的内部心理倾向。它是学习动机、学习态度、学习兴趣、求知欲以及世界观、人生观在学习问题上的综合反映。调整学生的学习心向，其依据是情绪发生的心理机制。调节学生学习心向的艺术策略，核心在于巧妙组织化学教学内容，诱发学生的学习心向，其策略有两个。

其一，心理匹配策略。"匹配"原是物理学中使用的一个概念，指通过安放一个装置使

---

❶ 卢家楣. 教材内容的情感性分析及处理策略［J］. 心理科学，2000，(1)：42-47.
❷ 刘一兵. 化学教学内容情感性处理的艺术策略［J］. 化学教育，2007，(6)：13-16.

两个物体在某方面相互协调、配合，达到最佳效果。心理匹配的艺术策略是指教师在教学活动中通过调整教学内容与学生需要之间的关系，使呈现的教学内容满足学生主观上的需要，从而达到教学内容与学生需要之间的统一，有效调节学生的学习心向❶。教学内容难以满足学生求知需要时，教师要巧妙组织教学内容，使之符合学生的求知需要，其实质在于教学内容和学生需要之间体现和谐的统一。

示例：高中化学甲烷的教学

教材的编写是先介绍甲烷的结构式，然后用演示实验说明甲烷的化学性质，整个内容缺乏情感因素。然而广东湛江的一位化学教师在这节课的教学中却移入了情感的色彩。他用多媒体技术模拟湛江蓝天碧海并伴随优美的音乐，南海深处出现一堆咕噜咕噜冒泡的烂泥，它看上去像一块普通冰，但用火柴一点就着火，这是为什么呢？教师介绍，这是一种天然气水合物，也称可燃冰，是一种自然存在的冰状笼形化合物，主要分布于海洋，少量分布于陆地冻土带。外观貌似冰雪，却可被点燃。据悉，$1m^3$ 的天然气水合物分解后可生成 $164\sim180m^3$ 的天然气，是一种高效清洁能源，被誉为 21 世纪的绿色能源。接着，教师以鼓舞人心的语调自豪地说："据我国专家称我国南海海底有巨大的可燃冰，估计能源总量相当于我国石油总量的一半。"此时，学生喜悦之情溢于言表。至此，教师才转入甲烷结构和化学性质的教学。

学生对家乡的一片深情，为家乡有如此丰富的能源而自豪的情感很自然地迁移到所学的内容上，教学内容牵系着学生情感，令他们激动和神往。这正是将学生对可燃冰的积极情感需要转移到对甲烷学习的认知需求上。

其二，超出预期策略。所谓预期是一个人根据自己的经验、习惯对客观事物作出的一种事前估量。这是一种普遍的心理现象，是意识活动的超前性反映。在客观事物与个体需要之间的关系尚不明确之前，只要客观事物超出个体预期并达到一定的程度，就会引起惊奇一类的情绪，并可由超出预期的不同程度区分出从新鲜感、新异感、新奇感到惊异、惊讶等惊奇情绪。所谓超出预期的艺术策略，是指在教学过程中教师应恰当处理教学内容，使呈现的教学内容超出学生预期，引发学生的兴趣情绪，有效调节学生的学习心向❶。

对化学教学内容作超出预期的处理的艺术，关键在于教师将教学内容巧设"奇异"现象，"出奇制胜"，造成学生认知不协调，从而探究这种"奇异"现象的答案。由超出学生预期的刺激引起惊奇，由惊奇转化为兴趣。让学生怀着由惊奇所引起的理智感上的震动，从而进行饶有兴趣的认知探索，这是一种非常有用且适合化学教学内容的情感性处理的艺术。

示例：铝与碱反应的教学

在学习铝的性质时，教师增设如下实验，让学生自己完成。取一塑料软瓶（如大可乐瓶、矿泉水瓶等）使其充满二氧化碳气体，然后将适量的氢氧化钠溶液倒入瓶中，迅速拧紧瓶盖，振荡可观察到塑料瓶奇迹般地瘪下去，学生可亲自从中体验到氢氧化钠溶液与二氧化碳发生了反应。这时教师提问："如果把塑料软瓶换成一个铝制的易拉罐，情况会怎样呢？"由于受思维定势的影响，学生预期易拉罐将变瘪。教师马上演示了这一实验，出现了学生意想不到的现象，过一会儿发现瘪了的易拉罐重新又鼓起来了。

上述实验超出了学生已有的认知预期，从而产生认知冲突。学生急于知道其中原因，自然而然地进入了研究和探索的情绪状态。学生们兴趣高涨，面对事实，只得跳出思维定势，

---

❶　卢家楣. 超出预期策略的实验研究［J］. 心理科学，2002，（4）：432-436.

大胆设想，热烈讨论。这样不但培养了学生尊重客观事实的科学态度，而且培养了学生质疑、探索、创新的思维能力。

（二）有效利用教学内容中的情感资源陶冶学生情操

在课堂教学伊始，教师往往着眼于如何调动学生的学习心向，即引发学生对教学内容的学习积极性，这时就需要更多地考虑运用调节学习心向的策略；在课堂教学中间，随着教学内容的展开，教师往往着眼于如何给学生以情感上的陶冶，即引发学生对教学内容各种积极的情绪体验，这时就需要更多地考虑有效利用教学内容中的情感资源来陶冶学生的情操的策略。

1. 展示情感策略

当教学内容直接反映人类实践活动以及人类在活动中的思想感情时，教学内容所蕴涵的情感因素便以显性的形式表现出来。所谓显性情感因素，就是指在教学内容中通过语言文字材料、直观形象材料等使人能直接感受到的情感因素。化学教学内容中虽然显性情感因素不多，但是仍具有教育性导向的因素，其所蕴涵的是反映人类真、善、美的高尚情操。展示情感的艺术策略运用于蕴涵显性情感因素的化学教学内容的处理上的基本涵义是，教师通过自己对化学教学内容的加工提炼，让所蕴涵的显性情感因素得以尽可能的释放，从而使学生获得相应的情感体验。例如，教材中有一些中外科学家在科学研究事业中的伟大发现和轶事，这是对学生进行思想教育的好素材，特别是科学家们不畏艰险、不怕牺牲、勇于实践和创新的精神，必将大大鼓舞学生学习的积极性。教材中也有与科技、生产和生活实际相联系的素材。教学中要认真挖掘，发挥其应有的作用。有的教师结合盐类水解知识，使学生掌握化肥的使用方法、肥皂的去污原理等；还有的教师让学生掌握一些化学物质对人体的生理作用、医疗原理或危害、毒性等，使学生充分认识到随着社会的发展，化学已涉及人们日常生活吃、穿、用、住、行的各个方面。这可以激发学生的愉悦心情，触发学生的情感和求知欲，使学生感到学有所得、学有所用，这也是义务教育化学课程的功能之一。

2. 发掘情感策略

化学教学内容主要反映客观事实，许多内容不带明显的情感色彩，但在反映客观事实的过程中仍然会不知不觉地隐含情感，这称为蕴涵隐性情感因素的教学内容。这类教学内容易被人们所忽视，造成教学内容的情感资源浪费。发掘情感的艺术策略运用于蕴涵隐性情感的化学教学内容的处理上的基本涵义是，教师通过自己对教学内容的加工提炼，让教学内容中所蕴涵的隐性情感因素得以尽可能的发掘，从而使学生获得相应的情感体验。例如，初中化学教材中有这样一段描述水污染与水资源的保护的文字：地球上的水虽然储存量很大，但是真正可以利用的淡水资源并不富裕。我国的人均水资源量大约只有世界人均水平的1/4，一些地区严重缺水。水体的污染，进一步加重了水资源的危机。这里虽无明显的情感色彩，但仔细斟酌和品味，仍可体会到文字背后所隐含的编写者对我国水资源保护的危机感。为此，化学教师用多媒体演示国家节水标志（由水滴、人手和地球变形构成）：绿色的圆形代表地球，象征节约用水是保护地球生态的重要措施；标志留白部分像一只手托起一滴水，手是拼音字母"JS"的变形，寓意节水，人人动手节约每一滴水，手又像一条蜿蜒的河流，象征滴水汇成江河，增强了学生节约用水的意识。同时教师列举日本骨痛病、水俣病以及莱茵河污染事件，这些事件造成的严重后果震惊了全世界，世界上掀起了第一次环境保护浪潮，形成了一门新的化学分支科学——环境化学。"我相信在座的同学中将来肯定有人致力于这方面的学习与研究，为解决当今世界环境问题做出贡献。"教师用充满情感的语言拨动学生的心弦，激励学生攀登化学科学的高峰。

3. 诱发情感策略

有一些化学教学内容完全反映客观事实及其规律，本身不含显性或隐性情感因素，但却具有引起情感的某种因素，这主要是指美的因素，谓之科学美。只有当学生具有一定的领悟水平时才能感受到这种美，在化学教学中则往往需经教师点拨学生才能感悟到，并由此产生美感，这称为蕴涵悟性情感因素的教学内容。这些化学教学内容主要表现出和谐、对称、简洁和奇异的美，又表现出化学符号美、化学物质美、化学理论美、化学实验美等。诱发情感的艺术策略运用于蕴涵悟性情感因素的化学教学内容的处理上的基本涵义是，教师通过自己对教学内容的加工提炼，让教学内容中所蕴涵的悟性情感因素为学生所尽可能地感悟到，从而使学生获得相应的情感体验。例如，化学教师可以运用化学实验美，产生情景交融的效果。情景交融是"情"与"景"的互相发现、互相激发。主体的情感投射到景象，使景象也带上了主体的情感，景象使本不可名状的情感获得了外在形象。情景交融的艺术是指教师在化学教学过程之中，使实验带上情感色彩。

示例：$NH_3 + HCl \Longrightarrow NH_4Cl$ 的实验设计

教材的编写是：教师用两根玻璃棒分别在浓氨水和浓盐酸中蘸一下，然后使这两根玻璃棒接近，产生大量的白烟。此种方法虽直观鲜明，但美感性欠缺。有的化学教师对此化学实验进行如下改进：在小木块上插上一朵深色的鲜花，然后把小木块放在装有 5mL 浓盐酸的培养皿中，向另一只大烧杯中加入适量的浓氨水中，尽量使烧杯壁润湿，然后把烧杯倒扣在培养皿中。一个"雾里看花"的景象就出现了，待到"雾"散去，可以看到挺立于"白霜"之中的鲜花。相比之下，后者比前者更易激起学生的情感体验，更易达到情景交融的意境。

这种由"景"生"情"，通过欣赏化学实验美，可以唤起学生思想意识里的多种"情"与"景"的交融，产生了无限的联想。

4. 赋予情感策略

化学教学内容的科学性很强，许多内容不含情感因素，称为中性情感因素。赋予情感的艺术策略运用于蕴涵中性情感因素的化学教学内容的处理的基本涵义是，教师通过自己对教学内容的加工提炼，赋予教学内容以一定的情感色彩，从而使学生获得相应的情感体验。教师运用富有情趣的语言讲解有关教学内容，可以使之具有相应的情感色彩。教师的教学语言是传达教学信息、激发学生情感、使其进入最佳状态的最主要、最直接的手段。优秀的化学教师总是能准确把握教材的情感基调，使自己的教学语言准确严密、风趣生动、真切感人，既具有科学性、启发性，又有感染力、号召力。例如，初中化学离子的内容为中性情感因素。一位化学教师对教材进行如下处理。教师富有感情地朗读学生作品——科普小论文《漫游原子世界》："我是一个小小的电子，我在原子里围绕着原子核不停地转动，虽然空间很大，但我和我的同伴总想挣脱原子核的吸引。可是原子核这个小老头很有能耐，虽然只占原子的一丁点儿空间，里面却由质子和中子构成，中子不带电，质子带正电，正好把我身上的负电深深吸引。"然后提问："原子核外电子是如何运动的呢？它们能否挣脱原子核的吸引呢？"教师以拟人的手法创设问题情景，对化学教学内容进行情感性处理，激发了学生探究物质构成奥秘的情感，学生对核外电子的运动状态展开了广袤的想象。

诚然，上述两类艺术策略往往是相互交织、不能截然分开的。但是，在化学教学中，教师要努力实现情感、态度、价值观方面的目标，重视这方面的正确导向，使学生在化学学习的过程中，在实现知识与能力、过程与方法等目标的同时，逐渐形成正确的价值观、积极的人生态度、爱国主义情感以及高尚的道德情操。无论是对每位学生的一生发展还是对中华民族的复兴，这都是至关重要的。

第二节　化学变式教学艺术

教学有法，但无定法，这表明教学艺术的精髓是实中求活、求变。如何让学生轻松愉快地学习，活跃课堂教学气氛，激活学生思维，优化学生知识结构，没有固定的模式，变式教学艺术能够使学生知、情、意几方面协调发展，实现教学在认知和情感上的高效率。优秀教师总是能够在教学过程中根据不同的教材内容、不同学生的知识基础，选用不同的教学方法，做到教学方法的灵活多变和教学设计的精巧奇妙，这就是变式教学艺术的体现。

一、化学变式教学艺术的内涵

要认识变式的含义，不妨先比较与变式相近的词变异。在英文中，变异与变式都为 variation。如果用于生物学，变异指"同一起源的个体间的形状差异"（《辞海》，1999），变异常常根据这一生物学专门词汇的本义引申到其他语境。"同一起源的，保持原有的基本轮廓"，是变异基本的、本质的要求，而变式正符合这一本质特征。从一般意义上说，变式是相对于某种范式的变化形式，改变事物的非本质特征，从而获得对事物的本质特征的把握。因此，变式是指：变换事物的非本质特征而保持本质特征不变；或变换事物的本质特征而保持某些非本质特征不变，但这些变换所得的不同表现形式和原有的事物之间保持一定的相似性，这些变换所得的不同表现形式称为原来事物的变式。

在教育教学背景下，如何认识变式教学？教育心理学家潘菽认为："变式就是使提供给学生的各种直观材料和事例不断变换呈现的形式，以使其中的本质属性保持恒在，而非本质属性则不常出现（成为可有可无的东西）。"[1]《教育大辞典》（顾明远，1999）对"教学中的变式"的解释是："在教学中使学生确切掌握概念的重要方式之一，即在教学中用不同形式的直观材料或事例说明事物的本质属性，或变换同类事物的非本质特征以突出事物的本质特征，目的在于使学生了解哪些是事物的本质特征，哪些是事物的非本质特征，从而对一事物形成科学概念。"[2]

可以认为，化学变式教学是指在化学教学中，在保持概念、原理、物质性质及结构等本质属性不变的前提下，通过增加其非本质属性各种形式上的变化，如不断变更提供材料或事例的呈现方式、改变概念的表述方式、变换问题的条件和试题的内容及形式、改变实验的条件和操作程序，即在不变中求变、在变中求不变。[3]

依据变式、变式教学的含义，结合化学教学艺术本质，笔者认为，化学变式教学艺术是指在保持化学科学本质属性不变的基础上，教师巧妙地运用变式手段，创造性地促进学生学习的有效教学活动。这种变式手段，依据学习对象可以分为从多角度认识概念，即概念的变式；从化学三重表征认识化学原理，即三重表征的变式；从不同实验设计认识物质性质，即化学实验的变式；从一题多解或一题多问进行问题解决，即问题解决的变式，等等。变式是一门艺术，艺术的生命在于创造。如果化学教师能够创造出既适合学生思维发展规律，又能够完善学生知识结构，还能激发学生学习兴趣的变式，那么化学变式教学就成为能给人以美感的变式教学艺术。

[1]　潘菽.教育心理学［M］.北京：人民教育出版，1983：53.
[2]　顾明远.教育大辞典［M］.上海：上海教育出版社，1999：186.
[3]　陆勤生.实施变式教学的探讨［J］.湖州师范学院学报，2004，(2)：127-128.

示例：为什么硝酸铜溶液呈蓝色，而铜与浓硝酸反应后溶液呈绿色？

在进行铜和浓硝酸溶液反应时，可以发现，反应后硝酸铜溶液出现绿色。教师可以组织学生进行科学探究，实验教学过程设计如下。

提出假设：可能是因为生成的 NO_2 溶解在溶液中呈黄色，与蓝色硝酸铜溶液混合在一起而呈绿色。

设计实验：可引导学生设计以下实验进行探究。

变式实验 1：在反应后的溶液中加少量的水，观察溶液是否变蓝色。

变式实验 2：将反应后的溶液加热，观察溶液是否变蓝色。

变式实验 3：取纯硝酸铜蓝色溶液，向其中通入 NO_2，观察溶液是否变绿色。

得出结论实验结果：随水的加入溶液逐渐变为蓝色；加热后，溶液也逐渐变为蓝色；在硝酸铜蓝色溶液中通入 NO_2，溶液逐渐变为绿色。

上述示例中，教师启发学生运用变式手段，改变实验探究视角，进行各种变式实验，充分发挥了学生的主体地位，挖掘学生的思维潜能，促进学生发散思维的发展，从而使他们的创新意识得到发展，为创新性人格的养成打下坚实的基础。

二、化学变式教学艺术的功能

1. 激活学生思维

化学变式教学艺术常常从低起点开始，不断提升学习水平，学生的思维能力有层次地逐步发展，能使学生始终处于"最近发展区"的"半熟悉状态"，激活学生思维。

示例：把 0.55g 二氧化碳通入过量的澄清石灰水中，能生成多少克白色沉淀？

这是一道简单的计算题，依据 $CO_2 + Ca(OH)_2 \!=\!\!=\!\! CaCO_3 \downarrow + H_2O$，很快可计算出白色沉淀为 1.25g。

变式 1：把 0.55g 二氧化碳通入含 0.74g 氢氧化钙的澄清石灰水中，能生成多少克白色沉淀？

可计算最后生成 0.75g 沉淀，其变化在于给出另一反应物 $Ca(OH)_2$ 的质量，这样成了一道过量计算题，这一变化赋予了跟原题不同的新意，对科学思维的训练大为有益。

变式 2：把二氧化碳通入含 0.74g 氢氧化钙的澄清石灰水中，生成 0.75g 白色沉淀，计算通入的二氧化碳的质量。

本题把变式 1 的结果作为已知，把 CO_2 质量变为未知，如果仅从这点出发，就可能只得出 0.55g 这一个答案。正确的思考方法是考虑两种不同情况，即当 CO_2 过量时，通入的 CO_2 为 0.55g；当 CO_2 不足时，通入的 CO_2 是 0.33g。显然，这一变化对发散思维的培养以及学会全面分析问题都有很大的启示。

变式 3：把 a mol 二氧化碳通入含 b mol 氢氧化钙的澄清石灰水中，可生成白色沉淀多少克？

本题把两个反应物的量抽象化了，这时需要分别考虑几种不同情况，方能全面作答。这样不仅再一次训练了发散思维，还训练了抽象思维能力。

由此可看到，一题三变让学生对 CO_2 与澄清石灰水反应的计算有了全面、科学的认识，并以这一化学知识为载体，多角度、全面地训练了思维方法，激活了学生的发散思维。

2. 促进有意义学习

奥苏贝尔认为，有意义学习的根本要素是新知识与学习者原有知识建立合理和本质的联系。这种合理和本质的联系指的是新知识与学习者认知结构中的某些特殊相关的方面有关联，如化学现象、化学事实、化学概念、原理、化学方程式和有关实验。那么，教师如何帮助学生建立和巩固这种联系？教师又如何判断学生是否真正建立了这种联系呢？方法有多种，其中之一是通过创设适当的"概念变式"，让学生多角度地理解概念，由直观到抽象，由具体到一般，排除背景干扰，凸现本质属性和明晰外延等。概念性变式教学艺术有利于学生真正理解概念的本质属性，进而建立新概念与已有概念的本质联系。如此，可以避免教师机械灌输与学生死记硬背式的机械学习，促进有意义学习。

3. 活化知识结构

变式教学艺术的实施，可以帮助学生体验新知识是如何从已有知识逐渐演变或发展而来的，从而理解知识的来龙去脉，形成一个知识网络。这种分层次推进的变式用于概念形成、问题解决和构建活动经验系统，可以帮助学生融会贯通、优化知识结构，前、后知识之间便建立了合理的本质联系。变式教学不是讲授一个一个的知识点，而是以一个点为中心编织知识网，构建一个一个知识组块，这些组块相对于孤立的知识点来说无疑具有更强的功能，变式教学总是用最少的时间给予学生最多的有序知识。这一过程包含着同化、顺应，使学生对知识结构的理解更清晰、更深刻，无疑有更强的活力。

三、化学变式教学艺术的实施策略

（一）概念教学的变式艺术

化学概念是将化学现象、化学事实经过比较、综合、分析、归纳、类比等方法抽象出来的理性知识。它是已经剥离了现象的一种更高级的思维形态，反映着化学现象及事实的本质，是化学学科知识体系的基础，是课程内容的重要组成部分。依据概念的学习过程，概念教学的变式艺术可以分为以下两类。

1. 概念引入的变式艺术

所谓概念引入的变式艺术，就是在学习新概念时，教师创设情境，设计变式，将概念还原到已知（如实例或旧的概念或已有经验等）中进行引入，揭示知识的形成过程，促进学生概念的形成。

在概念形成过程中，教师不应将现成的结论直接教给学生，这样容易导致学生概念模糊，而应充分设计变式，增加概念教学过程中的辅助与探索环节，引导学生去发现、猜想，然后给出验证或理论证明，从而形成完整的概念认知过程。概念引入教学艺术的关键是巧妙建立感性经验与抽象概念之间的联系。

示例：溶质质量分数概念引入变式艺术

讲授溶质质量分数概念时，教师可演示变式实验：在三支试管中各加入 10mL 水，然后分别加入 0.5g、1g、1.5g 红糖。教师提问："三支试管中溶液的组成是否相同？如何判断溶液的浓与稀？是否精确？"教师讲解："在实际应用中，常要准确知道一定量溶液里含有溶质的质量。如在施用农药时，过浓会毒害农作物，过稀不能有效地杀虫灭菌。因此我们需要准确知道溶液的组成。表示溶液组成的方法很多，我们主要介绍溶质的质量分数，即溶质的质量与溶液质量之比。"

上述变式的引入，采用生活中的变式实验，有利于激发学生学习兴趣，创设一种良好的学习氛围，而生产实际的变式，让学生知道精确表示溶液组成方法的重要性，认识到质量分数概念建立的必要性。

2. 概念辨析的变式艺术

所谓概念辨析的变式艺术，就是学生在形成化学概念后，教师针对概念的内涵与外延，有效设计问题让学生辨析概念，达到透彻理解概念、灵活应用概念的目的。在概念形成后，不应急于应用概念解决问题，而应引导学生多角度、多方位、多层次地探索并主动操作概念变式，透过现象把握本质。

示例：电解质概念辨析的变式

高中《化学 1》教材通过实验现象引出电解质的概念，教材上对其的叙述为："在水溶液里或熔化状态下能导电的化合物叫做电解质。"为了使学生深刻理解此概念，教师可强调：电解质概念的对象是化合物；条件是在水溶液里或熔化状态能导电；概念中的关键词是"或"和"化合物"。在电解质概念建立的基础上，设计一些简单的概念辨析变式练习，将有助于电解质概念的理解。

变式 1：下列物质属于电解质的是（　　　）。

A. $BaSO_4$　　　B. 石墨　　　C. 浓 H_2SO_4　　　D. 自来水

变式 2：化学兴趣小组在家中进行如图 7-2 所示的化学实验，按照图 7-2(a) 所示连接好线路发现灯泡无变化，按照图 7-2(b) 连接好线路发现灯泡变亮，由此得出的结论正确的是（　　　）。

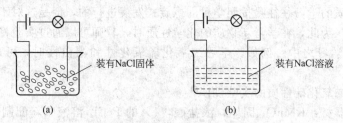

(a)　　　　　　　　　　　　　(b)

图 7-2　电解质概念辨析化学实验装置

A. NaCl 是非电解质　　　B. NaCl 溶液是电解质

C. NaCl 在水溶液中电离出了可以自由移动的离子　　　D. NaCl 溶液中水电离出大量的离子

变式 3：下列事实可以证明 NH_3 是非电解质的是（　　　）。

A. NH_3 是气体　　　B. NH_3 水溶液显碱性

C. 液氨和氨水中 NH_3 均不能电离出离子　　　D. 液氨不导电

有经验的教师都有体会，让学生完全接受一个新的化学概念是一个极其漫长的过程，而运用变式教学则有助于缩短这一过程。概念变式教学艺术要讲究拾级而上、循序渐进。上述电解质概念教学的变式艺术设计，涉及电解质的类别（化合物）、电解质的导电本质、非电解质的判断。变式教学让概念教学的难点剖析变得更为细腻，因为多变，所以学生对概念的理解更全面且更深刻，课堂教学也因此更为精彩。

（二）实验教学的变式艺术

所谓化学实验教学的变式艺术是指教师引导学生多角度变换实验条件、方法，促进学生思维创新的高效学习化学学科知识的教学艺术活动。

实验变式在化学实验教学中已经成为一种方法、一个研究方向。中学化学中，化学性质、化学原理、化学定律等的研究常常采用让相关因子逐个变化的方法（单因子法），它提供了人们研究自然规律最简捷、有序、省力的途径，例如，化学反应速率、化学平衡、中和滴定等的研究。在实验教学中运用实验变式，可以让学生由浅入深地把握事物的变化规律，还可以让学生由点及面地认识事物之间的共同特点，实现对事物本质的认识。

在中学化学课程中，物质化学性质的学习主要集中于元素化学。化学性质是物质在化学反应中表现出来的特征及性质，如所属物质类别的化学通性、酸性、碱性、可燃性、氧化性、还原性、热稳定性及一些其他特性。例如，对于初中化学中酸和碱发生中和反应，教材的编写是在 10mL 氢氧化钠溶液中加入几滴酚酞，然后加入适量盐酸，观察实验现象。该实验让学生感知颜色的变化，初步判断氢氧化钠溶液发生了反应，从而推断酸和碱发生了反应。为了提高学生的发散思维能力，教师也可以设计多个实验证实酸和碱发生了反应。

示例：酸和碱发生中和反应的部分教学设计

演示：取 10mL NaOH 溶液和稀盐酸直接混合，并观察现象。

提问：上述实验没有明显现象，是不是没有发生化学反应呢？

启发思维：类比二氧化碳和水反应的实验设计。

方案与实施：①HCl＋石蕊＋NaOH；②NaOH＋石蕊＋HCl；③NaOH＋酚酞＋HCl；④HCl＋酚酞＋NaOH。

引导评价：上述实验都能说明酸和碱发生了反应吗？

小组分享：成果交流与评价。

各个小组通过不同的实验设计，协作学习，朝有利于酸和碱发生反应的意义建构的方向发展，最后聚焦于酸和碱发生中和反应生成盐和水，这个过程得益于变式实验的设计。

物质化学性质的学习往往是按照学科的螺旋式发展进行的，但是这对于知识的结构化和系统化未必有利。为此，在学习新物质的化学性质时，教师可以通过实验将原有的物质性质整合到新知识的学习之中。例如，学习二氧化硫氧化性和漂白性时，可以设计如下变式实验。

示例：验证二氧化硫性质的实验设计❶

实验药品和器材：$KMnO_4$ 固体，浓盐酸，1％的 $FeCl_2$ 溶液（新配制，加少量还原铁粉），SO_2 溶液（新配制），0.05mol/L KI 淀粉溶液，1％KSCN 溶液，1％$BaCl_2$ 溶液，品红试液，培养皿 2 个。

实验步骤：在培养皿的中央放绿豆粒大的 $KMnO_4$ 固体，在四周分别滴 1 滴 $FeCl_2$ 溶液和 KSCN 溶液的混合液、KI 淀粉溶液、$BaCl_2$ 溶液和 SO_2 溶液的混合液、品红试液，如图 7-3 所示。在培养皿中间的 $KMnO_4$ 固体上滴 2 滴浓盐酸，迅速盖上盖子，观察并记录颜色的变化。同时在另一培养皿中做对比实验，其他条件不变，把 2 滴浓盐酸改为 2 滴蒸馏水。

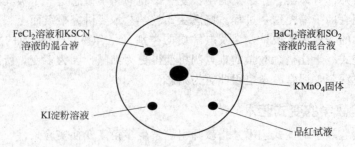

图 7-3　氯气的制取和二氧化硫的性质实验设计

实验现象：$KMnO_4$ 固体滴入浓盐酸后有黄绿色气体生成；$FeCl_2$ 溶液和 KSCN 溶液的混合液颜色变红；$BaCl_2$ 溶液和 SO_2 溶液的混合液变浑浊；KI 淀粉溶液变成蓝色；品红试液颜色渐褪。

结果分析：培养皿中主要发生如下反应。

$$2MnO_4^- + 16H^+ + 10Cl^- === 2Mn^{2+} + 5Cl_2\uparrow + 8H_2O$$

$$2Fe^{2+} + Cl_2 === 2Fe^{3+} + 2Cl^-$$

❶　韩庆奎，张雨强. 多元智能化学教与学的新视角 [M]. 济南：山东教育出版社，2008：173.

$$Fe^{3+}+n SCN^- \Longrightarrow [Fe(SCN)_n]^{(3-n)+}(1\leqslant n\leqslant 6)$$
$$SO_2+Cl_2+2H_2O \Longrightarrow SO_4^{2-}+4H^++2Cl^-$$
$$Ba^{2+}+SO_4^{2-} \Longrightarrow BaSO_4\downarrow$$
$$2I^-+Cl_2 \Longrightarrow I_2+2Cl^- \quad (I_2\text{遇淀粉变蓝色})$$

此外，化学学科的三重表征及其转化，即宏观表征、微观表征和符号表征及其转化，是化学变式教学艺术的有效策略。化学教师总结出一些习题变式教学方法，如一题多变、一题多问、一题多解和多题归一等，这些方法的实质都是力图用最少的时间、最少的题量来实现最佳的教学效果。在此，这些变式教学艺术不一一赘述。

第三节　化学教学应变艺术

化学教学系统是由教师、学生、教学内容和教学手段等要素组成的一种复杂组合体。教学系统的运行是有一定方向的，即课堂教学是有序的。但是教学系统中的学生要素是充满生命活力的个体，他们的知识、兴趣、爱好、性格特点各异，课堂教学中的表现必然千差万别，加之外界环境影响，课堂教学中出现偶发事件、意外情况总是难免的。复杂性系统理论告诉我们，偶然性是由外在的、非本质的原因引起的，同时，偶然性也可以在一个确定的发展过程中作为内在的必然行为而发生。当偶发事件出现时，教师应当因势利导，以变应变，正确处理，以保证课堂教学有效地进行。

一、化学教学应变艺术的内涵

化学新课程实施中，学生的学习方式发生了变化，学习主动性增强，教学的复杂性增加，教学中的非预设情况大大增多。对于化学课堂教学中出现的非预设情况，吴俊明教授在研究"化学教学机智的形成与发展"的一文中将其归纳为以下几类[1]。

① 发生课堂教学失误，例如：板书失误；语言失误；实验演示、教具使用、教学媒体操作失误；教学内容失误等。

② 发生课堂意外事件或偶发事件，例如：学生行为失当；学生意外回答；教学环境突变；外部干扰等。

③ 预设方案受阻难以实施，例如：学生产生困惑疑难，学生提出意外问题；学生答非所问；学生超常发挥；学生"插嘴"；个体和群体不同步等。

④ 出现有一定难度的生成性问题。

化学课堂教学偶发情况的发生，无疑是对教师的一种挑战。然而，挑战与机遇同在，课堂教学偶发情况也不例外。偶发情况中，既有不利于正常教学的，也有有利于正常教学的，即经过教师及时、巧妙、灵活的处理，能够对教学起到烘托、补充、增强效果的事件和时机，这个处理过程和操作方法的总和即为化学教学应变艺术。

所谓化学教学应变艺术是指化学教师创造性地运用心理规律和教学规律，对教学过程中出现的偶发事件，及时、巧妙、灵活地加以处理，从而促进化学有效学习或收到意外的教学效果的课堂教学艺术，它是教学智慧的艺术结晶。

[1] 吴俊明. 化学教学机智的形成与变化发展——关于教学机智的讨论之二 [J]. 化学教学，2013，(12)：3-7.

示例：化学课上"意外"发生之后 ❶

在 Fe^{2+} 检验实验教学时，实验操作步骤为：①取适量 $FeCl_2$ 溶液于试管中，向其中加入 3～4 滴 KSCN 溶液，溶液未变血红色；②向上述溶液中加入少量的新制氯水或双氧水，溶液变血红色。结论是：少量新制氯水将 Fe^{2+} 氧化成 Fe^{3+}，Fe^{3+} 与 SCN^- 结合使溶液变成血红色。

滴加氯水时，一个小组的学生没有逐滴加入，结果出现的红色很快消失，得到了黄色溶液。这一"意外"引起了学生的极大兴趣，要教师解释为什么。教师没有立刻告诉学生答案，而是将该结果展示给全班学生，让大家帮助该小组学生寻找原因。学生们立刻展开了寻找答案的讨论，提出的猜想主要有：①氯水将红色物质氧化了，过量的氯水使溶液显黄色；②滴加的氯水过量了，将红色物质氧化生成了 Fe^{3+} 而显黄色；③滴加的氯水过量了，将红色物质氧化生成了其他显黄色的物质。为了验证学生的猜想，教师引导学生讨论并选择了无色的氧化剂，设计了如下方案进行探究。

方案 1：在 $FeCl_2$ 和 KSCN 混合溶液中滴加 H_2O_2 至过量。

方案 2：在 KSCN 溶液中滴加 H_2O_2 至过量。

实验结果：方案 1 中的溶液先变红而后立即变黄色；方案 2 中的溶液不变色。

结论：H_2O_2 可以将红色物质氧化，释放 Fe^{3+} 而显黄色，从而证明该小组学生是将氯水滴加过量了，氯水将红色物质氧化了，释放了 Fe^{3+} 而最终显黄色。

当这位教师正在为"圆满"解决了问题而松一口气时，有一名学生举手提出问题："如果将方案 1 中的 H_2O_2 改为 HNO_3 或 $KMnO_4$ 等氧化剂，结果又会怎样呢？"此时，该教师认识到问题的难度，做了"圆场"："同学们善于动脑、乐于探究的精神很好，但鉴于课堂时间有限，不能在本节课上探究，请同学们课后查阅有关物质性质，进行研究性学习。"

上述示例，教师经历了两次意外，第一次意外是学生实验"异常"现象的发生，第二次意外是学生提出难度较高的意外问题。第一次意外发生后，教师没有直接告诉学生答案，而是让学生进行猜想，形成假设，再利用实验进行科学探究。第二次意外发生后，教师留下悬念，这一布白让学生课后实施探究，进行研究性学习。对两次意外的处理显示该教师的教学应变艺术。

二、化学教学应变艺术的特点

1. 突发性

化学教学应变艺术一般由事件和变化两部分组成，二者相互依存、相互结合构成一个统一体。这里的事件是指在教师毫无思想准备的情况下出现的偶然的突发事件。如果发生的事件不是突发性的，而是教师有意安排或预设的，或者属于教师意料之中的，那么无论教师的变化，即对这件事的处理如何巧妙，也不能称之为应变艺术。

2. 巧妙性

化学教学应变艺术的巧妙性是指教师面对课堂上的突发事件采取有效的教学策略，巧妙地处理事件。处理的巧妙性具体包括时机巧妙、形式巧妙、方法巧妙、手段巧妙等。教师通过恰当和巧妙的策略，可以消解教学偶发事件的消极影响，而且化消极为积极，或者启发了学生思维，或者通过幽默的语言活跃了课堂教学氛围，或者产生了令人回味悠长的延伸效果。

---

❶ 刘效平. 化学课上"意外"发生之后 [J]. 中学化学教学参考，2014，(1)：47-48.

3. 敏捷性

化学教学应变艺术的敏捷性是指当某一突发事件出现时，教师必须迅速采取对策，果断处理。越能急中生智，就越能表现出教师的机智应变能力。如果教师迟疑一段时间，甚至在事后才作出"反应"，便不能算作有机智应变能力。

4. 创造性

之所以化学教学应变艺术要表现出创造性，是由于课堂教学活动是一位教师面对着数十名学生的交往活动，学生们不仅在课堂上有着个别差异，而且内心世界也千差万别，偶发事件呈现复杂性和多变性，要求教师机智地处理。应对策略没有固定的模式，因此，化学教学应变艺术要求教师充分发挥创造性，在丰富的教学实践活动中，展现出教学的智慧。

三、化学教学应变艺术的基本策略

（一）课堂教学教师失误的应变

化学课堂教学是一种极其复杂的创造性劳动，尽管教师课前精心准备、考虑再三，但仍难免出现一些教师意想不到的失误。作为教师，倘若不能做到实事求是、谦虚坦诚，那就意味着教师缺乏最基本的科学精神和从师素质，也就意味着教师永远难以达到教学艺术的境界。但是，教师太过于直白地处理失误，也不是最佳的方法。教师要想不影响教学，"体面地"矫正自己造成的错误，就要讲求处理课堂失误的艺术，以更高的教学智慧去弥补自己的"小过失"。教学失误或错误会影响教师的专业威信和专业地位，教师要运用一定的方法巧妙地加以应对，以消除它们带来的不良影响。有研究者总结出，当出现教学失误时，教师可以采用将错就错、知错认错、知错纠错等方法加以应对❶。

1. 将错就错

将错就错是指教师把课堂教学中出现的失误变成教学资源加以利用的方法。这种方法往往可在学生不知不觉中弥补教师自身的失误，同时达到教学的目的。教师课堂上发现自己的错误，不便生硬地改正时，不妨来个"将错就错"。

示例：板书的错误

一位教师板书时，将油脂写成了油酯，板书完成他马上意识到自己错了，这时他来了个急中生智，将错就错，问学生道："同学们，谁发现黑板上有错字？是哪个字错了？"学生指出后，这位教师又随机对"脂"和"酯"两个字的读音和含义进行辨析，将一堂本来有错的课上得有声有色。

此例中，教师把自己的失误变成了教学资源，通过将错就错法，既引导学生注意了易犯的错误、加强了学习，又在学生不知不觉中弥补了自身失误，可谓一举两得。

将错就错法也可以称为巧妙掩饰法，即当教师出现错误时，可以采取一些巧妙的方法进行掩饰。当然，这种掩饰不是建立在对学生欺骗基础上的，而是建立在教师巧妙解围基础上的，是建立在教学需要基础上的。掩饰法可以在一定程度上体现教师的临场应变水平和教学机智，但教师要注意掩饰时千万不能再露出破绽，如果那样就弄巧成拙了，还不如知错认错好。

2. 知错认错

知错认错是指当学生指出或自己意识到失误时，教师敢于承认错误的应变方法。教师在课堂上出现错误时，不能文过饰非、死不承认，或者反过头来训斥学生，应当实事求是、心胸坦诚，或从错误中引出教训，使大家更深刻地认识错误；或设法巧妙更正，将"事故"化

---

❶ 李冲锋.教师如何应对教学失误［J］.上海教育科研，2011，(7)：58-60.

为"故事"。

　　示例：钠在氯气中燃烧的"异常"

　　学习氯气性质时，一位化学教师演示实验：将金属钠放入玻璃燃烧匙中，在酒精灯上微热后，立即伸到装满氯气的集气瓶中，集气瓶中冒出了黑烟。这与教科书中描述的"发出黄色火焰，并生成白烟"现象不一致，同学们愕然了。化学教师随机应变："这块金属钠为何燃出黑烟？请同学们回忆一下金属钠的物理性质及其贮存方法。"全班立刻由惊愕变成活跃。一位学生抢着发言："金属钠性质活跃，不能裸露在空气里，而是贮存在煤油中！""你说得对！"教师怀着歉意的心情向大家说，"由于我的疏忽，实验前没有将沾在金属钠上的煤油擦干净，结果发生了刚才的实验异常。"接下来，再次演示实验证明了钠在氯气中燃烧产生白烟，教学得以有序进行。

　　知错认错的方法运用得好，不仅不会伤害教师的"面子"、降低教师的威严，反而增加学生对教师的好感。但需要注意教师不可一错再错，一错再错会降低教师的专业威信。

　　3. 知错纠错

　　知错纠错就是指教师发现自己的失误或错误后，承认失误或错误并及时给予纠正的应变方法。教师"知错"可以表现良好的师德，而教师的"纠错"则可以表现良好的教学水平

　　示例：氨喷泉实验的探索（《化学1》，江苏教育出版社）[1]

　　学习氨气的喷泉实验时，教师事先准备了两套喷泉装置，并对实验装置稍微进行了改动：将实验装置中的胶头滴管变成了注射器，并往注射器中加了少许的水。接着，该教师就进行实验演示，但是就在这时，意外出现了，当该教师将注射器中的水射入烧瓶内时，并未出现所谓的"喷泉"。望着这一幕，学生们把目光投向了老师，等待着教师的回答。那么，该教师又如何处理这种"意外的生成"呢？以下就是该教师课堂教学的实录。

　　师："失败是成功之母，同学们，让我们期待再次成功吧。你们觉得是什么原因使得实验并没有出现预期的结果？"

　　生1："会不会是装置漏气？"

　　生2："可能射入烧瓶内的水太少了。"

　　生3："会不会是操作上的问题？"

　　生4："会不会是由将胶头滴管换成注射器造成的？"

　　师："从大家的分析中可以看出，造成实验失败的原因是多种多样的。那么，我们再来看看如何才能形成'喷泉'。"

　　生："可以利用瓶内外的压强差。当外界的压强大于瓶内部的压强时就可以形成'喷泉'。"

　　师："既然大家都知道'喷泉'形成的原理，那么可以采取哪些措施对实验进行补救？"

　　生1："可以通过增大瓶内外的压强差。"

　　生2："重新做一遍，看结果怎样。"

　　生3："能否往瓶内多注射些水。"

　　师："根据形成'喷泉'的实验原理，可知增大瓶内外的压强差是可行的，那么具体该怎么实现呢？"

　　生1："减小瓶内气体的压强，也就是减少氨气的量。"

　　师："那该如何操作？"

　　生1："实验中刚好有注射器，可以通过注射器抽去部分氨气。"

❶ 林思. 中学化学教学机智研究［D］. 福州：福建师范大学，2011.

师："那就请你上来演示一下给我们大家看。"

生 1 走到讲台上。小心翼翼地抽动注射器的活塞，台下学生则专心致志地观察着。不一会儿，烧瓶内就形成了伞状的喷泉。全体学生都高兴地欢呼起来。

师："除了采取这种办法外，还有没有其他的办法呢?"

生 2："可以多注射些水增加瓶内氨气在水中的溶解。"

师："那也请你来演示一下。"

生 2 在台下迟疑不决。

师："有问题吗?"

生 2："我可以把注射器的针筒取下来吗?"

师："没问题，针眼比较小，对实验不会有影响的。"

(老师的回答给了该学生很大的鼓舞。)

生 2 走上讲台，取下针筒，装足水后，又重新装上，并慢慢地抽动注射器的活塞。不一会儿，也出现了伞状喷泉。同学们再次报以热烈的掌声。

这原本将是一堂失败的教学，可是该教师却利用自己的智慧，让课堂充满了探究的快乐。

教师坦承失误，不仅不会降低为人师者的尊严，反而会增加学生对教师的尊重。教师和学生一样都是发展中的人，难免会出错，知错必改是任何人应该做的事情，也是一种良好的品德。教师的这种行为无形之中可以为学生树立榜样。

处理自身的教学失误或教学错误时，除掌握上述方法外，教师还要注意以下几点：

第一，稳定情绪，沉着冷静，积极思考对策，选择最合理的方法解决。

第二，实事求是，不能弄虚作假，更不能欺骗学生，要敢于大胆承认错误，及时纠正。

第三，当堂解决不了的问题，如实告诉学生。承诺给学生的课后解决，课后一定要有诺必践。

第四，学会自我监控和从学生身上及时反馈，发现失误，及时纠正，避免小错变大错，出现一错到底、不可收拾的局面。

第五，善于动脑筋，机智巧妙地处理问题，把出现的失误变成督促学生学习的动力。

教师应不断提高教学应变技能，以巧妙应对教学中出现的失误或错误。

(二) 课堂意外事件或偶发事件的应变

严格说来，凡是在教师意料之外所发生的事件或情况，都是课堂意外，如课堂失误，但这里所说的课堂意外是指教学环境或学生的、影响正常教学的偶发事件和情况。可以说，这种情况在教学中更常见、更需要教师特别关注。

1. 学生思维受阻的应变策略

课堂教学有时由于某种原因不能按原预设进行，这时教师应及时调整策略，以适应变化了的情况。如果讲到某个问题时，大多数学生不理解，思维于某点受阻，出现思维的困惑，教师就应该放慢速度，或补充一些有关知识作为思维的支架，或降低思维梯度。

示例：有关化学平衡移动的问题解决

在一密闭容器中，反应 $a\mathrm{A}(g) \rightleftharpoons b\mathrm{B}(g)$ 达到平衡后，保持温度不变，将容器体积增大一倍，当达到新的平衡时，B 的浓度为原来的 60%，则（　　　）。

A. 平衡向正反应方向移动了

B. 物质 A 的转化率减少了

C. 物质 B 的质量分数增加了

D. $a > b$

本题的解题关键，在于如何依据题给信息判定出平衡移动的方向。但"容器体积增大一倍"与"B的浓度为原来的 60%"存在较大的距离，很难直接对应。当学生对此问题感到迷茫，解题思维受阻时，教师可以采用"搭桥过渡"法，即假定"容器体积增大一倍"时平衡不移动，此时 B 的浓度应为原来的一半（50%）。事实上，B 的浓度为原来的 60%，说明在题设条件下，平衡是向正反应方向移动的。这样，答案 A、C 也就得出了。以这一理想的思维模型作为桥梁，思维就十分顺畅了。

上例表明，当题给信息与问题之间存在较大的思维跨度而使思维难以通联时，可设定理想而又简单的思维模型，在问题与信息之间建立一座桥梁，使思维（解题）得以畅通，进入"柳暗花明"的解题境界。此外，学生思维受阻时，师生还可以变换角度，探究问题解决的途径，使思维得以通畅。

2. 学生实验操作失误的应变策略

化学实验必须遵守一定的实验规则，一方面，应该让学生清楚地认识到，按实验规程操作可以保证实验安全、顺利地进行，必须严格遵守实验规则。另一方面，又要掌握必要的防护知识，一旦失误，实验不成，需要妥善处理。学生做化学实验时，有时会出现操作失误，造成实验失败。对于实验操作的失误，教师不宜一味指责和批评学生，而应根据事件本身的性质、特点及其与教学内容和学生的联系，有效地把握事态，巧妙地给学生以引导，视情而动，化害为利，直至妥善解决意外。教师要有爱心、有宽容之心，不能讽刺、怒斥，要多鼓励，找出问题所在，让学生享受成功。

示例：二氧化碳实验室制取的意外发现

二氧化碳实验室制取的教学过程中有一段小插曲：一位学生在实验时不小心把大试管底部打破了一个小孔，要求换试管。教师告诉他，只要你明天能用这支试管制取 CO_2，不但不扣分，而且加 5 分。如图 7-4 所示是同组两位学生设计的方案。从图 7-4(a) 中可以看出，这位学生巧妙地把自己做好的铜网固定在试管底部，用广口瓶装酸液，操作起来非常灵活。

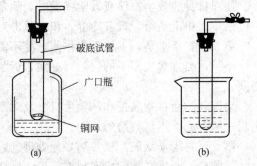

图 7-4 CO_2 实验室制取的改进

选用铜网，对学生的能力要求是较高的，必须明白铜与稀盐酸不反应。图 7-4(b) 所示是在同学设计方案的启发下设计出来的新装置。

此例中，对于学生的实验操作失误，教师不是批评学生，而是巧妙地引导学生，化不利因素为激发学生探究的积极因素。与教材中常规的二氧化碳的实验室制取装置相比，学生在实验操作失误后，经过教师的启发引导，唤起创新意识，设计出创新型实验装置，师生分享了成功的喜悦。

3. 学生课堂问题行为的应变策略

课堂问题行为是指学生在课堂上发生的违反课堂纪律或规则，不同程度地干扰他人、妨碍教学活动正常进行的行为。如何有效处理学生课堂问题行为，对教师来说是非常棘手的问题，要求教师具有高超的应变艺术。处理学生课堂问题行为的策略有以下几种❶。

其一，暗示控制。一个成功的教师，其管理教学的方式是多种多样的，一个无声的眼神、一个无声的动作都可以起到绝妙的作用。一旦课堂问题行为发生，教师可采用暗示的手

❶   陈河全. 处理学生课堂问题行为的技巧 [J]. 成都教育学院学报，2002，(12)：15-16.

段在不惊动他人的情况下及时予以制止。

其二，运用幽默。对于学生课堂问题行为，甚至是比较严重的问题行为，教师可以采用幽默、诙谐的方式加以解决。幽默本身是一种风度，一种智慧。有些问题，大可不必烈火加薪、火上浇油，完全可以幽默一点，风趣一点，调侃几句，大事化小，小事化了，即便问题再大，也可下来沟通、疏导、教育。

其三，创设情景。面对一些学生的课堂问题行为，教师可灵机一动，触景生智，创设一些与教学内容相关的情景，让学生自己在活动中受启迪、受教育，实现自我矫正、自我教育。

示例：一位教师对学生课堂问题行为的处理策略[1]

有位同学在学习上有自己的个性，听课时思想集中，可他有了想法就立即脱口而出，就是说听课时喜欢插嘴，时间长了同学们很反感。教师和他谈话，肯定他上课思想很集中、积极发言是好的，并和他约定"讲话要先举手，一定让你发言"。他说保证做到，在以后的几个星期中，他做到了不举手不发言。但在教师讲授金属材料时，他突然又大叫起来："避雷针"。教师有点不耐烦了，很想批评他大声喧哗，破坏课堂纪律。但教师没有这样做，教师想他是把学校正在安装农远工程避雷项目与金属材料联系起来了，是一种情不自禁的表现，不是故意破坏纪律。于是教师表扬他，并给他布置了一个任务：探究金属材料在农远工程避雷项目中的应用。课后这位同学组织了几位同学一起认真进行了探究，并将其探究成果向全班同学作了详细介绍。看到许多同学赞许的目光，教师想如果不能体会他当时的心理状态，批评他"破坏纪律"，这也是可以的。但他口服不一定心服，且也不会有这样的效果。

上例表明这位同学是情不自禁，脱口而出的。这时他已经觉得不好意思了，需要的不是老师的呵斥，而是关怀与理解。教师将学生问题行为和教学内容结合起来，创设了新的情景，化解了师生的尴尬。

4. 外界因素干扰的应变策略

来自课堂教学系统之外的人、物体、自然现象对课堂教学构成的干扰属于外干扰，例如，小鸟飞进教室、课堂外的高声讲话、交通噪声、飞机声、暴风雨、闪电等。面对外来因素的干扰，教师可采取幽默转移、借题发挥、因势利导等应变策略。

示例：小鸟飞进教室[2]

教室中正在上课，突然一只小鸟飞了进来，学生们兴奋地看小鸟飞来飞去，有的连忙打开所有门窗把小鸟往外赶，正在进行的教学给打断了，等到小鸟飞出教室，教师大喊"安静，安静！"也无效果，教室中一时难以恢复平静。突然，教师用手重重地拍了拍黑板，带着微笑说："噢，刚才讨论的问题真重要，连小鸟也想听听呢！我们说到什么地方了？"简单的几句话不但使学生安静下来，还使学生回到了之前的思绪。

此例中，课堂环境突变，造成教学次序混乱，一开始，教师方法不当，但是后来，急中生智，借题发挥，化解了课堂的尴尬，使学生的思维转到了课堂主题上。

---

❶ 胡海铭. 化学课堂教学中的应变艺术［J］. 化学教与学，2012，（2）：41-43.
❷ 吴俊明. 基于教学实例的教学机智界定——关于教学机智的讨论之一［J］. 化学教学，2013，（9）：7-10.

第八章 化学实验教学艺术

化学是一门在原子分子水平上，研究物质的组成、结构、性质和变化，以实验为基础的自然科学。普通高中化学课程标准在课程的基本理念中提出"通过以化学实验为主的多种探究活动，使学生体验科学研究的过程，激发学习化学的兴趣，强化科学探究的意识，促进学习方式的转变，培养学生的创新精神和实践能力。"❶ 因此，化学实验在化学教育和教学中具有不可替代的地位和作用。如何从教学艺术视角研究化学实验教学艺术，这一问题具有重大的理论和实践意义。

第一节 化学实验教学艺术概述

一、化学实验设计的基本含义

不同类型的化学实验，尽管具体表现形式不同，但基本构成都是相同的。它都包括实验者、实验仪器、实验对象这三项要素。实验者通过实验仪器，作用有关实验对象，获得有关实验对象的认识，由此形成科学实验的一般结构。

化学实验设计是指实验者在实施化学实验之前，根据一定的化学实验目的和要求，运用有关的化学知识和技能，对实验的仪器、装置、步骤和方法所进行的一种规划和尝试。化学实验设计是化学实验准备阶段一项十分重要的工作，具有较强的综合性、灵活性和创造性。

化学实验设计系统的结构与层次表现为化学实验者、化学实验手段和化学实验对象共同构成了化学实验设计系统。它们彼此通过一定的结构相互联系，相互作用。一方面，化学实验主体通过化学实验手段控制和改变化学实验对象，促使化学实验对象发生变化而显示出其特有的属性和信息；另一方面，化学实验对象所表现出的各种属性、信息又作用于实验手段使化学实验主体获取信息，提高认识，达到认识事物的目的。三个要素之间的关系可用图8-1表示❷。

图 8-1 化学实验设计系统的结构与层次

二、化学实验问题的确立

化学实验问题的寻找是一个化学实验思维的过程。化学实验思维是指在化学实验问题发

---

❶ 中华人民共和国教育部. 普通高中化学课程标准 [S]. 北京：人民教育出版社，2003：2.

❷ 梁慧姝，郑长龙. 化学实验论 [M]. 南宁：广西教育出版社，1996：55.

现和解决过程中，具备一定化学知识和理论的实验者对实验要素如实验手段、实验对象及其之间关系的反映。它包括物质的性质、反应机理或反应原理、实验条件、实验装置、实验现象、实验数据、实验结果等的本质属性、内部规律以及要素之间相互关系的间接的、概括的、能动的反映。这种反映集中体现为明确所研究的实验问题，收集和应用已有知识和信息，设计合理、有效的实验方案，实施实验并监控实验过程，解释实验现象，得出实验结论并对结论进行分析的思维行为。有的研究者将化学实验思维的内容表征归纳为图 8-2，为寻找化学实验问题提供了基本线索❶。

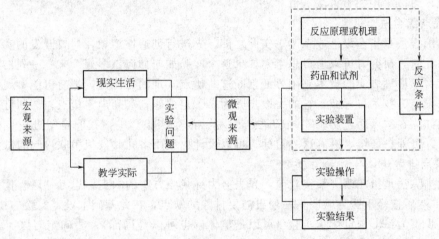

图 8-2　化学实验思维的内容表征

化学实验问题是化学实验主体在某个给定的化学实验中的当前状态与所要达到的目标状态之间存在的差距。当前状态是指实验主体目前已知的知识或理论；目标状态是指实验主体目前未知但准备去探索的新知识或新理论。因此，化学实验问题是已知与未知之间的桥梁和纽带。此处的化学实验主要是指课程与教学中的实验，而不是科研中的实验。确立化学实验问题时可以结合化学课程与教学，从图 8-2 中各个要素及相互关系的矛盾中探寻。我们认为实验问题的研究价值不仅在于实验选题是否新颖，更重要的是在实际教学中能否充分发挥实验的价值，以达到启迪学生的科学思维、培养学生的科学精神及促进学生能力发展的目的。以下实验问题的提出值得教师研究：

① 基于化学抽象知识学习的新实验的研究。
② 常规实验反应条件改进的研究。
③ 常规实验微型化的研究。
④ 化学实验"异常"现象的研究。
⑤ 化学实验的创新设计。
⑥ 基于实验设计方法寻求的研究。
⑦ 从社会生活中寻找与化学知识有关的实验研究。
⑧ 趣味化学实验研究。

三、化学实验设计的方法与技巧

化学实验教学中，教师如能综合运用创造性思维方法设计实验，对学生加强创造性思维方法的训练与指导，则体现了教师高超的教学艺术。创造性的实验设计是化学实验设计艺术

---

❶ 孙丹儿，王祖浩.基于化学实验思维发展的教材内容体系建构探析［J］.中学化学教学参考，2009，（5）：3-7.

的重要体现。广大化学教师对化学实验设计进行了许多探索，取得了丰富的设计方法、技巧和经验[1]。

（一）目标优化的方法

在构思、设计实验前，通常先要把教学需求译解为研究目标。化学实验可以满足多方面的要求，但是，对实验的教学需求常常只突出某些方面。例如，要求配合某一内容的教学，而对其他方面没有明确地、强烈地提出要求。因此，研究者要对实验技术研究的目标进行筛选和优化，可以采用如下方法。

1. 优点综合法

优点综合法是指在设计或者改进实验之前，先进行创造性想象，对要开发的实验提出各种希望。此时，研究者可以通过思考"如果这个实验如何如何该多好"来一一列出优点，然后从化学科学原理和实验技术基础方面判断这些优点实现的可能性，把有可能实现的实验综合起来，设定为技术目标域。它的一般步骤为：①定课题；②列出希望点；③制订具体实施方案。例如，在"黑面包实验"（浓硫酸与蔗糖的混合实验）中，我们希望进一步检验反应的产物，并且保护环境，沿着这一目标，可以设计出利用多孔井穴板串联检验的微型实验。

2. 缺点排除法

缺点排除法是指在改进某实验前，先去努力寻找原方案的缺点，思考"还有什么缺点需要克服？"然后按轻重缓急顺序一一列出需要排除的缺点，在此基础上设定实验的技术目标。它的一般步骤为：①选定化学实验（可以是整体，也可以是局部）；②确定与该实验有关的信息种类，如材料、功能、结构等；③根据确定的信息一一列出缺点；④针对缺点（可以是全部，也可以是其中的一个或几个）研究改进方案。例如，多年来，已经有不少人对 $Fe(OH)_2$ 制备实验进行了改进，主要有两种方法：其一，使用苯、煤油、石蜡油等有机溶剂液封从而隔绝氧气；其二，使用 Fe 与 H_2SO_4 反应生成的 H_2 作为保护气，在还原性气氛下反应。这两种方法确实可行，但也存在一些不足：前者，有机溶剂易挥发，气味较大或有毒，对环境不友好；后者，由于 Fe 与 H_2SO_4 反应往往使用过量 Fe 粉，当 H_2 气体压 Fe^{2+} 溶液进入 NaOH 溶液时，过量的 Fe 粉容易随溶液转移，对实验现象产生干扰。为了克服这些缺点，我们又可以进行该实验的创新设计。又如，铝在氧气中的燃烧实验设计中将点燃燃烧匙中酒精和铝粉混合物的操作（这是弱点），改为将少量铝粉附着在用水浸湿的滤纸条上，干燥后直接点燃的操作。经改进后，不仅实验现象明显，而且操作更简单，仅用 30s 就可以完成实验。

（二）构思、设计的技巧和方法

1. "物化"技法

这里的"物化"是指将有关的化学概念、定律或原理（尤其是抽象的概念或原理等）借助实验手段直接复原为实验这种具体的物质形态的一种思路。"物化"实验就是运用该思路将化学知识"物化"所设计的实验。例如，取 10mL 0.1mol/L 醋酸溶液，使用 pH 试纸测定溶液的 pH。向其中加入少许固体醋酸钠，待完全溶解后，再测定溶液的 pH，发现 pH 增大。为什么加入醋酸钠后醋酸溶液的 pH 会增大？可以有两种假设。假设 1：醋酸钠溶液呈碱性，中和醋酸电离出来的 H^+，使溶液 $c(H^+)$ 降低；假设 2：加入固体醋酸钠后，溶液中 CH_3COO^- 浓度增加，使醋酸电离平衡向左移动，$c(H^+)$ 降低。为此，可以设计实验方

---

[1]　吴俊明. 中学化学实验研究导论［M］. 南京：江苏教育出版社，1997：19-32.

案：在 0.1mol/L 醋酸溶液中加入少量醋酸铵固体，测定混合溶液的 pH。实验结果是溶液 pH 增大。实验结论：醋酸铵溶液呈中性（因醋酸和一水合氨的电离常数接近，故醋酸铵水解结果呈中性），却同样使醋酸溶液的 pH 增大，说明假设 1 错误，假设 2 正确。该实验给我们的启示是：教学中可选择一些抽象的理论作为实验研究的对象，以验证实验或探究实验的形式将这些理论"物化"后，生动地展示在学生面前，以深化学生对该知识的认知。

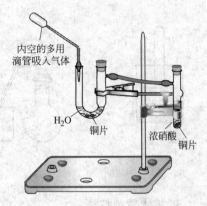

图 8-3　铜与硝酸反应实验装置

2. 组合技法

组合技法是把一些相关的化学实验按照某种关联因素或特征进行重新组合，构成新的实验方案的设计。爱因斯坦说过，为了满足人类的需要而找出已知装置的新的组合的人就是发明家。同样，将已有的化学实验按一些共同特征或功能进行合理组合，使其具有某种新的功能，也是对化学实验的一种创新。例如：铜与硝酸反应的微型实验如图 8-3 所示❶。

这一实验设计包含了以下多个化学反应：

$$Cu + 4HNO_3(浓) == Cu(NO_3)_2 + 2NO_2\uparrow + 2H_2O$$
$$3NO_2 + H_2O == 2HNO_3 + NO$$
$$3Cu + 8HNO_3(稀) == 3Cu(NO_3)_2 + 2NO\uparrow + 4H_2O$$
$$2NO + O_2 == 2NO_2$$
$$NO + NO_2 + O_2 + 2NaOH == 2NaNO_3 + H_2O$$

这个组合创新实验是将铜与浓、稀硝酸反应的实验，二氧化氮与水反应的实验，二氧化氮与氧气反应的实验等，巧妙地组合在一起，装置简单，仪器少；两个反应连贯性强，一气呵成；操作简便，无污染；实验现象明显，趣味性强。

运用组合技法设计化学实验应注意下列问题：①组合并不是几个化学实验的简单连接和共同演示，经过组合的实验应具有原先实验所不具有的教学功能，能获得 1＋1＞2 的教学效果；②组合应是在对原先实验进行变形的基础上再将它们进行有机融合，切忌将一些不相干的实验生搬硬套地拼凑在一起；③组合的实验应易操作，仪器装置应简单明了。目前，有些通过组合而改进的实验有往"高、大、长"发展的趋势，组合的实验很复杂，分散了学生的注意力，这种做法不值得提倡。

3. 强化（或弱化）技法

强化（或弱化）技法是强化（或弱化）某些实验条件，即增加关键的需要感知部分的强度（称正强化），或排除一些无关和次要的现象（称负强化）。例如，换用温度更高的热源、换用浓度或活性更大（或更小）的反应试剂、减小某些干扰因素的影响、改变试剂用量等，使实验的成功率更高，实验现象更加鲜明。

4. 变换输出技法

变换输出技法是通过变换信息输出形式，使得实验现象更加鲜明、直观，观测更加方便。例如，CO_2 气体与 NaOH 溶液反应没有明显现象，为现象鲜明、直观地说明二者发生了化学反应，可设计图 8-4 所示的四种实验装置，使"无"现象的反应转化成有现象的反应。

---

❶　刘一兵，沈戮. 化学实验教学论［M］. 北京：化学工业出版社，2013：131.

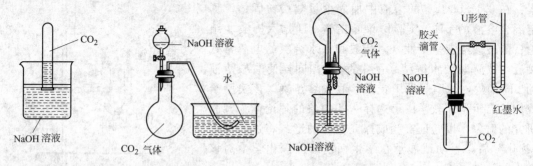

图 8-4　CO_2 气体与 NaOH 溶液反应装置

5. 技术置换技法

技术置换技法是通过某些技术要素的置换，达到使实验效果更佳，或者使实验更加简便等目的。被置换的技术要素可以是：①仪器或装置；②反应试剂；③条件和控制措施（例如用电加热技术代替常规灯加热技术）等。如实验室制 C_2H_2，教材上选用 CaC_2 与饱和食盐水反应，其反应速率难控制，且有 PH_3 和 AsH_3 等有毒气体产生，污染了环境。现可采用 16％的 NaOH 溶液代替饱和食盐水，一次性投入反应器就能达到满意的效果，且无 PH_3、AsH_3 逸出。同时，我们也欣喜地看到，新版初中化学教材中制氧气实验，反应原料已由 H_2O_2 取代 $KClO_3$，克服了 $KClO_3$ 分解有少量 Cl_2 产生的缺点，这也是绿色化设计得以应用的良好体现。

6. 技术移植技法

技术移植技法是把某些比较成熟的实验构思，设计移植到类似的实验中，这实质上是一种类比迁移策略。例如，把加热的铂丝伸入盛有少量浓氨水的锥形瓶中，可以演示氨的催化氧化。仿照这一构思，把擦亮的铜丝在氧化焰上灼烧，在铜丝表面生成黑色氧化铜后，趁热伸入盛有 CO 或 H_2 的集气瓶中，可以形成演示 CO 或 H_2 的还原性的新方案。

7. 逆向技法

逆向技法是指沿着事物的相反方向，用反向探求的思维方式对现有的实验设计进行逆向思考，从而提出新的实验设计。例如稀释浓 H_2SO_4 时，我们一般喜欢正向强调安全的实验操作，即将浓 H_2SO_4 沿器壁缓缓加入水中，且应边加边搅拌。但是，若反过来设计一个实验，将水加入浓 H_2SO_4 中这一违规操作造成的后果展示给学生，必将大大提高学生的安全意识，如图 8-5 所示。

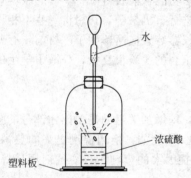

图 8-5　水加入浓硫酸的暴沸现象

又如在演示完用碳棒（惰性电极）电解 $CuCl_2$ 溶液的实验，引导学生弄清电解原理后，将原实验中阴、阳两根电极（此时电极上已经附着红色的铜）调换再进行电解，一段时间后阳极的碳棒上附着的铜消失。显然将阴、阳两极调换后，可以为非惰性电极作阳极时的电解原理的学习设置探索情境。

8. 化学实验仿真技法

"仿真"技法就是利用计算机多媒体系统进行模拟化学仿真实验。常规的、传统的化学实验不可避免地消耗许多药品和大量的水资源，尤其是对一些试剂昂贵、实验中容易引起爆炸或必须采用有毒、有害的试剂，如苯、苯酚、砷化物、重金属等的实验，并在整个实验中排放较多的有毒气体、有毒废水、给师生身体健康带来极大的危害，且对环境造成较大的破坏。采用计算机多媒体系统进行仿真实验显得尤为重要。

在实践中，化学实验设计的方法是灵活多变的，经常是多种方法的交叉与综合。而且，各种方法间没有绝对的界限，往往是互相渗透的。上述实验设计方法和策略的概括，是为了启发思维，开拓探究的路径，而不应该成为思维的桎梏。

四、化学实验教学艺术的特征

实验教学是指在特定的实验条件下，对所研究的情境给予较高程度的控制，最大限度地突出重要因素，防止无关因素的干扰的教学形式。化学实验教学艺术是师生通过实验手段，按照美的规律，进行独特的教学艺术活动。化学实验教学的艺术性主要体现在以下几个方面。

1. 化学实验设计的艺术性

化学史中有许多体现科学与艺术相结合的美丽化学实验。例如，19世纪中叶，巴斯德（Pasteur）在显微镜下手工分离右旋和左旋酒石酸盐是人类历史上第一次成功地人工分离光学异构体，并且是通过如此具有艺术性的方式。科学家认为，这个实验不仅仅具有划时代的意义，还是技术与艺术、简单与美的完美结合。它不仅是人类对自然界中对称性研究的一个里程碑，同时还是科学的美学意义的绝佳体现。如果说 Woodward R. B. 一生的工作是使有机合成在技术和艺术上达到巅峰，是复杂性的美的标志，那么巴斯德的工作，就是简单与和谐在科学上的代名词。

2. 化学实验教学过程的审美性

从系统科学角度看，化学实验教学过程的审美性是化学实验教学系统中各要素相互作用，共同创造出科学美和艺术美的融合，促使学生身心和谐和愉悦，凸显出教学整体的效应美。它是具有审美潜能的师生与具有美的因素的实验教学内容与教学手段相互作用后产生的一种能引起师生心灵愉悦的和谐状态。

例如，从实验教学过程审美的视角看，氨的"喷泉"实验教学过程经历了以下几个阶段。第一，美的注意和美的期盼。教师以娴熟的动作将圆底烧瓶、烧杯等仪器巧妙地连接组装成氨的"喷泉"实验装置。整个实验装置好像一座小型的雕塑——精致的科学艺术品，耸立在讲台上，它能立即引起学生的极大注意和新奇感。教师以平稳的语调说："如果从胶头滴管中往烧瓶里挤进 1～2 滴水，将会引起什么变化？"此时，会产生一种强烈的好奇感，注意着实验要发生的奇迹，这是美的期盼。第二，美的感知和感官的愉悦。当教师以娴熟、稳健的动作迅速挤压小滴管并打开橡皮管上的弹簧夹时，学生可看到插在水里的玻璃导管内水位徐徐上升，然后在尖嘴处突跃，形成水柱直射圆底烧瓶底部，优美的弧形水线宛如一朵盛开的菊花。实验现象通过学生的感官作用于大脑，使学生产生感情上的喜悦、心理上的舒适，从而引起了更加强烈的好奇心，这就是美的感知、感官的愉悦。第三，美的理性认识和美的满足。教师用舒缓的语言和学生一起分析美丽"喷泉"产生的原因，同时，又提出：还有什么气体可以发生"喷泉"实验？至此，学生的思维更开阔了，眼界更扩大了，认识到了物质变化的规律和本质，感觉到了自然科学规律本身的和谐统一。

上述实例，表明了化学实验教学美，是教师教的美、学生学的美、化学变化美、化学实验美等多个审美因素相互融合、交织而形成的整体美感效应。

3. 化学实验教学的创造性

创造性是化学教学艺术的特征之一。教育家第斯多惠说："教师必须有创造性。"实践证明，创造性也是化学实验教学艺术的又一特点。化学实验教学的创造性，突出地表现为实验设计的创造性。同一化学知识点，可以用不同的实验方法建构出来，实验设计的多样性和探

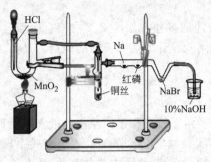

图 8-6　氯气的制备及性质
一体化实验装置

究性决定了化学实验教学的创造性。

例如，对于氯气性质的教学，教材（《化学 2》，江苏教育出版社）中，氯气性质的实验是通过氯气与钠、氯气与铜、氯气与溴化钠溶液等反应的多个实验完成的。此实验也可设计为氯气的制备及性质一体化实验（见图 8-6）[1]，实验只需 6min 时间就能完成，实验现象明显，且对环境污染小。它克服了分别收集多瓶氯气及氯气溢出的缺点，可以让学生动手做实验。

从化学科学的发展历史来看，化学定律、化学新物质的发现，新物质的合成等无不是通过实验进行的；提出的新理论也只有通过实验检验才能被确定下来。可以说，化学科学的发展史实际上就是以化学实验为手段，进行化学探索，发现新规律、新物质的历史。在化学教学中，学生针对一定的问题设计实验方案，然后进行实验收集数据，再对收集到的数据进行比较分析，最后得到结论，这是学生在学校中的创造活动。

第二节　化学演示实验教学艺术

演示实验是教师进行表演和示范操作，并指导学生观察和思考的实验。它是化学教学中广泛应用的简捷生动的一种教学形式。演示实验可用于各种教学环节，在教学活动中的作用是多方面的。一般地讲，演示实验的主要作用是为学生理解化学概念和认识物质提供生动的感性认识材料，在此基础上培养和发展学生的观察能力和思维能力以及正确规范的实验操作方法。化学演示实验教学艺术需要关注演示实验及其教学的艺术处理，提高化学实验教学的有效性。

一、演示实验设计的反差艺术

为什么一些实验在学生眼中平淡无奇，而另一些实验却在学生大脑中产生终生难忘的记忆？这就是实验艺术的魅力所在。实验艺术魅力之一在于实验情景与学生原有认知结构的反差。如果实验的情景与原有的认知相一致，那么这个实验必将失去魅力的光华。火柴点燃手帕、手帕化为灰烬这一现象与日常生活中学生的认知相一致，因此这样的实验只是一种现象的重现，而无任何艺术可言。但是，如果我们设计这样的实验：火柴点燃手帕，手帕完好无损。这一实验则必将引起学生的惊奇，并激发学生探索其中奥秘的热情。这就是实验的反差艺术。

所谓实验设计的反差艺术是指实验设计可以使得一些特殊性质从背景中分离出来，使之突出，加强与纯化，从而引起视觉的追求、思维的激活、记忆的强化等艺术活动。实验设计的反差艺术可以从以下三种途径入手。

其一，对象与背景的反差。演示实验要求现象鲜明，装置合理。正如法拉第（Faraday M.）曾说过，最好的实验是简单、大型和鲜明的实验。在班级授课制教学中，能看清楚现象是演示实验感官效应的基本预期。有时为了突出实验现象，我们需要在背景上进行艺术处

❶ 刘一兵，沈戬. 微型化学实验课程资源的开发和利用 [J]. 课程·教材·教法，2007，(3)：62-66.

理，使之更加醒目。例如，紫色石蕊试液遇酸变红，红与紫的色差不大，较难分辨，实验时采用两支试管，加入同体积的酸溶液和蒸馏水，再各滴入几滴石蕊试液，振荡后一起呈现，效果较好。又如，识别溴化银的浅黄色时，也可设置一个对照组：将 $AgNO_3$ 溶液分别滴入 NaBr 溶液和 NaCl 溶液，在 AgCl 的白色映衬下 AgBr 的浅黄色较为明显，也可以用一张白纸作为背景衬托出 AgBr 的浅黄色。由此可知，对于颜色较浅的溶液，可在试管背面选用一张白纸作为背景，然后让学生观察；为了增强实验的演示效果，常常可以设置对照实验或空白实验，让学生进行观察、比较和分析。

其二，过程对比。为了突出差异，过程对比是一种惯用的手段。所谓过程对比，就是设计两组实验，对其实验过程、实验现象或所得结论进行对比，从而达到增强实验效果的目的。初中化学"燃烧条件"的实验如图 8-7 所示，经过一段时间，当铜片上的白磷产生白烟开始燃烧时，水中的白磷和铜片上的红磷并没有燃烧，通过不同现象的对比，强化了学生对燃烧必须具备的两个条件的认识。

图 8-7 燃烧条件

其三，情景奇异。情景奇异是设置反差的又一重要手段。奇异与常态是问题的两极，那种超越常态的实验，往往具有独特的艺术魅力。其本质在于常异与奇异之间存在的特有反差作用。例如，学习镁的化学性质时，学生知道二氧化碳能够灭火，但镁在二氧化碳里剧烈燃烧，超越了学生已有的经验，学生非常惊奇。又如，细铁丝在空气中加热不反应，但加热过的铁丝在氧气中剧烈燃烧，火星四射。这种剧烈反应产生的效果，使得许多学生惊奇不已，这种强烈的视觉效果与预期效果的反差，是实验艺术的重要表现手法。

二、演示实验设计与过程的优化处理

教得更有效，是演示实验教学艺术的特点之一。这就要求教师改进实验设计、优化实验过程，使演示更有趣、实验更巧妙和更富有启发性。例如，教师在高一化学氨铵盐一节教学时，设计了一个有趣的实验：干冰将氨气冷凝为液氨，液氨将水蒸气冷凝为冰，实验装置如图 8-8 所示。烧瓶内充满氨气，取一大漏斗插入试管内，从干冰制取装置内放出少许干冰于漏斗中，用玻璃棒将漏斗中的干冰捅入试管内，观察有何现象发生。片刻，可看到试管外壁有液滴产生。液滴滴到烧瓶底部，又可观察到烧瓶底部玻璃外壁凝出冰花。烧瓶内的液滴是液氨。干冰是制冷剂，氨易液化，干冰将氨气冷凝为液氨；液氨也是制冷剂，它使烧瓶底部玻璃温度急剧降低，致使外部水蒸气在玻璃上凝结为冰花。学生们对这个实验极感兴趣，能够感受到这个实验带来的美妙感觉和愉悦心境。

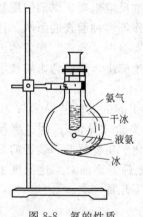

图 8-8 氨的性质

演示实验教学中，教师要注重化繁为简，体现简洁性的艺术特点。演示实验在保证实验效果的前提下，一定要直观、显明、省时、准确、安全。如锌和硫酸反应的产物 $ZnSO_4$ 的结晶析出，课本上是用蒸发皿蒸发的方法进行的，复杂而费时。教师可采用在玻璃棒上蘸取一些 $ZnSO_4$ 溶液，再将其在酒精灯上加热的方法，这样便很快有一层白色的固体析出在玻璃棒上。现象十分明显，时间也只用了不到 1min，但效果比原来的方法好得多。再如 H_2 还原 CuO 的学生分组实验，可采用如图 8-9 所示的装置进行，方法为：用向下排空法收集一试管 H_2，把烧红的铜丝稍待片刻，刚变为黑色后，立即伸入试管中，马上可以看到黑色铜丝变为红色，同时管壁有水珠出现。

此实验的优点是：操作方便，快而明显，证明性质更多，更能引起学生的兴趣。特别是对于学生分组实验，更加实用。而如果用教材中的方法取 CuO 粉末在试管中做实验，则试管底部常常渗进红色铜而很难清除，致使试管大量报废，往往严重影响学生分组实验的开展。

图 8-9　氢气还原氧化铜

三、演示实验观察重点的彰显

化学演示实验要鲜明、准确，并突出重点。鲜明即实验现象要鲜明清晰，一目了然。准确是指实验结果要准确。例如铁丝在氧气中燃烧的实验，一方面选择较大的集气瓶（最好 250mL），将细铁丝表面的铁锈等擦拭干净，并做成螺旋状。另一方面，实验操作时要注意将细铁丝插入集气瓶，要由上往下缓缓插入，不要一下就插到集气瓶的底部，这样在充足的氧气中细铁丝可以充分燃烧，不但使学生看到燃烧剧烈、火星四射的现象，同时生成大量的黑色固体落入集气瓶底部。操作时，若将点燃的细铁丝一下就插到集气瓶底部，铁丝燃烧则放出大量的热，气体体积膨胀，使大部分氧气从集气瓶口逸出，也会造成铁丝燃烧现象不明显，实际上这样的实验是不成功的。要做到实验现象鲜明、结果准确，教师在课前对每一个演示实验都要进行精心准备，既考虑到仪器和药品，又考虑到操作的程序和技巧，切不可草率从事。

突出重点是指装置重点突出，对于装置复杂的实验，要把让学生主要观察的部分放在显著的位置。如氢气还原氧化铜的实验，这个实验的重点是观察氢气对氧化铜的还原。因此应将还原氧化铜的装置放在显著的位置，而氢气的制备、除杂、干燥等装置不要放在显著位置，这样便于学生重点观察氧化铜由黑色粉末逐渐变为光亮红色，且试管内壁上有无色液体产生的现象。

四、演示实验"异常"现象的处理艺术

化学反应大多发生在一个复杂的化学环境中，反应会受到复杂的反应机理、试剂的质量和纯度、溶液的浓度、仪器装置的选择、反应条件的调控、实验操作等多种因素的影响，往往会出现一些实验"异常"现象，即与书本上结论不一致的情况。实验中"异常"现象的出现，会给学生造成认知上的错觉，教师若不及时正确地引导和彻底地解决，势必会影响教学效果，给学生留下知识盲点。

化学演示实验"异常"现象的成因，可归纳为：因试剂的纯度引起的实验"异常"；因试剂用量不同引起的实验"异常"；因试剂加入的先后顺序引起的实验"异常"；因"副反应"引起的实验"异常"；实验温度控制不当引起的实验"异常"；化学实验仪器和装置的影响引起的实验"异常"，等等。当演示实验出现"异常"现象时，教师怎么面对？这展现了教师高超的化学教学艺术。演示实验"异常"现象的处理策略有以下几种。

1. 提出有效问题

问题意识的培养有利于学生个性和创造能力的发展。问题的提出需要一定的心理刺激，问题意识的产生也离不开主体思维与问题情境的有机整合。

"异常"实验现象的出现，能使学生在真实的问题情境面前自由地思考，它有助于在教学中提出有效问题。所谓有效问题是指学生能够积极回答并因此而积极参与学习过程的问题。例如，当用经过干燥的氯气做漂白性实验时，发现湿润的有色布条很快褪色，而干燥的有色布条也逐渐褪色。由此说明我们收集到的氯气中混有水蒸气，这时学生能领悟到水的重要作用。在收集氯气之前已经通过干燥剂干燥了，为什么还会有水蒸气呢？通过这一"异

常"现象激发学生的思维，经过相互讨论，学生可以提出两种可能性：一种是干燥剂没有把水蒸气除尽；另一种是用 NaOH 溶液吸收尾气引入水蒸气。

2. 组织讨论

演示实验出现"异常"时，教师可以组织学生就此问题展开讨论。师生在活动中相互讨论、评价、启发、激励，从而开拓学生的思维空间，提高学生的批判性思维能力。

例如，江苏教育出版社必修《化学 1》有关二氧化硫的实验：取一支试管并加入 5mL 二氧化硫溶液，滴加氯化钡溶液，再滴加 0.5mL 3% 的过氧化氢溶液，振荡，放置片刻后滴加稀盐酸，观察实验现象。没有滴加过氧化氢之前，理论上没有白色沉淀生成，可实际操作中仔细观察会看到溶液有少许浑浊；再加少量 3% 的过氧化氢溶液后，振荡，有大量的沉淀生成，放置片刻后加稀盐酸，沉淀不溶解。这一"异常"现象，和教材中描述的现象是不一致的。为此，教师可以启发学生根据二氧化硫的价态，探讨出现这一现象的可能原因以及如何避免出现这种"异常"现象。最后，师生讨论，可以得出：由于空气和水溶液中溶解的氧气氧化 SO_2 或 H_2SO_3，因此可以看到少量的浑浊 $BaSO_4$。

3. 开展研究性学习

实验中"异常"现象的出现，为学生开展研究性学习提供了绝好的课题。学生在实施探究的过程中，不仅可以提高化学学科基本技能（观察能力、实验能力等），而且能够促进其研究性学习能力的形成。

示例：铝与氯化铜溶液反应"异常"现象的研究

从理论上讲，铝与氯化铜溶液反应是个常规实验，实验难度不大，可以很容易地推测该反应的实验现象为：随着反应的进行，铝箔逐渐减少，在铝箔表面会附着一层红色的铜，同时溶液的颜色变浅或者褪去。

而实际上该反应的实验现象并非如此，演示铝与氯化铜溶液实验时，会出现一些意想不到的"异常"现象，并且氯化铜溶液的浓度不同，实验的现象也不同：铝与稀氯化铜溶液反应有红色的蓬松海绵状的铜生成，反应一段时间后有大量气泡从铜表面逸出，且在一段时间内气泡越冒越多，反应放出大量的热，反应后的溶液呈无色或颜色变浅；铝与浓氯化铜溶液反应除了有红色的蓬松海绵状的铜生成外，还有白色沉淀生成，同样在反应一段时间后有气泡放出，放出大量的热，反应后溶液呈茶褐色。一个看似很简单的实验为什么会出现如此复杂的"异常"现象呢？学生无法用已有的知识解释这种现象。这其实是一次利用"异常"的实验现象进行研究性学习的课题。教师可组织学生对该实验进行如下系统研究：

① 铝箔与不同浓度的氯化铜溶液反应。

② 对红色物质成分的探究。

③ 对无色无味气体的探究。

④ 对白色沉淀化学成分的探究。

⑤ 反应后溶液呈茶褐色原因的探究。

第三节　化学探究性实验教学艺术

所谓探究性实验教学艺术是指在教师指导下，学生围绕某个问题独自进行实验，观察现象，分析结果，从中发现科学概念或原理，以获得知识，培养探究能力的一种技能技巧。探究性实验不同于科学家的研究，它是在教学活动这一特定的条件下，让学生去体验人类认识客观世界的经历。也就是说,探究性实验是在科学地简缩人类认识历程和突出所要解决问题的主要特征的前提下,适当减缓学生主动探索事物的认识坡度,去进行能动认识的学习活动。运用探究性实验让学生去主动发现问题,探求和解决问题,掌握知识的形成过程,显示了教师高超的教学艺术。

一、化学探究性实验设计的特点及原则

(一)探究性实验设计的特点

1. 探究性实验强调体验知识获得的过程

在探究性实验中,学生首先在教师的引导下提出或发现化学问题,进而设计实验去探索和解决这些问题,在这个过程中形成自己对化学知识的理解和认识。例如,对于初中化学酸和碱的中和反应,教师创设情境,提出:酸和碱发生了反应吗?如何用实验证实呢?采用什么方法、如何设计实验、如何根据实验现象得出结论,是一个动态演变的过程,而不仅仅是得出一个结论。

2. 探究性实验的内容具有真实性和实践性

只有真实存在的化学问题才能充分调动学生进行探究的欲望,引发学生在探究中积极动脑思考、动手实践。中学化学探究性实验的实践性体现于探究学生生活中的世界,如干燥剂的成分是什么,吸水后变成了什么;吸入的空气和呼出的气体有什么不同;市售的食盐中是否含碘;不同催化剂对淀粉水解的影响等。无论是从化学学科知识的理解来看,还是从化学与社会的联系来看,这些都是要解决的实际问题,具有很强的真实性和实践性。

3. 探究性实验鼓励从多方位、多角度思考问题

中学化学课程中的探究性实验鼓励学生在已有经验的基础上,从多方位、多角度思考所遇到的问题,进而综合运用其他学科的知识,提出解决问题的恰当方案。如:设计实验探究农药、化肥对农作物或水生生物生长的影响,探究"白色污染"的成因与消除等,都需要考虑影响问题解决的多种因素,综合应用科学、技术、社会等多方面的知识,才能使问题得到较好的解决。

(二)探究性实验设计的原则

在设计探究性实验时,应遵循以下八项原则。

目标性原则。做每个实验都要有明确的目标。这里的目标包括知识目标、能力目标和情感目标。只有明确了要达到的目标,探究才有正确的方向,学生就能在探究过程中经受住困难或挫折的考验,从而对探究过程的艰辛与乐趣体验得更深刻。

科学性原则。科学性是探究性实验设计的核心原则,是指探究性实验的实验原理科学、装置合理、操作程序和方法正确。探究性化学实验设计的全过程都科学、合理,所采用的设计标准、方法、步骤等都有一定的理论依据或实践基础,由此而得出的实验结论才可能是正确的。

创新性原则。创新性是指实验设计者要敢于突破陈规,设计要有新颖、独特、巧妙之处,能反映出设计者的新观点、新方法和新思路等。创新是探究性化学实验设计的灵魂。一个成功的探究性实验设计,必须反映实验设计者别出心裁的构思。

简约性原则。简约性是指要用尽可能简单的实验方法和实验装置,用较少的实验步骤和实验药品、仪器,在较短的时间内达到预期的目的,它是探究性化学实验设计的根本原则。用简单易行、合理的实验设计,克服学生怕实验准备工作麻烦的情绪;用新材料、新工具降低实验的操作难度。简约化的实验设计,装置简单,操作简便,现象鲜明,节省药品,节约

时间，安全可靠，整个实验过程没有过多的干扰，学生将主要精力集中在探究目的上。简单就是美，恰当的实验设计既能突出实验重点，又没有冗长的实验步骤。

安全性原则。探究性实验一般难度较大，学生经验又不足。因此，实验时应尽量避免使用有毒药品和具有一定危险性的实验操作。如果有危险性的操作或用有毒药品，则必须让学生明确可能出现的危险，并且要有处理意外事故的预案和周密的保护措施。这里的安全是指不仅要保护实验者安全，而且要防止对环境造成污染，避免对其他人或动植物造成危害，充分体现绿色化学理念。

趣味性原则。学生对探究有兴趣，是探究能够顺利进行的直接动力。因此，为增加实验的趣味性，实验内容除课本外，也应该选择与日常生活、环境、能源、生产等相联系的实际问题。通过探究来解决与人类自身紧密联系的问题，有利于培养学生兴趣，发展学生特长，激发学生学习动机，增强对新领域的探究欲。

启发性原则。所谓启发性是指探究实验设计本身要具有启迪学生思维的作用，以及教师对实验作一系列富有启发性的指导，使学生在探究性实验中能自觉而深入地思考，并对探究的结果进行诊断和评价，从而培养学生的思维能力和创新精神。

可行性原则。化学探究性实验设计不能超越学生的年龄特征和知识范围，应在维果斯基所说的"最近发展区"内，即设计实验必须切实可行，学生能够通过自己的努力，完成探究任务。

二、化学探究性实验教学艺术策略

1. 创设一种民主、宽松、和谐的实验探究教学氛围

教师应努力营造出教师-学生及学生-学生间自由、平等的氛围。英国哲学家约翰·密尔曾说过：天才只能在自由的空气里自由自在地呼吸。心理学研究证明，一个人如果在思想上和行动上都具有独创和革新的精神，那就必须承担犯错误的风险。教师对学生的实验错误（实验安全原则下）一定要有高度的容忍精神。在给学生提供创造性氛围时，教师要做到：向学生提供尽可能多的实验仪器，他们的好奇心和探索性行为以及任何探索迹象，都应得到鼓励；当学生对某一问题感兴趣并非常兴奋时，要允许他们按照自己设计的步骤进行实验。

2. 挖掘实验内容的探究性

中学化学教材是根据知识的逻辑顺序、学生的认知发展顺序以及心理发展顺序而编写的，并不是所有教材内容都适合用实验进行探究教学。因而，教师必须创造性地处理教材，使其适合运用实验进行探究性学习的要求。教师尽可能多地提供化学仪器，要求学生以启普发生器为原型设计制取氢气的简易装置。教师引导学生巧妙地处理实验，激发了学生的学习兴趣和强烈的求知欲。图8-10所示是学生设计的几种简易启普发生器的实验装置图。

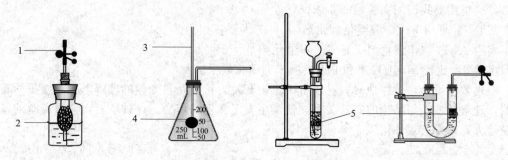

图 8-10 简易启普发生器的实验装置图

1—止水夹；2—干燥管；3—粗铜丝（可上下抽动）；4—有孔塑料兜；5—有孔橡胶（塑料）板

3. 设计一体化探究实验

萨其曼早就指出：丰富的、容易引起学生反应的环境是探究学习的一个重要条件。化学教师要尽可能开发出一体化微型探究性实验，且使其符合对称、和谐的多样统一的美学原理❶。图 8-11 所示的微型化实验设计❷，显示了较高的一体化艺术性。

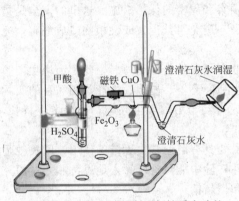

甲酸 磁铁 CuO 澄清石灰水润湿
H_2SO_4 Fe_2O_3 澄清石灰水

图 8-11 一氧化碳的制取与性质实验的
微型化实验装置

对于初中化学 CO 的化学性质的教学，由于 CO 具有毒性，许多教师做演示实验感到很为难，有畏惧心理。而图 8-11 所示的微型化学实验设计，由于试剂的用量少，较为安全，因此可以由学生完成此实验。

新课程标准淡化演示实验和学生实验的区别，强调探究性学习和绿色化学思想，这就为运用微型化学实验在我国开展化学探究性学习提供了可能性。

爱因斯坦曾说过："把学生的热情激发起来，那么学校所规定的功课，就会被当作一种礼物来接受。"利用微型化学实验的优点，通过学生亲自动手感知化学物质的变化，认识其本质内涵，能够起到激发热情、提高兴趣、培养能力、巩固知识、体验探究、开发潜能的作用。

4. 大胆质疑，小心求证

古希腊哲学家亚里士多德说过，思维是从疑问和惊奇开始的。常有疑问，才能常有思考，常有创新。所谓质疑即对常见事物提出疑问，并解决问题。中学化学教科书是教师和学生最常用的课程资源，化学实验的编写有时候结论和证据并不一定完全吻合。教师可以让学生思考教材中的结论和证据是否完全一致，以培养学生的质疑能力，即批判性思维。

示例：对人民教育出版社必修《化学 2》化学反应速率与限度实验的质疑

人民教育出版社必修《化学 2》化学反应速率与限度实验 2-6：在两支大小相同的试管中各装入 2~3mL 约 5% 的 H_2O_2 溶液，再向两支试管中分别加入少量 MnO_2 粉末、1~2 滴 1mol/L $FeCl_3$ 溶液。对比观察现象。教材中写道："从实验 2-6，我们可知道，MnO_2、$FeCl_3$ 可以加快 H_2O_2 分解的反应速率，起了催化剂的作用。"对此判断，教师可以让学生反思：此判断是否正确？

其实，严格地说，这个实验除了学生已知 MnO_2 是催化剂之外，不能得出任何其他结论。理由是这里不能说明 $FeCl_3$ 起催化作用，没有现象与数据说明它在反应前后没有变化；即使 $FeCl_3$ 溶液是催化剂，MnO_2 粉末和 $FeCl_3$ 溶液也包含了多个变量，从而没有了可比性。那么，这里需要我们用实验进一步求证。

实验 1：证明 $FeCl_3$ 溶液是催化剂。

实验 2：Fe^{3+} 作催化剂还是 Cl^- 作催化剂。

实验 3：比较 MnO_2 粉末和 $FeCl_3$ 粉末的催化效果。

上述教学设计，较好地对教材进行了二次开发，特别是对变量的理解以及对变量的实验控制；理解了变量与结论的有效关系，使学生有了深切的体会。这种质疑，使得课堂的思辨程度增大，课堂有效性增强。

---

❶ 刘一兵，沈戴. 化学新课程改革与微型化学实验 [J]. 湛江师范学院学报，2003，(3)：39-42.
❷ 刘一兵，沈戴. 一套值得推广的多功能微型化学实验仪器 [J]. 化学教学，2005，(6)：16-17.